本书得到了
湖北大学研究生教材建设项目资助

西方德性思想史概论

江　畅◎著

A Brief History of Western Thoughts on Virtue

人民出版社

目　录

Contents

第一章　西方德性思想的审视与反思

人类是思想的动物。人类的思想包括许多方面，如政治思想、经济思想、军事思想、道德思想、文化思想等等。人类视野范围内的实在事物都能成为人类思想的对象，一些不在人类视野范围内的想象事物也能成为人类思想的对象。德性是在人类视野范围内的事物，而且是人类自身的一种事物，是人类的一种品质，即道德的品质，因而德性思想是人类对自身道德的品质的思想。在现代人看来，德性属于道德的范围，因而德性思想属于人类的道德思想。人类思想的对象很多，而且事实上古往今来的人类对各种对象进行过或进行着思想，但只有那些与人类生存发展关系密切的对象才会成为思想家关注的对象。品质事关人类生存发展，而德性品质是人类幸福的重要前提，在一定意义上决定着人类的幸福，因而德性品质历来成为思想家关注和研究的对象。

自古以来，人类就有不同的文化体系，而在不同的文化体系中生活的人群有着不同的德性思想，而且有的文化体系自古以来就有思想家研究德性，形成了各种不同的系统性不一的德性思想，而有的文化体系则少有甚至没有专门的思想家研究德性，没有形成系统的德性思想。西方文化体系就是那种自古以来就有专门的思想家研究德性思想的文化体系，形成了许多系统程度不同的德性思想。这些思想对于人类更好地生存或获得幸福具有重要的指导意义或参考价值，因而我们有必要对这些思想进行研究，通过整理和阐发使之便于为今天的人类理解和掌握，从而给人们追求幸福提供借鉴和参考。

西方德性思想是人类德性思想的重要组成部分。西方德性思想是自古以来西方社会德性思想的总称，不同时期、不同国度、不同思想家的德性思想彼此之间的差异很大。我们研究西方德性思想史，就是要将这些差异从理论上概括地呈现出来。但是，西方德性思想毕竟不同于其他区域或国家的德性思想，它因其社会历史文化背景的特殊性而具有自己的独特内涵、特色和优势。为了从总体上理解和把握西方德性伦理思想，我们首先对西方德性思想进行概要的阐述。

一、西方德性思想的界定

德性思想一般地说是关于德性的思想。德性是与人自身的人格、目的、活动等诸多方面直接关联的，而且与人类生存环境、与人类自觉进行的德性培育活动有着密不可分的关系。因此，有必要对关于哪些问题的思考属于德性思想作出界定，以便对我们研究的问题有一个大致清晰的边界。西方思想家所生活的区域或国度的自然环境和历史文化与其他区域或国度的思想家不同，他们对德性的理解不同，他们进行德性思考的范围、重点也不同，因而我们有必要首先明确西方德性思想的一般内涵及其涵盖范围。

（一）德性现象、德性问题与德性思想

一般地说，德性思想是对德性现象进行思考和探索的结果。德性现象指的是人们在日常生活中表现出来的品质特征，广义上也指人类生活共同体表现出来的品质特征。当这种品质特征为思想家所注意并对其进行思考和探索时，就形成了德性思想。现象是纷繁复杂的，那么，为什么有些现象为思想家注意，而另一些现象不为他们注意呢？那是因为有些现象是对人们的生存有影响的问题，这样的现象就会引起思想家的关注。因此，思想常常是与问题相联系的。当在现实生活中遇到了问题时，人类就会对问题进行思考，在思考的过程中又会发现一些现实中并未显现的问题以及由思考本身引发的一些问题，对所有这些问题思考的结果就形成了思想。人类的德性思想产生的情形也大致上如此。人类现实生活中普遍存在着德性现象，当其中的一些现象成为了对人的生存产生影响的德性问题时，这些问题就会引起思想家关注、思考和探索；在思考和探索的过程中，思想家又会发现一些与此相关而并未显现的现实问题以及更深层的理论问题。对所有这些问题以及相关的现象进行思考和探索，就形成了德性思想。

那么，从人类历史来看，思想家思考和探索过哪些德性问题呢？自古以来，思想家思考和探索的德性问题各种各样，不过归纳起来主要有以下六

类。人类已有的德性思想主要就是对这六大类问题思考和探索的结果。其中前五类主要属于伦理学研究的范围，而后一类主要属于政治哲学研究的范围。经济学、社会学、心理学、教育学等学科也会涉及其中一些问题。所有这些学科研究的结果都属于德性思想的范畴。

第一类是德性本身的问题。德性本身是人的内在品质，是看不见摸不着的，或者说是人不能感觉经验的。但是，品质可以通过人的活动，特别是行为体现出来。当人的行为持续地表现出不道德的性质时，即持续地发生行为不道德的问题时，思想家开始思考导致行为问题的根源，于是人的品质就成为思想家思考的对象。人们特别是思想家就会思考这样的问题：究竟什么是德性？如果德性是品质的一种特性或状态，那么品质是什么？它与品质是什么关系？它与品质的其他特性或状态特别是恶性的区别在哪里？德性对于人的行为、人格，乃至人的生活具有怎样的重要性？关于这些问题的思考就形成了关于德性概念、特征、重要性以及关于品质、恶性、品质与德性和恶性的关系等方面的思想。

第二类是德性作为人类心理特征的品质特征，与人的其他心理特征的关系问题。思想家的研究发现，德性是品质的特征，或者说是一种品质，而品质被看作是人的心理特征。同时，研究也发现，人的心理特征除了品质之外，还有观念、知识和能力等。这样就出现了人的品质及其德性本身与心理特征以及其他心理特征的关系问题。不研究这些问题，就无法解释清楚德性这种心理特征。于是心理特征的特性与功能、品质之外的其他心理特征的特性和功能，德性与心理特征的关系、与其他心理特征的关系问题就逐渐成为了思想家们关注的对象，关于这些问题的思想也成为了德性思想的构成部分。当然，从人类思想史的角度看，对于人的心理特征包括哪些构成部分或者说人有哪些心理特征，思想家的看法并不一致，而且到目前为止，这些方面的思想也不系统。但是，思想家们确实关注过这些问题。早在古希腊，苏格拉底就讨论过德性与知识的关系，今天人们也普遍讨论智育与德育的关系。从学理上看，今天我们审视和反思西方德性思想和人类德性思想时也需要重视这些方面的问题。

第三类是品质作为心理定势与人的活动的关系问题。每一个人在清醒的情况下通常在进行有意识的活动。人的意识活动各种各样，但归纳起来，无非四大类，即认识活动、情感活动、意志活动和行为活动。影响人的活动的因素有很多，其中人的心理特征发挥着主要的作用。心理特征具有心理定势的功能，心理定势是心理特征对人的活动发生作用的主要方式之一。作为心理特征的观念、知识、能力和品质都对活动有直接影响。其中知识和能力决定着活动的广度、深度、效率和效果，而观念、品质则决定着活动的方向和性质。每一个人都具有品质，但为什么有的人的活动总是道德的，而有的人则不是，有的人甚至某一个方面或某些方面的活动持续地表现出恶的性质？例如，有的人行为总能兼顾个人与他人、整体的利益，具有道德价值，而有的人则总是只考虑自己而不考虑他人、整体，其行为不具有道德价值甚至是恶的。又如，有的人既有自爱的情感又有关爱的情感，有道德的情感，而有的人则只爱自己，不仅不爱他人甚至仇恨他人。当思想家们深入地考察导致人们活动善恶的根源时，就会发现人的品质与人的活动有着密切的关系，而且品质主要是作为心理定势对人的活动发生作用的，于是作为心理定势的品质与人的活动之间的关系就成了思想家们关注的对象。对这些问题研究的结果就形成了关于德性与活动之间关系的思想。

第四类是德性形成和发生作用与生活环境特别是与教育的关系问题。人的德性不是与生俱来的，而是后天获得的，是在社会环境中获得的，通常是在教育的影响下获得的。而且人形成后的德性也是在社会环境中、在一定的情景中自发地发生作用的。如果我们认为德性是有利于人更好生存的品质，因而要使人获得这种品质，那么我们就面临着使人们普遍形成德性需要营造什么样的社会环境和对人们进行什么样的教育以及怎样进行教育的问题。社会环境的好坏、教育（包括正规的学校教育和非正规的日常教育）效果的好坏直接影响着人们能否获得德性品质。人类社会中存在的种种恶行、恶情（恶的情感）和恶意（恶的意图和动机），都与人们的环境不好、教育缺乏或不到位有着密切的关系。在德性的形成和运用上，确实存在着“道德运气”的问题。在风清气正的社会，人们的品质普遍善良，相反，在风气污浊的社会，人们的品质普遍存在着问题。正因为德性的形成和运用与环境、教育有着密切的关系，所以这种关系问题也成了思想家们研究德性问题时关注的内容。

第五类是个人在德性形成中的作用问题。任何人都不能否认，即使在风清气正的社会，也存在有人的品质是恶劣的、不高尚的，而即使在风气污浊的社会，也会有人的品质是善良的、高尚的。为什么会出现这样的问题？大量事实表明，人的品质不完全是环境和教育作用的结果，个人的自主性具有更关键的作用，在一定程度上说，品质是在环境中、在教育的作用下个人自主选择和修养的结果。这样，个人在自己的德性形成中的作用问题就被提出来了。个人在自己德性的形成和完善方面究竟具有什么作用，个人应该怎样发挥这种作用？对这些问题的研究就形成了关于个人在德性形成中的作用方面的思想。

第六类是人类生活共同体特别是国家的德性问题。人类生活在不同的共同体当中，在人类历史上，特别是在现代社会，国家是人们生活共同体的基本形式。生活共同体也存在着好坏善恶问题。共同体的好坏善恶是共同体品质的体现，而共同体的品质就是共同体的规定性。这些规定性如何，不仅直接影响生活于其中的成员的品质，而且直接影响他们的生活。正因为如此，共同体特别是国家应具备什么样的规定性和品质也成为思想家持续关注的重要问题。

虽然以上六大类问题并不都是在现实生活中显现的，不少问题是由思想家阐明或提出的，但它们都是思想家在研究的过程中面临的德性问题。正是对这些德性问题的关注、思考和探索，形成了人类的德性思想。德性问题是德性思想形成的缘由，也是德性思想的对象；而德性思想则是对德性问题思考和探索的结果，其主旨在于解释德性现象和解决德性问题。

（二）概念辨析：德性思想、德性伦理学、德性论

谈到德性思想，就涉及“德性思想”与伦理学领域经常使用的“德性伦理学”和“德性论”之间的关系问题。对于这三个概念的关系，普通读者不一定清楚，即使是伦理学工作者如果不研究德性思想史也不一定十分明了。

德性思想是对有关德性现象特别是德性问题进行思考和探索所形成的理论观点。每一个人都能对德性现象进行思考，都会形成对德性的看法。但是，人们在日常生活中形成的对德性的泛泛看法并不是真正意义上的德性思想，充其量只能被看作是关于德性的一些意见，可简称为“德性意见”。真正意义上的德性思想主要是指对德性问题进行较深入思考或专门探索所形成的理论观点。从人类历史上看，只有思想家才对德性现象特别是德性问题进行深入的思考和专门的探索，并形成关于德性的理论观点，以及由多种理论观点构成的理论体系。德性思想与德性意见的根本区别主要在于三个方面：其一，是否将德性现象特别是德性问题作为对象进行深入的研究；其二，是否有相关的知识和理论作为思考的基础；其三，通过深入研究所形成的观点是否得到了论证。德性思想是以相关的知识和理论为基础对德性问题进行深

入思考和专门探索所形成的理论观点，而德性意见则是对德性现象有感而发的看法。

在人类历史上，哲学家、伦理学家是以伦理学知识和理论为基础对德性现象进行深入思考的，因而他们关于德性问题的理论观点和理论体系无疑是德性思想。其他一些学科的研究者也会研究有关德性的问题。心理学家研究品质问题会涉及德性问题，他们关于德性的科学观点是得到心理学论证的，这种观点也可以称为德性思想。教育学家研究品质教育问题也会研究德性问题，他们主要从德性教育的角度研究德性问题，由此形成的有关德性问题的教育学观点，也属于德性思想的范畴。经济学家、政治学家、社会学家研究“好社会”的品质及其所形成的思想观点和理论体系，当然也是德性思想。在所有关于德性研究的不同学科的思想家中，只有哲学家、伦理学家才是从与人更好生存相关联的角度研究德性问题，因而他们的德性思想更深刻、更具有典型意义。

在自古以来研究德性问题所形成的各种伦理学理论中，有一种源远流长的观点，这就是德性伦理学。德性伦理学的突出特点在于认为伦理学就是研究德性的，德性是伦理学的研究对象，伦理学就是关于德性的学问。德性伦理学以德性概念作为伦理学的中心概念来研究和阐释各种道德现象，显然它与将伦理学看作是研究人生问题的人生哲学、看作是研究行为规范问题的规范伦理学形成了鲜明的对照。这里无须讨论德性伦理学的是非得失，我们要说明的是德性伦理学与德性思想的关系。德性伦理学作为深入系统研究德性问题所形成的一种德性理论，当然是属于德性思想的范畴，而且是一种深入系统的、有些过分强调德性意义的德性思想。另一方面，我们不能因为德性伦理学是到目前为止最系统、最深入研究德性问题的理论而认为只有它才是德性思想。德性伦理学当然是德性思想，但除了德性伦理学之外，还有许多伦理学家和伦理学流派也研究德性问题，形成了德性思想。而且除了伦理学之外，还有心理学家、教育学家、经济学家、政治学家、社会学家等也有德性思想。德性伦理学只是研究德性问题的一个伦理学流派，尽管是对德性问题作过最系统、最深入研究的学派。

德性思想既包括有关德性的理论观点，也包括有关德性的理论体系。一般来说，理论体系是由多种理论观点构成并加以整合使之自成一体的系统。理论观点是理论体系的构成要素，理论体系是对观点加以阐述构建形成的系统。这就意味着，理论体系一定包含理论观点，但有理论观点不一定有理论体系。在德性思想中，有一些只是理论观点，而有一些是由多种理论观点构成的理论体系。一位思想家有德性理论观点不一定有德性理论体系，而一位有德性理论体系的思想家必定有德性理论观点。德性论就是对德性理论观点和德性理论体系的统称，所有有关德性的理论观点和体系都可以纳入德性论的范畴。从一定意义上说，德性论是指理论化的德性观点或德性思想。德性伦理学是主张伦理学是关于德性的学问的各种德性理论体系的总称，因而它属于德性理论体系，当然也属于德性论。自古以来有不少思想家提出过某些得到论证的德性理论观点，这些观点尽管没有被体系化，但还是属于德性论的范畴。还有不少思想家只是提出了一些德性观点，但并没有作出理论上的论证，它们就不属于德性论的范畴。如果这些观点本身十分重要，或者得到后来思想家的论证和阐发，或者由于提出这些观点的思想家在思想史上的重要地位而产生了重要影响，它们通常也被看作是德性思想。

由以上分析可以看出，德性思想、德性伦理学、德性论这三者的关系是这样的：德性伦理学是一种德性论，德性思想包括德性论，也包括不属于德性论的其他有影响的或重要的德性思想观点。或者说，德性论是德性思想的典型形式，而德性伦理学是德性论的极端形式。从伦理学学科发展的趋势来说，不可能由德性伦理学取代伦理学，但伦理学自身要形成一个与研究善恶价值的价值论、研究规范（包括义务和责任）问题的规范论、研究道德情感问题的情感论相对应的研究德性问题的德性论。这种意义上的德性论就不再只是有关德性问题的理论的总称，而是伦理学的一个基本研究领域，是伦理学的一个相对独立的内在分支。①

（三）西方德性思想的内涵及其涵盖范围

西方自古以来的德性思想丰富多彩，很难对它的内涵和外延作一般性的界定。但是，这种界定对于准确把握西方德性思想的实质、特征及其涵盖范围很有必要。在这里我们对西方德性思想作一个粗略的界定，给读者提供一个关于西方德性思想的基本概念。

大致上说，西方德性思想是指西方思想家为解释德性现象或解决德性问题而对德性现象特别是德性问题进行思考和探索所形成的理论观点或理论体系，它是关于所有西方思想家有关德性现象和德性问题的理论观点和理论体

---

① 参见江畅：《德性论》，人民出版社 2010 年版，第 5 页以后，在那里对德性论在伦理学中的地位问题进行了专门讨论。

系的总称，所有西方思想家的德性思想都属于西方德性思想的范畴。对于这一界定，我们从以下几个方面加以阐发，同时也对西方德性思想的涵盖范围进行划定。

第一，西方德性思想是自古以来西方思想家关于德性的思想。“西方”这个概念并不是十分明确的，而且是不断变化的。大致上说，我们所说的“西方”是指属于源自古代希腊和罗马文化传统的国家，自古以来包括古代希腊和罗马，中世纪罗马天主教教廷统治的西欧国家，近现代西欧各国以及主要继承了西欧文化传统的国家，如美国、加拿大、澳大利亚、新西兰等国家。西方德性思想指的就是这些国家自古以来的思想家关于德性的思想。这些思想家主要包括对德性现象进行过解释、对德性问题进行过思考或探索并形成了有关德性现象和德性问题的观点和理论的哲学家、伦理学家以及神学家、科学家（主要是心理学家、教育学家）、经济学家（如亚当·斯密）、政治学家或政治思想家（如富兰克林）等。其中的主体是哲学家和伦理学家，西方德性思想主要是由西方哲学家（包括政治哲学家等）、伦理学家提出和阐述的。在西方古代，哲学家与伦理学家通常没有明确的区别，虽然并不是每一个哲学家都是伦理学家，但伦理学家通常是哲学家。在西方近代，哲学家与伦理学家逐渐有了区别，但区别并不明显。从这种情况看，西方古代和近代的德性思想主要是由有伦理思想的哲学家提出和阐述的。在现当代西方，伦理学家与哲学家有了明确的区别，有些哲学家同时是伦理学家，但许多伦理学家并不被看作是哲学家。在现当代西方提出和阐述德性思想的主体是政治哲学家、伦理学家。在西方，有些神学家也被划入哲学家的范围，如奥古斯丁、托马斯·阿奎那，他们的德性思想也被看作是哲学或伦理学思想。

第二，西方德性思想是对德性现象和德性问题思考和探索的结果。西方德性思想的直接对象是现实生活中的德性现象和德性问题。一些现实的德性问题也是德性现象，是一种更容易引起社会公众和思想家关注并希望得到解释或得到解决的德性现象。在古希腊雅典时代，智慧、勇敢、节制、公正、虔敬、友谊等德性成为公众关注的德性现象，其中一些德性的缺乏成为公众所关注的德性问题。正是这些现象和问题促使苏格拉底、柏拉图、亚里士多德对德性的关注和探索。自近代以来的西方，德性的缺乏导致了许多社会问题，德性缺乏就成为当代西方突出的德性问题。正是对这一问题的关注引发了当代西方德性伦理学的复兴。但是，德性现象和现实存在的德性问题只是西方德性思想的直接对象，在某种意义上可以说是西方德性思想产生的诱因，而且西方思想家的德性思想也不都是由德性现象和现实德性问题诱发的。西方思想家对德性的研究远远超出了德性现象和现实的德性问题的范围。

大致上说，西方德性思想的产生有以下几种情形：一是对德性现象或德性问题直接研究的结果，如注意到人们普遍放纵情感和欲望而研究节制问题。二是在对德性现象或德性问题思考和探索的基础上根据理论或现实逻辑的推演研究更广泛、更深入的德性问题，如在研究节制这一德性的基础上研究德性的一般含义和实质问题。三是着眼于政治、宗教或其他现实的需要而研究德性问题，如为了使人们信仰上帝而研究所需要的信仰、希望和爱的德性问题。四是由于学习和研究引发了对德性问题的兴趣而研究德性问题，当代许多德性伦理学家就是因此而产生了对德性问题的兴趣而走上研究德性问题之路的，他们并不怎么关注现实的德性现象和德性问题。

不过，无论实际情形多么复杂，有一点是可以肯定的，西方德性思想是思考和探索德性现象和德性问题的结果。如果说德性现象都是现实的、感性的，德性问题则不然。德性问题可能是现实的，它们是德性现象的一部分；但它们也可能是逻辑上的，它们是从现实的德性现象、德性问题出发向深广方向延伸探索而产生的；而且德性现象一旦进入思想家的视野，也是以问题的形式呈现出来的。因此，从这种意义上可以说，西方所有德性思想都是对德性问题思考和探索的结果。

第三，西方德性思想的主旨在于解释德性现象和解决德性问题。人类的思想从来都不是纯粹出于个人的爱好，而是在其背后隐含着对人类某种需要的满足。西方思想家之所以长期以来关注和研究德性问题，以至于形成了麦金太尔所谓的“德性传统”，其直接原因主要有两个：一是为了解释各种德性现象；二是为了解决德性问题。现实生活中德性现象是复杂的。在古代，有的人很勇敢，而有的人很怯懦，而人们普遍称赞勇敢的行为，而谴责怯懦的行为。为什么会如此？当思想家注意到这种现象时，就试图对这种德性现象作出解释，并形成了关于人们为什么称赞勇敢的行为而谴责怯懦的行为的思想。在思想家通过思考和探索找出了这种德性现象的原因之后，他们又可能进一步寻求如何使人们克服怯懦行为而践行勇敢行为的途径，于是就形成了解决德性问题的思想。这是一个最简单的事例，实际的情形要复杂得多。例如，有的人在各个方面都表现出有德性的，并被人们看作是有德性的人，而有的人则相反，在各方面都表现出没有德性的甚至经常表现出恶性的，并被人们看作是有恶性的人。这种德性现象和德性问题就很复杂，要对这种现象作出解释并提供使人们成为德性之人而避免成为恶性之人的途径，则需要更复杂的、更长时间的思考和探索。解释德性现象和解决德性问题有时分别成为西方思想家研究德性的动因，但更经常的是相互联系地成为西方思想家研究德性的动因。许多西方思想家研究德性既是为了解释德性现象，也是为了解决德性问题，或者是为了解决德性问题而解释德性现象，或者是在解释德性现象之后又进一步研究解决德性问题的途径。

一般来说，研究德性现象并不只是满足人们的好奇心，而是为了进一步研究解决德性问题的途径。西方思想家研究德性现象实际上就是为了解决德性问题。那么，西方思想家为什么要努力去解决德性问题呢？德性问题归根到底就是人们在成为有德性的过程中现实存在的或可能出现的问题，这些问题不解决，人就不能成为有德性的。一个人不能成为有德性的，他就不能更好地生存；社会成员普遍不能成为有德性的，社会就会成为不适合人生存的邪恶的社会。由此看来，思想家之所以关注德性问题的解决，归根到底是为了人类普遍地更好生存。当然，从西方思想家研究德性的实际情况看，并不是每一个思想家对德性的研究都旗帜鲜明地宣称自己研究德性是为了人类更好地生存。但是，如果我们探究其德性思想的深层动因，不难发现其中隐含着这种终极指向。基督教神学家力倡人们具备信仰、希望和爱这三种神学德性，这看起来是为了解决教徒不信仰上帝、不对来世抱有希望和不爱“邻人”的德性问题，但更深层的指向则是为了人们普遍在来世获得永恒幸福。因为在他们看来，一个人只有具备了这三种神学德性，他才能得到上帝的拯救，从而获得单靠自己的力量不可能获得的天国至福。

第四，西方德性思想是以理论观点和理论体系的形式呈现的。西方德性思想通常是理论化的思想。从西方德性思想史看，除极个别的思想家（如富兰克林）外，绝大多数思想家的德性思想都是以理论化的观点或体系呈现的。他们的德性思想有些只是个别或少数的观点，有些则是由多种观点构成的体系。但是，无论是个别观点，还是完整体系，它们都具有理论的形式，是理论化的观点和体系。这种理论化突出地表现在两个方面：一是西方思想家的德性观点都是经过理论论证的。他们的德性观点一般不是断言式的，而是结论式的，也就是说，这些德性观点是有根据或理由并经过了逻辑论证的。这种论证可能是不合理的，甚至是错误的，但至少是经过了逻辑推论的过程。例如，苏格拉底提出的“德性是知识”的命题，就不只是一种个人认定的独断观点，而是经过充分论证的理论观点。二是西方德性思想的德性观点常常是进行了理论阐发的。西方思想家不仅注重对德性观点的理论论证，而且注意对德性观点进行理论阐发。这种阐发既包括对德性观点的内涵、外延、特征和实质的阐述和发挥，也包括用德性观点解释相关现象和问题。例如，麦金太尔提出了德性总是相对于不同的文化体系的著名观点，他不只是对这种观点提供了理论的论证，而且运用这种观点解释了自古以来西方德性的传统。

第五，西方德性思想是由不同思想家或学派的德性思想构成的。西方德性思想是一个集合概念，它是指自古以来西方思想家以及学派有关德性问题的思想，包括所有西方思想家和学派的思想。西方自古以来思想家的德性思想彼此之间差异很大，甚至根本对立，他们的思想在基本立场、基本观点、基本方法方面都不同程度地存在着分歧。即使是同一学派内部，不同思想家的德性思想也存在着很大的分歧。例如，同属当代德性伦理学流派的伦理学家中，有些是新亚里士多德主义者，有的则是在某种程度上与亚里士多德主义对立的女权主义者；即使同是新亚里士多德主义者，也在许多观点上存在着不一致。这种情形表明，西方德性思想并不是一个完整的思想体系，甚至也不存在一个完整的思想传统，而只是基于大致上相同地域和相同文化传统的不同时代、不同国度、不同流派、不同思想家各种完整程度不同的德性思想的总称。当然，由于这些思想有大致上相同的地域和文化传统，因而确实有某些与其他国家或地域的共同特征。

二、西方德性思想的历史演进和基本特征

西方德性思想从最初产生直到今天历经了两千五百多年的历史演进过程，其间包括古希腊罗马、中世纪、近现代和当代等不同历史阶段。伴随着历史文化的变迁，西方德性思想具有明显的阶段性特征。同时，相对那些产生于其他历史文化的德性思想而言，也有一些共同的基本特征。这里我们对西方德性思想与西方历史文化的关系、西方德性思想最初产生及其历史演进、西方德性思想的共同的基本特征作一个概要的阐述，以便于我们对西方德性思想的概貌有一个基本了解。

(一) 西方德性思想与西方历史文化

麦金太尔曾经正确地指出:“道德概念是随着社会生活的变化而变化的。”[①] 西方德性思想就是在西方特定的历史文化背景中产生的，受西方特定的历史文化制约，同时它也是西方历史文化的重要组成部分，对西方历史文化具有重要影响。

西方历史文化是一种多源头的断裂而又兼容的复杂历史文化。人们一般认为，西方文化的源头主要有两个：一是古希腊文化，二是古希伯来文化。实际上西方文化的源头不只是两个，而是四个。除了普遍公认的古希腊世俗文化和古希伯来宗教文化这两个源头之外，还有两个源头，即古罗马的政治文化和近代意大利的商品文化或市场文化。最早的古希腊文化是重视个人世俗生活的文化，个人幸福是这种文化的主题，整个文化是围绕着“什么是幸福”、“如何获得幸福”展开的。因此，这种文化是幸福主义文化。古罗马文化是西方文化的另一个最早的源头，它更重视社会公共生活的管理，政治、法制是这种文化的主题，整个文化是围绕着如何管理公共生活展开的。古罗马本身经历了共和制到帝国制的过程，并诉诸法制管理社会。因此，这种文化更具有法制主义文化的性质。古希伯来文化是重视个人来世幸福的宗教文化，信仰上帝是这种文化的主题，整个文化是围绕着如何按上帝的戒律行事以获得拯救展开的。这种文化在希腊罗马文化的影响下产生了以“爱上帝并爱上帝之爱以获得来世幸福”为主要特征、其前提仍然是信仰上帝的基督教文化。因此，这种文化是信仰主义文化。自 14 世纪开始兴起的意大利市场文化是重视商品经济的文化，利己主义是这种文化的主题，整个文化是围绕着如何在市场竞争中取胜以获得更多的利益展开的。因此，这种文化是利己主义文化。

以上四种文化不只是西方文化的源头，同时也是西方先后占主导地位的四种文化形态。最初是古希腊世俗文化占主导地位，然后是古罗马政治文化占主导地位，接着是主要源自古希伯来文化的基督教文化占主导地位，最后是源自意大利的市场经济文化占主导地位。这四种文化就其核心价值观念而言是各不相同的，不同文化的更替使西方历史文化具有明显的断裂性。但是，后一种文化对前一种文化的替代是核心价值观念的取代，而不是全盘的

---

① A. MacIntyre, “Introduction of Part I: Historical Sources”, in Steven M. Cahn, Peter Markie, *Ethics: History, Theory, and Contemporary Issues*, New York/Oxford: Oxford University Press, 1998, p.1.

否定。古罗马文化吸收了古希腊文化的幸福主义内容，使兴盛起来的古罗马文化不只是先前古罗马文化的简单延续。基督教文化则是在古希伯来文化的基础上吸收了古希腊文化和古罗马文化才成为完全不同于古犹太教（古希伯来教）的基督教文化。源自意大利的市场文化更是通过复兴古希腊古罗马文化兴盛起来的，它虽然对基督教展开了无情的批判，但最终仍然将基督教文化包容在自身之中。因此，西方文化虽然是断裂性的，但同时也具有兼容性。它将不同文化中适合自身发展的有价值内容继承下来并发扬光大。

西方的历史文化虽然是多种历史文化兼收并蓄的复杂体系，但必须看到，古希腊文化的基本精神成为了后来整个西方历史文化的基调。这种基本精神至少有两个方面：一方面是尊重个人自主、维护个人权利、重视个人幸福的个人主义；另一方面是推崇理性、注重开发和运用理性的理性主义。这两种精神自古希腊产生之后，深深植根于西方文化土壤之中并随着历史的发展而不断发扬光大。即使是信仰主义占主导地位的中世纪基督教文化，也将来世幸福作为人生的追求，努力运用理性证明上帝的存在和谋划获得来世幸福的方案。

西方德性思想的产生、演进与西方历史文化的产生、演进息息相关，在一定意义上可以说它是由西方历史文化决定的。西方德性思想之所以在古代希腊产生，是因为古代希腊文化重视个人生活及其幸福，而个人要获得完善，过上幸福生活，就必须具有良好品质，也就是要有德性，同时也要有好的生活共同体即城邦。因此，德性思想在古希腊思想中占有十分重要的地位，在某种意义上可以说它是占主导地位的思想。古罗马文化是政治文化，法制占据着主导地位，社会德性问题凸显出来，个人生活幸福问题退居其次，因而这个时期个人德性思想相对较少，只是到了古罗马晚期，为了应对艰难的个人生活，个人幸福的问题凸显出来，个人德性思想才有所复兴。中世纪的基督教文化的主题是信仰上帝，要信仰上帝个人就必须具备相应的德性，特别是所谓的“神学德性”。于是，为了适应这种需要，个人德性思想又开始活跃起来，出现了西方古典德性思想的第二个高潮，并推进了西方古典德性传统的延续。西方近代以来的文化本质上是一种市场和法制文化，市场经济成为社会生活的基本形式，法制则是维护社会秩序的手段。这种文化要求给个人最大限度的自由，以便他们在竞争的压力下充分开发和运用自己的聪明才智。这种文化关心的主要是如何制订公平合理的规范以及如何使规范得到有效的遵循，因而社会德性问题成为思想家关注的焦点，至于个人的商富有阶层与失去土地和沦落为债奴的平民渐渐汇合，形成了一种要求改革的势力。早在公元前七世纪，雅典就曾发生过反贵族的政变。这次政变失败后，到公元前 594 年，雅典又发生了新的改革，即梭伦改革。这次改革废除了债务奴隶制，使个人的经济自由从残存的氏族制度的束缚中获得了进一步的解放，为奴隶制的经济繁荣提供了有利的条件；削弱了贵族院，把它的一部分权力分给新设的四百人会议和公民陪审法庭，从而大大裁抑了贵族的权势；建立了按法定财产资格划分公民等级的制度，使财产的特权代替了世袭的特权，富人的政治代替了贵族的政治。梭伦改革之后，又出现了克利斯提尼的改造雅典宪法的立法活动。这一立法总结了雅典国家前期的发展，在梭伦改革以来的雅典社会、经济和政治的发展的基础上促进了奴隶制民主国家的稳固和残余氏族制度的彻底消灭。从此，雅典奴隶制国家进入了新的阶段，财富日增的工商业奴隶主成为了国家的真正主人。

从公元前六世纪中叶起，雅典已经开始走向海外扩张的道路。赫沦斯滂的两岸被它占领了，小亚细亚和爱琴海诸岛的许多希腊人的城邦也已经和它的行政管理建立了密切的联系。与此同时，东方崛起了强大的奴隶制帝国波斯。波斯帝国试图征服希腊，以使希腊变成它的一个新的行省，使爱琴海变为帝国的内湖，以榨取更多的贡赋。雅典则为了爱琴海的商路，为了通向黑海的生命线，与雄霸小亚细亚并扼住黑海咽喉的波斯展开了决战。经过前后近半个世纪的战争，雅典最后打败了波斯的侵略，获得了海上霸权。雅典的海上霸权不仅解决了制成品的市场和粮食原料供应问题，而且也解决了外籍奴隶输入的问题，从此雅典的经济出现了高度繁荣。在经济高度繁荣的基础上，雅典的公民民主制度也发展成熟，形成了当时希腊城邦中最民主的政治秩序。经济繁荣和政治民主给古典希腊世界带来了思想文化的大发展，出现了古希腊哲学的鼎盛时期。然而，一场以斯巴达为首的伯罗奔尼撒同盟和以雅典为首的提洛同盟争夺霸权的伯罗奔尼撒战争，导致雅典从兴盛走向衰落。这次长达近半个世纪的战争以雅典的全面失败、斯巴达获取霸权而告结束。在走向失败的道路上，雅典内部纷争愈演愈烈，整个雅典社会也在反复争夺霸权的过程中陷入战争的深渊，直至北方兴起的马其顿粉碎了雅典的抵抗，将希腊的各城邦置于以腓力为首的军事王国的统治之下。

在伯罗奔尼撒战争开始到马其顿统治整个希腊的过程中，雅典社会战祸连绵，争权夺利，动荡不安。生活在雅典社会中的人们生活失去了目标、希望和信心，精神失去了寄托，普遍感到压抑、苦闷。幸福是什么、如何获得幸福的问题成为人们最为关心的问题。正是在这种社会背景下，希腊哲学关注的重点发生了转向，即从天上回到了人间，开始关注人的幸福，关注获得幸福所必需的德性，德性思想亦由此最初产生。在这个转变的过程中，苏格拉底（公元前 469—前 399）起了关键的作用，他不仅使哲学从对自然的探索转向了对人的关注，而且在探索人的幸福的过程中聚焦于人的德性问题，形成了系统的德性思想，并由此揭开了西方德性思想史的第一页。在苏格拉底以前，也有一些思想家涉及过德性问题，但都仅仅是只言片语，既不系统，也缺乏理论论证。在一定意义上可以说，苏格拉底以前的思想家只有一些关于德性问题的意见，而没有严格意义上的德性思想。苏格拉底的德性思想与以前所有关于德性的看法的不同之处在于以下四点：一是将德性问题作为主题进行系统的思考和探索；二是通过辩论和定义的方式试图揭示德性的本质；三是将德性与人的幸福、人生联系起来研究，阐明德性对于人生幸福的重要意义；四是启发人们的德性意识，并对各种关于德性的错误和片面理解进行批评和纠正，努力使人们掌握德性的本真含义和意义。由此可见，苏格拉底不仅开启了西方德性思想的历史，而且为人类提供了第一个完整的德性思想体系，所以他当之无愧的是西方德性思想之父。在苏格拉底之后，柏拉图提出并阐述了“四主德”。他的“四主德”不只是个人的德性，同时也被看作是国家的德性，因而他实际上开启了社会德性思想的先河。亚里士多德在苏格拉底和柏拉图的基础上建立了以幸福、智慧和德性为基本范畴、以共同体城邦为前提的完整的幸福主义德性伦理学。这样，西方德性思想不仅在苏格拉底、柏拉图、亚里士多德那里正式源起，而且达到了西方德性思想史上的第一个高峰。

（三）西方德性思想的历史演进过程

自从苏格拉底开了西方德性思想之先以后，西方德性思想经历了一个漫长的历史演进过程。其间有过高潮也有过低谷，但从总体上看，西方思想家对德性问题的思考和探索从未完全停止过，一直到当代达到了新的高峰。着眼于德性伦理学的历史发展这条主线，从历史与逻辑相结合的角度看，西方德性思想的演进经历了以下四个大的历史阶段，其中有的过程还可以划分为不同的小阶段。

第一阶段：古代德性伦理学形成时期的德性思想。这一阶段大约从公元前 5 世纪一直到 16 世纪。这是西方奴隶制走向没落到封建制和基督教教会起，出现了公正问题研究热。如果我们将社会公正看作是当代社会所应具备的主要德性，那么关于社会公正的思想当属德性思想的范畴。社会公正问题受到重视表明，当代西方德性问题是个人和社会共同面临的，需要协同研究解决。除公正问题外，民主问题、法治问题也成为许多思想家关注的焦点，近代自由主义民主和法治理论面临着多方面的挑战，形成了关于民主、法治问题的新的社会德性思想。

第四阶段：近几十年来德性伦理学兴盛时期的德性思想。这一阶段大约从 20 世纪 80 年代至今。这是人类社会进一步一体化、全球性社会问题层出不穷的时代。在德性伦理学和社会公正论的启发下，人们越来越意识到个人和社会的品质的极端重要性。德性问题在西方哲学界普遍受到重视，研究所涉及的范围和深度、研究成果的丰富都是以前时代不可比拟的，于是出现了西方思想史上的第三次个人德性思想的高潮，而且这种高潮方兴未艾，正在向纵深发展。总体上看，这个时期的德性思想具有以下几个特点：一是随着德性伦理学研究的深入，其阵营内部出现不同发展路向，除了正宗的复兴亚里士多德德性伦理学的新亚里士多德主义之外，还出现了“基于行为者”的德性理论、关怀伦理学等新的发展路向。二是在德性伦理学的批判下，功利主义者和道义论者一方面为自己的理论辩护，对德性伦理学进行反批评，另一方面努力发掘自己学派有关德性的思想资源，并加以发扬光大，力图证明本学派从来都是注重德性问题研究的。三是在德性伦理学的推动下，许多学者关注不同领域的德性问题的研究，出现了德性认识论、德性心理学、德性教育论、德性法学、德性环境伦理学、德性伦理学等新的研究领域。这些研究大大丰富了当代西方的德性思想。有研究者认为，“德性伦理学的影响已经扩展到它作为道德理论的第三种类型所作出的贡献的范围。正如已经注意到的，对德性伦理学兴趣的复兴已经引起了其他理论观点的拥护者对德性的更大关注。德性的研究也已经导致当代伦理学考察问题的范围普遍拓宽。”① 这种看法是实事求是的。四是社会公正、民主、法治等社会德性问题的研究不断深入，成为多学科共同讨论的话题，思想家提出了许多不尽相同的思想理论观点，出版了大量这方面的著作，形成了许多新的社会德性思想。

---

① “Introduction”, RebeccaL.Walker and PhilipJ.Ivanhoe, *Working Virtue*: *Virtue Ethics and Contemporary Moral Problems*, Oxford: Clarendon Press, 2007, p.4.

（四）西方德性思想的基本特征

西方德性思想经过两千五百多年的积累，已经成为了一个巨大的思想宝库。其内容极其丰富，种类也极其多样。因此，概括它们的共同的基本特征，是一件非常困难的事情。这里我们尝试着从总体上着眼概括，不一定准确全面。

第一，个人主义。从基本立场上看，西方德性思想是个人主义的，而不是利他主义和整体主义的。思想家提出和阐释的德性思想都是有其基本立场的。从人类德性思想史的角度看，思想家德性思想的基本立场主要有三种：一是站在个人的立场上看待和研究德性问题，所形成的德性思想是立足于个人的；二是站在他人的立场上看待和研究德性问题，所形成的德性思想是立足于他人的；三是站在整体的立场上看待和研究德性问题，所形成的德性思想是立足于整体的。西方德性思想从总体上看都是站在个人立场上的，其主旨是为了个人的完善，为了个人更好地生存。当然，德性是一种道德的品质，不可避免地会涉及个人与他人、整体的关系，西方德性思想就其主流而言并不是不考虑个人与他人、整体的关系，相反也是要处理这种关系。但是，西方德性思想认为德性归根到底是有利于个人自己的优秀品质，但这种品质之所以优秀，不仅在于它有利于自己，而且有利于他人和整体，能实现个人与他人、整体的互利、共赢。正是在这种意义上，这种品质具有道德的价值，是道德的品质。相反，那种不利于他人和整体的品质，即使有利于自己也不是优秀的品质，不具有道德价值，不是道德的品质。根据西方德性思想，只有既有利于自己，也有利于他人和整体的品质，即德性，才有利于个人更好地生存和发展。因此，西方德性思想的立足点和归宿点是个人。正是在这种意义上我们说西方德性思想是个人主义的，而不是利他主义和整体主义的。

西方德性思想的个人主义性质和特征是明显的。古希腊罗马德性思想的一个重要特点是将德性看作是人的本性或功能的体现和实现，具有德性才表明人性或人的功能得到了实现，是人完善的标志。中世纪基督教的神学德性看起来是为了信仰上帝，但信仰上帝最终也是为了个人能得到上帝的拯救，从而获得来世的幸福。近代以来，个人主义是整个西方占主导地位的思想体系，所有的思想包括德性思想都是立足于个体的，都是个人主义的。不用说自由主义传统的德性主义思想，即便是当代的社群主义德性思想，其基本立场也是个人主义的。

第二，幸福主义。德性是一种人为的道德的品质，那么，人为什么要形成和培育德性？人之所以要培育德性，要追求具有德性，不是为了德性本身，而是有更深层的指向。一般来说，在人的价值体系中，德性本来只具有工具的价值，它的意义在于有利于实现某种目的。那么，这种目的是什么？在西方德性思想看来，这种目的是个人的幸福，德性是实现幸福的最佳工具，是幸福的必要条件甚至充分必要条件。因此，从终极指向来看，西方德性思想是幸福主义的。对于德性与幸福的关系，西方思想家存在着意见分歧。有的思想家（如苏格拉底）几乎将德性与幸福等同起来，认为只有具有德性才会幸福，甚至只要有德性就会有幸福。有的思想家（如密尔）则将德性看作是实现幸福的最佳工具，有德性的人更有可能获得幸福。当然，也有的思想家（如康德）看到了现实生活中普遍存在的德性与幸福不相匹配的情况，但认为两者是应该匹配的，有德者应该有福。就是说，有无德性才是人们是否应该享福的根据。上述无论哪种看法，都将德性与幸福联系了起来，而且将幸福看作是德性的终极指向。

第三，理性主义。西方思想家思考和探索德性问题有相当一致的共同思维方式，这就是诉诸理性。西方德性思想最初源起于苏格拉底，苏格拉底思考和探索德性问题的思维方式就是理性的方式。这主要体现在，他致力于寻求各种具体德性的共性或一般本质，并认为一个人掌握了这种一般本质就具有了关于德性的知识。有了这种知识，一个人就具有了德性，相反如果不具有这种知识，一个人就不具有德性，也就会作恶，即所谓作恶由于无知。而且，一个人对德性一般本质的把握也只能诉诸人的理性，因为只有人的理性才能给事物下定义，才能从各种具体的德性中发现共同的本性。理性之外的东西，如感觉、感情等都不可能获得关于德性的真理，而只能形成关于德性的意见。苏格拉底的这种思考和探索德性问题的基本思维方式，为柏拉图、亚里士多德所继承。柏拉图不仅将德性看作是知识，而且认为这种知识要摆脱肉体的感觉和情欲的束缚才能获得。在亚里士多德那里，德性被看作是人智慧的体现和结晶。道德德性是通过理性选择形成的习惯，其基本原则是中道原则。中道原则要求无过无不及，其实质在于要进行理性的权衡和选择。至于理智德性则本身就是理性的优秀品质，因而他更推崇理智德性，认为理智德性才能使人获得完善的幸福。古希腊思想家在德性问题思考与探索方面采取的理性主义方法，为后来的斯多亚派和基督教思想家所继承，形成了古典德性思想的理性主义传统。西方近代出现过情感主义伦理学，一些情感主义者试图以情感为基础解释德性，但他们的德性思想既不系统完整，对西方影响也不大。19 世纪西方兴起了非理性主义哲学和文化思潮，这种思潮声势浩大，并对西方社会从现代走向后现代起到了重要推动作用。但是，从目前的情况看，非理性主义的观念和方法对当代西方德性思想的影响并不大，当代思想家仍然诉诸理性思考和探索德性问题，仍然把德性看作是人理性的体现，看作是人的实践理性或道德智慧的结晶。

第四，男性主义。西方德性思想的这一特征是由心理学家罗尔·吉利根以及阿勒特·拜尔等女性主义者对西方占统治地位的德性及其思想的批评意识到的。她们认为，有两种不同的德性，一种男性主义德性，如智慧、勇敢、节制、公正等；另一种是女性主义德性，如关怀、耐心、养育、自我牺牲等。在她们看来，西方占主导地位的德性思想是男性主义的，男性控制着德性问题的话语权，并且因为社会不重视女性的贡献而使女性德性边缘化。① 虽然男性主义并不只是西方德性思想独具的特征，其他文化传统的德性思想也具有这样的特征，但西方这个问题更突出。在古希腊时代，妇女像奴隶一样不具有做人的基本权利，她们具有性别特色的德性不会受到重视，她们当中也不会产生思想家来思考和探索德性问题，特别是为女性的德性说话。这种情况一直延续到 19 世纪女性主义运动开始兴起，但真正改变这种情况的是在第二次世界大战之后。英国女哲学家安斯卡姆的出现，标志着女性思想家研究德性问题的时代的到来，此后西方有一大批女性思想家研究德性问题。这种情况可能预示着西方德性思想的男性主义特征会发生变化。西方德性思想的男性主义特征不仅是相对于女性而言的，而且是相对于儿童而言的。有研究认为，西方德性思想所关心的不只是男性的德性，而且是成年人的德性，而不关心未成年人的德性。思想家们讨论的德性问题都只是成年男性遇到的问题，如智慧、勇敢、节制、公正等，而未成年人的德性如善良、诚实、正直、同情等不为思想家所重视。这些未成年人的德性实际上不只是未成年人的，而是一个人从小到老都需要具有的。② 由此看来，西方的

---

① Cf. Carol Gilligan, *In a Different Voices:Psychological Theory and Women's Development*, Cambridge, Mass.: Harvard University Press, 1982.

② Cf. JenniferWelchman, “Virtue Ethics and Human Development: A Pragmatic Approach”, in StephenM.Gardiner (ed.), *Virtue Ethics, Old and New*, Ithaca and London: Cornell University Press, 2005, pp. 142-155.

德性思想更严格地说是成年男性主义的。

三、西方思想家聚焦的主要德性问题

自古以来西方思想家研究了许许多多的德性问题，其文献汗牛充栋，我们不可能都清理和列举出来。但是，我们从流传下来的主要文献可以看出自古以来西方思想家主要关注的德性问题，以及与德性相关的问题。这些问题大多是自古以来就关注的，也有一些是近现代开始受到重视的。

（一）幸福的含义及其实现途径问题

西方古代思想家最早对德性问题的思考是为了回答当时人们普遍关心的“什么是幸福”以及“如何获得幸福”的问题。在古希腊伯利克里时代，雅典的自由民普遍过着相当幸福的生活，但伯罗奔尼撒战争之后，雅典乃至整个希腊的城邦陷入混乱，出现了许多社会乱相。在这种时代背景下，幸福问题凸显出来，人们对什么是幸福以及如何获得幸福不再有普遍的共识，甚至对人生是否能获得幸福感到困惑和迷茫。正是针对这种情况，一些思想家开始探讨幸福问题。在古希腊有推崇德性并将德性与幸福联系起来的传统，《荷马史诗》所歌颂的就是具有高尚德性的英雄。在这种传统的影响下，一些思想家从德性的角度思考幸福问题，他们把德性看作是幸福的主要构成成分，甚至是唯一成分，同时又把获得德性看作是实现幸福的必要条件甚至充分条件。他们将德性理解为灵魂的善，更确切地说理解为灵魂的理性部分的善。因此，幸福在于或者主要在于具有德性，德性则是人之所以为人的规定性即理性充分运用所达到的优秀状态，因而德性的获得与理性的充分而正确的运用实质上是一回事。但是，也有一些思想家认为幸福不在于基于理性的德性，而在于欲望的满足，即快乐。虽然他们对什么样的欲望得到满足能使人获得幸福存在着分歧，但他们一般不强调理性对幸福的意义。他们也谈到德性，但德性不过是满足欲望的工具而已。

古希腊思想家虽然存在着幸福在于德性还是在于快乐的分歧，但占主导地位的观点是幸福在于德性。这种观念在斯多亚派以及后来的中世纪基督教正统神学那里达到极致，前者将幸福等同于德性，后者则将德性特别是神学德性看作通往天堂（获得至福或永恒幸福）的必备条件甚至唯一路径。然而，自近代开始，在市场经济的利益最大化原则以及刺激消费的消费主义无孔不入的条件下，古代占主导地位的德性幸福观彻底崩溃，逐渐形成了普遍信奉的利益幸福观和享乐幸福观。前者以追求和占有更多的资源（利益）为主要目的甚至唯一目的，后者则以使感官欲望获得最大满足为唯一追求，而这种追求又必须以占有更多的资源为条件，因而利益最大化成了与市场经济相应的幸福观之关键。自近代直至今天，西方的幸福观从根本上说是一种以占有更多资源为核心、以欲望获得尽情满足为指归的幸福观。而这种幸福观在近代利己主义和功利主义伦理学中得到了表达、论证和倡导。

第二次世界大战后，伴随着现代文明弊端的日益暴露及其后果日趋严重，西方出现了现代德性伦理学，其主旨是要在利益幸福观和享乐幸福观盛行的背景下复兴古代德性幸福观传统。虽然现代德性伦理学的一些主张引起了广泛的共鸣，而且也确实对现代流行的幸福观起到了纠偏作用，但是还未成为西方社会的主流幸福观。而且，还有不少思想家还在为近代以来流行的快乐主义和功利主义幸福观辩护。因此，在今天的西方世界，德性幸福观与快乐（享乐）幸福观仍然处于对峙的状态。不过，这两种幸福观远没有古代那么尖锐对立，而且它们双方在争论的过程中都注意吸收对方的优点。由此看来，这两种幸福观走向综合和融合已经露出端倪。

（二）“好生活”及其与幸福的关系问题

在西方古代，“好生活”（有时也被称为“最好的生活”）是与“幸福”相近的概念，但两者并非完全等同。由于不同思想家站在不同的立场上，因而对好生活的含义和结构的理解存在着分歧。其主要分歧是快乐主义与德性主义的分歧，前者强调好生活就是快乐的生活，后者则强调好生活是一个德性之人过的生活。同时，在德性主义者之间对于好生活只在于具有德性（被称为“内在善”）还是除此之外还包括具备某些外在条件（被称为“外在善”）也存在着分歧。自中世纪开始，西方思想家就不怎么直接讨论好生活问题，特别是从近代早期一直到德性伦理学复兴之前，几乎不见有思想家直接讨论好生活的问题，尽管许多思想家实际上是在研究这个问题，因为这个问题对于人来说是一个根本性问题。自 20 世纪 50 年代开始，针对近代以来的伦理学特别是快乐主义和功利主义伦理学过分强调利益和感性欲望的满足，德性伦理学家从古典思想中受到启发，重新开始讨论好生活的含义、结构及其与幸福的关系问题。今天，虽然思想家一般都肯定好生活是人应该过的生活，但有些思想家（如迈克尔·斯洛特）并不认为一个人的好生活就是他的幸福生活。他们认为，真正的好生活除了个人的幸福生活之外还包括对他人的关爱或仁慈等，甚至主要在于后者。因此，在当代西方学术界，对于好生活的含义、结构及其与幸福的关系仍然存在着众多分歧和争论。

对好生活的理解西方存在着明显的分歧：一种观点将好生活理解为值得钦佩的（admirable）生活；另一种观点将好生活理解为值得欲望的（desirable）生活。前者强调德性或道德对于好生活的意义，认为好生活关键在于一个人有好的德性品质，有丰富的精神生活；后者则强调快乐或欲望满足对于好生活的意义，认为好生活就是人的欲望获得充分满足的生活。当然，两种观点内部也不尽一致。持前一种观点的学者，有的认为一个人只要有良好的道德就足以过上好生活，有的则认为除了道德之外，还需要必要的物质条件；持后一种观点的学者有的只强调感性欲望的满足，而有的则更强调与精神相关的欲望的满足。

与对好生活的理解不同相关联，西方关于好生活与幸福的关系的看法也存在着明显的分歧。大致上说，德性主义主张幸福是好生活的目的，而好生活就是追求幸福和获得幸福的生活。如果我们将幸福理解为至善，那么好生活就是具有至善性质的生活。从这种意义上看，好生活就是幸福的生活或实现了幸福的生活，而不是幸福本身。一般认为，好生活就是人应该过的生活，它是对“一个人应该过什么样的生活”问题的回答。但是，由于人们对什么是善（好）、什么是至善有不同的理解，因而对好生活的含义也有不同的看法。德性伦理学（在德性主义的意义上）认为，对于人而言的善就是德性，善是人性（主要体现为理性）的优良品质，因而成为德性之人就过上了好生活。正因为如此，对于德性主义者来说，“一个人应该过什么样的生活”的问题与“一个人应该成为什么样的人”的问题是从不同角度看的同一个问题。

然而，快乐主义（包括功利主义者）则认为，对于人而言的善是快乐，善是使欲望获得满足的东西，因而欲望得到了满足或者感到快乐就是过上了好生活。因此，对于快乐主义者，“至善”、“快乐”和“幸福”这几个概念是含义相同的。由于快乐主义一般只强调欲望的满足（尽管也许包括精神需要的满足），因而他们只注意到或只强调人生活的物质、感性方面，而忽视了人生活的精神、理性方面。因此，快乐主义观点遭到了德性主义者的强烈批评。也有一些德性主义者主张，好生活的结构除了德性品质之外还包括满足人们基本欲望的各种物质条件，因而他们强调好生活是人的作为一个整体的好生活。这种观点吸收了一些快乐主义的因素，也与人们的常识更一致，因而可能预示了西方关于好生活看法的未来走向。

（三）实践智慧及其与好生活（幸福）的关系问题

实践智慧是人的智慧的实践意向，其最基本的含义就是明智和审慎，即在认识和判断上明智、在选择和行动上审慎。一般来说，德性主义者都强调实践智慧对好生活（幸福）的根本意义。这主要体现在具有实践智慧的人才会选择、培养和运用德性品质，而且在运用德性品质的过程中还要运用智慧对具体的情境作出正确的判断。所以，对于他们而言，实践智慧或智慧就是总体的德性，也是德性的基础。正是在这种意义上，德性、幸福和实践智慧成为了古典德性伦理学的三大基本概念。它们三者的关系是：幸福是生活的目的，德性是幸福的主要内容甚至是全部内容，也是内在的必要条件，而实践智慧则是人获得并运用德性的途径。这三个方面一起构成了好生活的主要内涵或主观条件。显然，没有实践智慧就没有好生活，也就没有德性，没有幸福。快乐主义者也谈实践智慧，也肯定实践智慧的作用，但其意义不过在于对于什么欲望值得满足以及如何满足欲望作出正确判断。如果一个人不必作出正确判断就可能获得欲望的满足，那么他就可以不需要实践智慧。因而对于快乐主义者来说，实践智慧与幸福没有什么内在的关联。

（四）德性的内涵、类型及其统一性问题

德性的本质在于什么？或者说，我们应该怎样给德性下定义？这是德性思考和探索首先会遇到的问题，也是西方思想家最关心的问题。几乎每一位思考和探讨德性问题的思想家都要回答这一问题。西方思想家之所以特别重视这一问题，是有其历史文化方面的原因的。西方自苏格拉底开始特别重视给事物下定义，也就是探讨事物的一般本质。当思想家们研究德性问题时，他们也会首先考虑如何给德性下定义，给德性的含义以明确的界定。西方思想家给德性下过难以数计的定义，各种定义也不尽相同，不过一般都把德性看作是品质的特性或状态。德性定义涉及的是德性的一般本质，但德性是十分复杂的现象，那么就存在着要不要对德性进行分类以及以什么为根据分类和如何分类的问题。关于这个问题的分歧也比较大。柏拉图将德性划分为智慧、勇敢、节制、公正“四主德”；亚里士多德将德性划分为道德德性和理智德性；奥古斯丁等人又在此基础上增加了信仰、希望和爱三种神学

指导不同情境下的道德行为的合理性问题。

（十）德性的可教性问题

德性是否可教的问题是柏拉图在《普罗塔哥拉篇》中最初提出来的。著名的智者普罗塔哥拉声称，德性是能够通过像他那样的智者传授给他人的，但苏格拉底和柏拉图则认为，只有作为知识的德性才是可教的，而那些各种各样纷繁杂呈的德性则是不可教的。如果德性知识是可教的，那么，谁能担任教人以德性的教师呢？柏拉图指出，只有哲学家才有真正的德性。他们不像普通人那样根据种种个别的动机、目的权衡得失，采取行动，而是出于保持灵魂的纯洁性而随时摆脱肉体这座坟墓，到理念世界永恒地观照德性本身和不朽的灵魂。当然，也只有这样的人才能教人以德性。德性的知识是不朽的灵魂里固有的，凭回忆可以得到，毋须他人教导。哲学家的任务不是教人传授德性知识，而是将人灵魂中所固有的德性知识“接生”出来。由此看来，苏格拉底和柏拉图提出的德性的可教性问题涉及三个问题：一是如果德性是可教的，那么什么样的德性是可教的；二是什么样的人能教人以德性；三是教育的作用是使人意识到本性具有的德性，还是将德性从外部输入给受教育者。这三个问题是后来西方思想家关心和经常讨论的问题。

（十一）德性与社会及其公正的关系问题

西方传统的思想家特别是伦理学家讨论德性问题大多是从个人的角度讨论，他们思考的是德性对于个人具有什么意义以及人们应该具备什么样的德性，而一般不怎么讨论个人德性与社会的关系。当代西方思想家则发现，人们德性的好坏与社会环境有很密切的关系。比如，有好的社会环境，就会有好的家庭环境和受教育的环境，而这三种环境的好坏都对人们德性的形成有着直接影响。这三种环境都不是个人所能左右的，因而在德性的形成和发挥作用方面，存在着“道德运气”问题。社会环境的好坏取决于很多因素，其中一个根本性的因素就是社会公正不公正的问题。公正的社会不一定就有好的社会环境，因为社会环境的好坏还取决于经济、技术、资源等因素，但不公正的社会决不可能有好的社会环境。那么，社会环境特别是社会公正在多大程度上影响人们的德性状况？人们普遍成为德性之人需要什么样的社会环境？这些问题已开始进入当代西方思想家讨论的范围。

（十二）德性的性别差异问题

德性的性别差异问题最初是心理学家罗尔·吉利根提出来的，后来一些女性主义思想家赞同吉利根的主张并据此批评传统的德性和德性思想，从而使德性的性别差异问题突出出来。从目前掌握的情况看，这一问题还主要是在女性主义思想家圈内进行着热烈讨论，虽然影响很大且广受关注，但还尚未见圈外思想家的研究成果与之相呼应。不过，这一问题由于涉及自古以来人类文明的根基而将会成为西方思想家讨论的热点问题之一。

（十三）"好社会"或理想社会问题

个人德性关涉"好生活"，而个人的好生活离不开"好社会"。好生活即是理想的生活，好社会即是理想的社会。理想社会应该具备什么样的优秀品质或规定性，这是西方思想家自古以来所关注的重要社会德性问题。不同历史时期的思想家对理想社会的构想是不同的，不同学派的思想家对理想社会的构想也是不同的。西方最早提出理想社会的思想家当数柏拉图，他不仅写下了著名的《国家篇》和《法律篇》的对话，阐述了他所憧憬的理想国的美好图景，而且在他的其他对话中也表达了理想社会的思想。概括地说，他的理想国是以斯巴达城邦为蓝本的等级制奴隶国家，其基本特征是：（1）理想国家追求的是整个城邦的最大幸福。（2）理想国家具备智慧、勇敢、节制和公正的德性，即统治者具有智慧德性、国家的保卫者具有勇敢德性、国家的所有成员具有节制德性，当所有社会成员具有各自应具备的德性，因而各守本位、各司其职，国家就达到了和谐状态，也因而就具有了公正的德性。因此，柏拉图的理想国实际上就是公正的国家。（3）理想国家的国王应该是"哲学王"，因为只有哲学家或具有哲学素养的人才具有最高的智慧。中世纪基督教神学思想家认为现实社会不可能成为理想的社会，因而将理想的社会推向了天国。天国是一种与地狱相对立的天堂，在那里公正的上帝使其成员过着至福极乐的自由生活。针对中世纪理想社会的彼岸化和现实社会的异化问题，近代启蒙思想家基于市场经济构想了一种世俗的人间天堂。启蒙思想家对理想社会的看法也不尽一致，但占据主流地位的自由主义者认为理想社会是自由、平等、民主、法治、市场的社会。这种社会理想成为至今西方社会所致力于构建的目标。虽然后来思想家和政治家对启蒙思想家的理想社会设计方案作了不少补充、修正和完善，但其基本规定性没有被改变。近代障碍甚至死亡时变得坚强。在西方德性思想中，勇敢或刚毅作为一种德性，并不是要求盲目的冒险，而是要求在必要时有理由地勇于面对危险。它不只是要求勇于面对危险，而且要求勇于面对伤害、疾病、困难和失败，勇于面对由所有这一切引起的恐惧和痛苦。其本质在于追求某种善的目的。

（三）节制

节制（temperance）也是柏拉图最初作为“四主德”中的一种德性。在柏拉图那里，节制是心灵欲望的德性，也是国家中普通老百姓应具备的德性。与“四主德”中的其他德性不同，节制的德性为更多的思想家所重视，尤其为宗教思想家所重视。节制不仅作为古希腊的“四主德”被基督教思想家列入基督教的“七德”，而且还被基督教思想家作为“七种致命恶性”相对立的“七种天堂德性”之一。在犹太—基督教传统中，节制的含义十分丰富。《旧约圣经》强调节制是一种核心德性，《新约圣经》也是如此。

在西方，节制主要是指对过度的欲望和冲动的控制。西方有许多术语包含有节制的要求，如禁欲（abstinence）、贞洁（chastity）、谨慎（modesty）、谦恭（humility）、明慎（prudence）、自我调节（self-regulation）、宽恕（forgiveness）、仁慈（mercy）等。所有这一切都要求限制某种欲望、冲动。在西方思想家看来，人都有欲望，欲望有可能会发生过度，同时人都有情感，情感也会发生过激（冲动）。过度的欲望和过激的情感不仅会导致人生理和心理的不良后果，也会影响社会的秩序。因此，人需要具备节制的德性。节制可以使人的欲望和情感控制在适度的范围之内。欲望和情感控制的手段是理智或理性，节制就是理智在任何情况下都能有效控制过度欲望和过激情感的品质。

（四）公正

西方自古以来一直都非常重视公正（justice，亦译为“正义”）。早在古希腊神话中就有公正女神忒弥斯（Themis）。在苏格拉底和柏拉图那里，公正既被看作是个人的德性又被看作是国家的德性，而且将公正作为个人和国家的总体德性，看作是个人心灵和社会秩序和谐的基础。在亚里士多德那里，公正更多的是在国家德性的意义上讨论，断定“城邦以正义为原则”。“由正义衍生礼法，可凭以判断［人间的］是非曲直，正义恰正是树立社会秩序的基础。”[①] 在中世纪基督教思想家那里，公正被作为“四主德”的第二德性，成为刚毅和节制追求的目的。近代思想家也讨论过公正问题，但公正问题并没有受到重视。20 世纪以来，伴随着自由与平等之间矛盾的突出，公正问题引起了西方思想家的广泛关注。罗尔斯于 1971 年出版的《公正论》将公正问题的讨论推向了高潮。今天，有关公正特别是社会公正的讨论热潮一浪高过一浪。可以说，公正问题是当代西方社会普遍面临的一个重大问题。从西方的总体情况看，公正更多的是在社会（主要是国家）德性的意义上讨论的，因而所关注的重点是社会公正问题。西方思想家之所以十分重视公正问题，是因为他们一般都把公正看作是社会的首要价值。

西方思想家对公正的理解很不一致，早在雅典时代就有“智者”将公正理解为权力，认为强权即公正。最早系统研究公正问题的苏格拉底和柏拉图将作为总体德性的公正看作是个人心灵和社会秩序的一种和谐状态。亚里士多德认为公正作为德性总汇包含守法和均等两层含义，但除此之外还有其他意义的公正，主要是分配性公正和矫正性公正。当代公正的争论是围绕三种观念展开的，即“使福利最大化、尊重自由和促进德性”[②]。第一种是以罗尔斯为代表的新自由主义观念，它主张在肯定自由和平等的前提下国家要通过适度限制自由和平等实现社会的公平，因而社会公正就是要实现社会福利的最大化。第二种是以诺齐克为代表的古典自由主义观念，它反对罗尔斯等人的新自由主义观点，坚持古典的自由放任主义，主张国家应是最弱意义上的国家，不应过多干预社会资源分配，因而社会公正就是社会成员普遍享有自由并享有由此获得的社会资源。第三种是以麦金太尔、桑德尔等为代表的社群主义观念，它认为，“公正不仅包括正当地分配事物，它还涉指正确地评价事物。”[③] 尽管西方思想家对公正的理解不同，但一般都认为存在分配公正、程序公正等不同类型，也有人根据社会生活涉及的三种关系提出了相应的三种公正：一是个人对他人关系的代偿公正；二是个人对社会整体关系的法律公正；三是社会整体对个人关系的分配公正。[④]

---

① ［古希腊］亚里士多德：《政治学》，1253a39-40，吴寿彭译，商务印书馆 1965 年版，第 9 页。

② ［美］桑德尔：《公正：该如何做是好？》，朱慧玲译，中信出版社 2011 年版，第 6 页。

③ ［美］桑德尔：《公正：该如何做是好？》，朱慧玲译，中信出版社 2011 年版，第 309 页。

④ Cf. Doug McManaman, “The Virtue of Justice”, Catholic Education Resource Center, http://catholiceducation.org/articles/education/ed0285.html.

(五) 友爱 / 关爱 / 关怀

友爱或友谊（friendship）作为一种德性早在柏拉图那里就已经提出，著名的“柏拉图之爱”（Platonic love）指的就是两个人之间深刻的、非浪漫的爱，不涉及性的因素。在亚里士多德那里，友爱是一种非常重要的德性，他对友爱作过深入系统的研究。在希腊化和罗马时期，伊壁鸠鲁、西塞罗等许多思想家都研究过友爱。在西方中世纪，基督教倡导、宣扬“邻人之爱”，实即博爱，其中包含友爱，但范围更宽泛，并被纳入神学德性的范畴。近现代西方思想家受中世纪影响，主张和倡导人道主义的博爱而较少涉及友爱。伴随着德性伦理学的复兴和发展，与友爱相关的德性关爱或关怀（care 或 caring）受到德性伦理学家的重视，成为当代德性伦理学研究的一个重要领域。关怀不同于博爱，它不是一种平等的普遍的爱，而是有远近亲疏之别的爱。它虽然比友爱的范围更广，但与友爱在本质上是相通的，因而可看作是友爱的一种现代形式。

在西方思想家看来，友爱是人与人之间的一种亲密关系。它包含希望他人更好，对他人诚实、真实、信任并给予理解；对他人的境遇关心、同情，在必要时尽力帮助他人而不图回报；当他人有缺点、错误时及时指出。友爱并不局限于对待朋友，也包括对待同学、同事、同志，甚至包括对待他们的家人。不过，友爱存在着不同的程度，因而有不同的类型，对外如熟人、同志、朋友、密友、网友等。当代美国等国家还出现了 BFF（“best friend forever”，年轻男人描述女友或最亲密朋友的俚语）、Bro（年轻女人描述男友或最亲密朋友的俚语）等形式。在现代社会，友爱还拓展到国家之间、不同国家的人民之间。现代西方有研究认为，友爱可以改善人际关系，增强人们的幸福感，特别是能促进女性的健康长寿。相反，因缺乏友爱引起的孤独感会增加心脏病、致命的感染和癌症的危险。西方最新的研究表明，友爱存在着男女性别的差异。对于男性和女性的友爱，有三个因素是共同的，即信任（trust）、忠诚（loyalty）和幽默（humor），但女性更重视亲近（proximity）、交流（communication）和喜爱（affection），而男性更重视共同的利益（common interest）和喜爱（affection）。尽管男性和女性都重视喜爱，但方式不同，男性通过共享活动和交流表现出喜好，而女性的身体语言是喜好的体现。①

① Cf. “Friedship”, in *Wikipedia: The Free Encyclopedia*, http://en.wikipedia.org/wiki/Friedship.

（六）信仰

信仰（faith）是基督教神学德性的第一个德性，是教父哲学家第一次根据《圣经》中的有关信条提出的三种神学德性之一，后来为基督教神学家普遍接受。作为一种神学的德性，信仰的前提是坚信上帝存在，上帝是圣父、圣子和圣灵三位一体。作为宇宙和所有事物的创造者，上帝是所有真理的源泉。在基督教看来，上帝启示给我们的真理比纯粹人类的知识更可靠、更确定。上帝已特别通过圣子耶稣启示了拯救人类的真理。进行作为“信仰行为”的祈祷就意味着承认上帝既不会欺骗，也不会被欺骗，其可信任性是无可比拟的。当接受耶稣基督道成肉身的教义时，也就接受了他教导我们真理的绝对权威性。基督严厉谴责那些称他为主而不遵循他的教导的人。如果拒绝他的教导，就是拒绝他本人，因为他是真理的源泉。基督教强调，虽然信仰是个人的，但同时也必须认识到，我们的信仰正如我们从上帝那里接受的东西以及同其他信仰者分享其他东西一样，在性质上是基督教教会的。信仰不只是个人的同意，而且包括整个人对基督的归顺。同时，信仰的教会性质有助于我们意识到，信仰不只是对一系列理智的抽象概念的接受，经过洗礼的信仰还能使我们成为上帝的子女。通过信仰，我们不仅和三位一体的上帝达到了统一，而且也与其他的基督徒有了“家庭”的联系。这样，教会就不纯粹是我们的教师，甚至是我们的母亲。基督教教会宣称，信仰对于拯救是必要的，因为基督断定，有信仰和经过洗礼的人将得到拯救，而没有信仰的人则被谴责。我们的信仰是我们从上帝那里接受的最有价值的礼物。我们必须服从信仰，服从信仰是我们的第一义务，信仰上帝并证明他是我们的责任。信仰是无价之宝，我们将愿意为了它牺牲一切，一直到死。我们要对我们的信仰礼物充满感恩之心，要在祈祷和教会的神圣生活中丰富它，通过我们的仁爱生活证明它。

（七）希望

在基督教的传统中，希望（hope）也是三种神学德性之一。如果说希望是对某种东西的欲望和对得到它的期盼的结合，那么这种德性就是对与上帝结合而获得永恒幸福的希望。希望是对天国产生渴望的德性。一个人听说了天国之后，他就想要到达那里。希望的德性激发基督徒将欲求永恒生活作为他们的终极幸福。它吸引人们信任耶稣基督的承诺，依赖圣灵的恩惠和帮助达到终极的目的。像所有的德性一样，它是由意志产生的，而不是由激情产生的。在基督教的传统中，对基督的希望和对基督的信仰是密切相关的，具有希望就意味着具有希望的人通过神圣精神的证据而有一种坚定的确信。这样，希望能通过信仰的考验给一个人以支撑，否则人的悲剧和困难就可能是势不可当的。因此，希望被看作是“灵魂的支柱”。希望作为基督徒对幸福的燃烧着的强烈欲望，是一种上帝已经植入每个人心里的欲望。它包括对人的行为的激励，使他们心灵纯洁。有了它，人将不再失望，当一个人感到被抛弃时，它会给他提供支持和力量。希望使基督徒的心在对永恒的至高无上幸福的期望中得到照耀。由于有希望德性的鼓励，基督徒被从自私自利引导到从仁爱中获得的更大幸福。

（八）爱／仁爱

爱（love）或仁爱（charity）是基督教的第三个神学德性，也是基督教“七德”中的首德。有研究认为，基督教的爱的概念来源于希腊的“*agape*”（爱）的概念。这个词表达了神性的、无条件的、自我牺牲的、积极的、自觉自愿的和经过思考的爱。在希腊语中，除表达“无私的爱”的“*agape*”之外，还有一个表达爱的词“*eros*”。这个词的意思指“亲密的爱”、“浪漫的爱”。“*agape*”本身没有宗教的含义，但为圣经的作者和基督教思想家提供了思想资源，他们是在“*agape*”而不是在“*eros*”的意义上使用爱的。按基督教的理解，爱来自上帝。在对所有其他人无限仁爱的意义上，爱是一种普遍的爱，是人类精神的终极的完善，因为它被认为是对上帝本性的赞美，也是上帝本性的反映。作为神性德性的爱包括两个方面：一是对上帝的爱，二是对人（包括邻人和自己）的爱。对人的爱是出于对上帝的爱，上帝爱人，人爱人实际上是爱上帝之所爱。基督教相信，用全部的身心和力量爱上帝与爱人如己，是生活中两项最重要的事情。使徒保罗把爱看作是所有德性中最重要的德性。奥古斯丁对爱给予了满腔热忱的歌颂，认为爱是最高的德性，是一切德性之源，是唯一能占领和充满永恒的东西。世界上如果没有爱，就没有了一切。爱使人变得圣洁，使人变得虔诚；圣洁使人高尚，虔诚使人笃信。

（九）仁慈／慈善

仁慈（mercy）是一个在伦理学、宗教、社会和法律等领域广泛使用的术语，包含慈善（benevolence）、宽恕（forgiveness）和善良（kindness）等含义。在西方，作为一种德性，仁慈源自于旧约圣经，其中把上帝看作是仁慈的、恩惠的，并因而赞颂他。到了西方中世纪，仁慈被广泛使用。基督教将仁慈看作是上帝的德性，有所谓“仁慈的上帝”（Mercial God）之说。而且在骑士阶层，仁慈也被看作是基本德性之一。仁慈表示对别人苦难的悲伤。从一种意义上看，这种悲伤可以表示由感官欲望所引起的活动，在这种情形下，仁慈不是一种德性，而是一种激情。从另一种意义上看，这种悲伤可以是由理智的欲望所引起的活动。这样引起的活动是由理性控制的，较低级的欲望可以被调节。因此，奥古斯丁说，当仁慈以公正得到保护的方式被给予时，无论我们是否给予贫困的人什么或是否原谅悔过的人，心灵的这种活动都是服从理性的。既然灵魂活动应该由理性调节，对于人的本性是本质性的，那么仁慈就是一种德性。在基督教思想家看来，仁慈是与仁爱密切相关的。托马斯·阿奎那列举了由仁爱德性产生的三种效果，即喜悦、和平和仁慈的德性。仁慈是对他人遭受苦难的反映。它是对他人苦难的同情，但不是我们看见别人受苦时经历的情绪或纯粹的悲伤，因为纯粹的悲伤不会促使一个人为缓解那种悲伤和痛苦做某些事情，而仁慈的人会把受折磨的人看作是自己的兄弟姊妹。如果没有其他更好的办法帮助他们，他至少可以通过祈祷乞求基督的仁慈降临。

近代以来的思想家更多地使用没有宗教意义的慈善（benevolence）一词。边沁明确提出了“有效的慈善”（efficient benevolence）的概念。它包括积极方面和消极方面：前者把快乐给予他人，由快乐得以被传递的行为构成；后者阻止给予他人痛苦，由避免给他人以痛苦的行为构成。积极方面的范围远远没有消极方面的广，因为积极方面需要具有给他人传递幸福的能力，而具有这种能力的人远比不引起他人痛苦的能力的人少，因为几乎每一个人都有以各种方式给他周围的人造成伤害的能力。因此“有效慈善”实质上包含了“普遍慈善”（universal benevolence）的要求。当代情感主义德性伦理学家迈克尔·斯洛特则区分了“一般的/无偏袒的慈善”（general/impartial benevolence）和“偏袒的慈善”（partial benevolence），他把前者理解为“普遍的慈善”，而把后者理解为关怀（care /caring）。两者都是对他人的关心，区别在于前者是普遍的、不偏不倚地关心他人，后者则是有差别地关心他人，而他自己主张后者。“慈善”虽然更强调给予他人实际的帮助，但与“仁慈”没有实质性的不同，因而在汉译时常常没有对两个术语严格地加以区别。

（十）宽容

西方中世纪遍及欧洲的宗教政治冲突以及后来的宗教改革，使宽容（toleration）问题凸显出来，但它的历史可以追溯到更远的古代。在斯多亚派那里，特别是在西塞罗那里，宽容（*tolerantia*）被看作是一种忍耐和以恰当的、坚定的方式经受各种类型的恶运、痛苦、不公正的德性。但是，在早期基督教的话语中，这一术语被用于处理宗教差异和冲突的挑战。后来的基督教思想家基于仁爱和对那些犯了错的人的爱，对宽容进行了大量的论证。西方近代以来的思想家基于对个人自由权利的尊重而将宽容作为人们应该具备的一种基本品质和态度。其最典型的表达就是伏尔泰的那句名言："我不同意你的观点，但我誓死捍卫你说话的权利！"宽容的最一般含义是有条件地接受或不干预人们看作是错的但尚可容忍的信念、行为或实践，以至于它们不应被禁止或被限制。有研究者认为从历史角度看，对宽容有四种不同的理解，或者说有四种不同的宽容概念：允许（permission），共存（coexistence），关心（respect）和尊重（esteem）。①

（十一）同情／同感／共感

虽然同情（compassion）现象在现实生活中随处可见，而且人们也对同情通常给予称赞，但同情似乎没有进入古希腊思想家的视野，我们没有发现他们把同情作为一种德目加以讨论。这也许与古希腊哲学家要么重视理性，要么重视感性，而普遍不太重视情感问题有关。真正开始重视作为一种道德情感的同情的是近代英国情感主义思想家，如休谟、亚当·斯密等，他们反对将理性作为道德的根源，认为道德起源于人的一种被称为同感（sympathy，一些中译本将其译为"同情"）的情感，正因为有这种原初的情感才有同情，才有其他各种道德感情及其他道德现象。在这些思想家看来，人性中生来就有一种对别人有同感的自然倾向，这是一种人性的本原，正是这种倾向或本原使我们接受别人的心理倾向和情绪。在德性伦理学复兴的过程中，一些女性主义德性伦理学家将"同情"作为一个重要德目凸显出来，认为同情是女性德性的一种重要表现，在一定意义上也可以说是另一种更重要

① Cf. "Toleration", in *Stanford Encyclopedia of philosophy*, http://plato.stanford.edu/entries/toleration/.

的德性即关怀的基础。当代著名德性伦理学家迈克尔·斯洛特则进一步对同感与共感（empathy，我国心理学界将其译为“移情”，这个词在西方是20世纪以后才出现的）作出了区别。他认为，休谟等人已经注意到了人的共感现象，但却用了“同感”这个词表达它，同时在他那里这个词也指同感本身的内容。斯洛特认为，同感和共感在现代心理学中作出了区别，这种区别就是我们感受到了某人的痛苦与我们对处于痛苦中的某人有感受的区别。共感指前者，而同感指后者。在斯洛特看来，道德的真正基础是共感，而不是同感。他的基本看法是，人有共感，然后有同情，这之后才有关怀这种他认为是人的最重要德性的德性，以及其他的德性。

（十二）博爱

把博爱（fraternity，universal fraternity，或 brotherhood）作为一种美好的德性或德行可以追溯到斯多亚学派。晚期斯多亚派主张建立世界城邦，城邦中的公民人人皆兄弟。斯多亚的这种博爱思想影响了基督教。基督教在形成的过程中接受了这种思想，它强调不仅要爱上帝，而且要爱邻人。这里所说的“邻人”不仅指陌生人，而且还包括你的仇敌；这里说的“爱”不仅是无差别的爱，而且是无条件的爱。正因为如此，基督教被称为爱的宗教或博爱的宗教。当然，基督教的这种精神并没有被中世纪的天主教教会贯彻落实，天主教教会统治欧洲的结果是宗教战争和僧侣阶级对信徒们的残酷剥削和压迫。正因为如此，天主教会的政治统治最终被推翻。由于天主教会没有实现真正的博爱，所以近代启蒙运动又高举起了博爱的大旗，并将它与自由、平等并列在一起，作为反对天主教教会和封建专制主义统治的强大思想武器。然而，近代思想家最关心的是自由和平等，而在西方社会占据主导地位的自由主义思想家更关心自由权利，而对博爱的追求只停留在口号上，并没有落到实处。在现代文明繁荣的社会，甚至人的情感都被湮没或压抑，哪里还顾得上博爱。自德性伦理学复兴以来，一些德性伦理学家开始重视情感问题，强调情感对于德性和道德的重要性，但是他们所侧重的是关爱或关怀，而这种爱本质上不是博爱，而是有差别的爱，或者说是由近及远的爱。因此，从今天西方的实际情况看，博爱仍然只是一种美好的理想，并没有真正成为人们普遍追求培养和践行的德性。

（十三）知识／科技

西方思想家自古以来都十分重视知识，之所以如此，是因为他们将知识看作是理性的体现，是真理的载体或真理的表达，而理性是人的本性，真理是理性的追求。苏格拉底将德性看作是知识，使知识更具有了道德的意义。在古代希腊，人们所追求的主要是建立演绎逻辑基础上的知识，亚里士多德的“三段论”被看作是获得知识的主要工具。“三段论”作为获得知识手段的运用在中世纪的经院哲学家那里走向了极端，成为一种纯粹的形式化的思辨技巧，并因而阻碍了经验知识的获取，导致人们对自然、社会和人生认识的忽视。弗兰西斯·培根的“知识就是力量”（尽管这一口号是别人概括的）呼喊唤醒了西方近代以来的人们对经验知识（科学知识）重要性的意识，而他所提供的不同于亚里士多德“三段论”的“归纳法”，又为人们获取经验知识提供了获得知识的新工具。从此，西方开始了一个科学技术知识昌明的新时代。在这个时代，科学技术被看作是第一生产力，甚至被认为是无所不能的。事实上科学技术确实深刻地改变了人类社会，它在市场经济的强力推动下，成为了近代以来人类发展的最重要物质力量。于是，科学技术被看作是现代社会的基本规定性之一，是理想社会应该具备的基本德性。虽然自19世纪末以来，一些思想家由于奠基于现代科学技术基础上的现代文明出现了种种重大的人类问题而对科学技术持悲观态度，但大多数西方思想家都坚持肯定知识、科学技术对于人类幸福和社会美好的重要意义，而且认为现代文明导致的问题本身也需要运用现代科学技术来解决。

（十四）市场

西方在古代就有商品经济存在，但现代意义的市场经济是自近代西方商业革命开始兴起的，并逐渐取代中世纪庄园制经济而成为社会占统治地位的形式。市场经济在西方的迅速发展并非是完全自发的，而是与思想家充分肯定市场经济对社会发展和人类福祉的意义，并不断为之提供论证、辩护、指导和诊治分不开的。可以设想，如果没有思想家的长期不懈努力，就不仅没有市场经济的快速发展，也不会有西方今天如此成熟、完备的市场经济。亚当·斯密的《国富论》对市场经济是“人类富裕和谐的康庄大道”[①]的论证，

① 这是李义平在《为什么必须选择市场经济？——重读斯密》（《读书》2012年第3期）中对亚当·斯密思想的概括。

彻底消除了人们在市场竞争中谋求利益最大化的顾虑，同时他在经济上实行的“自由主义革命”为市场经济发展指明了方向。后来出现的“边际革命”、“凯恩斯革命”又在市场经济发展的过程中不断根据新的历史情况调整市场经济发展的航向。西方近代以来的思想家之所以十分重视市场经济和市场的作用，是因为他们认准了市场和市场经济是理想的人类社会应采取的基本经济形式，是“好社会”应该具备的基本品质。

（十五）自由

西方历来推崇自由（liberty），近代卢梭的“人是生而自由的，但却无往不在枷锁之中”[①]的呼喊，使自由成为了近代以来西方普遍奉行的最高理念。西方思想家们极力赞美自由的价值：“自由的理念是最宝贵的价值思想——是人类社会生活中至高无上的法律。”[②]在法国大革命时期，自由和平等、博爱（Liberté, Egalité, Fraternité / Liberty, equality, fraternity）一起成为响彻云霄的时代最强音，并对世界历史进程产生了深远的影响。近代对自由的推崇虽然是对中世纪专制主义的直接反抗，但从根本上说是市场经济发展的客观需要。

西方的自由概念起源于古代希腊自由和奴役的概念。对于希腊人来说，自由就是没有主人，是独立于主人的。它与民主有密切联系，民主就是自由社会的政治体系。罗马法也体现了某些有限形式的自由。然而，这些自由只限于罗马市民，而且罗马市民享受积极自由（审判权、起诉权、法律和契约强制）和消极自由（不受妨害的契约权利和不被折磨的权利）的结合。在罗马法下享受的许多权利一直持续到中世纪，不过这些权利只被贵族享受，而不能为普通人享受。不可让渡的普遍自由观念一直到启蒙时代才出现。这种自由指的是人类能主宰自己、能根据自己的自由意志行动，并对自己的行为负责。近代以来，西方对自由概念的理解也不相同。古典自由主义的自由概念把自由理解为个人摆脱外部的强制或威胁的自由；而古典共和主义的自由概念则强调个人作为社会主体或主权者的资格。

西方一般把自由划分为积极自由和消极自由。积极自由是指个人能运用主体资格，特别是有权力和资源贯彻自己的意志，不受社会的阻止。消极自由是指任何人都不能干涉一个人的活动。约翰·密尔最早认识到行动自由与

① ［法］卢梭：《社会契约论》，何兆武译，商务印书馆1980年版，第8页。

② ［英］阿克顿：《自由与权力》，侯建、范亚峰译，商务印书馆2001年版，第307页。

不受压抑的自由之间的区别。以赛亚·伯林正式区别了积极自由和消极自由。在他看来，消极自由是在没有其他人或群体干涉我的行动程度之内，我是自由的。在这种意义上，政治自由是指一个人能够不受别的人阻挠而径自行动的范围，是“免于……的自由”（freedom from）。积极的自由即人是自己的主人，其生活和所做的决定取决于他自己而非任何外部力量。当一个人是自主的或自决的时，他就是积极自由的，这就是“做……的自由”（freedom to do）。①

在肯定自由的前提下，还存在着如何处理个人自由与他人自由、个人自由与社会秩序的关系问题。在这个问题上，西方存在着“洛克式自由”与“卢梭式自由”的分歧。“洛克式自由”认为个人自由是至高无上的，只服从自由法律和法律，并且是不可剥夺和转让的。“卢梭式自由”承认个人自由，但认为个人自由最终要服从于“公意”或“主权”，个人自由是可以而且必须转让的。20世纪不少思想家将“洛克式自由”理解为消极自由，其核心是要维护个人的权利；而将“卢梭式自由”看作是积极自由，它强调主权者对个人生活的积极干预。前者是自由主义的，而后者是共和主义的。在近代以来的西方，占统治地位的是自由主义。但是，在自由主义内部也存在着分歧。20世纪前，西方流行的是自由放任主义（古典自由主义），到20世纪前半期，一些新自由主义者主张国家以适当方式来保障个人自由的国家干预主义。由于国家对自由干涉过多，20世纪80年代以来，西方保守主义的兴起和盛行明显地反映了古典自由主义的复兴。保守主义者提倡古典自由主义所奉行的非国家干预主义，追求最原始的自由，并掀起了所谓“拯救自由的运动”。

（十六）平等

从西方近代开始，自由和平等（equality）被看作是一对孪生兄弟，平等因而也被看作近代以来西方社会的最高理念之一。

按照卢梭的观点，“在自然状态中，不平等几乎是不存在的。由于人类能力的发展和人类智慧的进步，不平等才获得了它的力量并成长起来；由于私有制和法律的建立，不平等终于变得根深蒂固而成为合法的了。”② 在古代

① 参见江畅主编：《比照与融通：当代中西价值哲学比较研究》第十章：自由，湖北人民出版社2010年版。

② ［法］卢梭：《论人类不平等的起源和基础》，李常山译，东林校，商务印书馆1962年版，第149页。

希腊和罗马，不存在社会平等。“世上有统治和被统治的区分，这不仅事属必需，实际上也是有利益的；有些人在诞生时就注定将是被统治者，另外一些人则注定是统治者。”[①] 亚里士多德的这种观点是当时人们平等观的写照。到晚期斯多亚派那里，才出现了“四海之内皆兄弟”的平等观念，这种观念为基督教所接受。按照基督教教义，在上帝面前所有的人都是自由的，所有的人都是平等的。黑格尔认为，这是在自由平等观上的重大进步。[②] 在近代启蒙运动中，启蒙思想家高举“自由”、“平等”大旗，以反对“专制”和“等级制”。经过资产阶级政治革命，平等和自由成为了社会普遍公认的政治理念。但是，随着西方社会的发展，平等与自由的矛盾日益突出，于是思想家开始注重调节两者关系的公正问题。

一般地说，平等是指至少在一个方面但不是在所有方面具有相同性质的一组对象、个人、过程或环境之间的一致或相当。因此，平等与同一（identity）不同，同一是指同一个对象在其所有特征方面与它自身一致；它也与“类似”（similarity）不同，“类似”是一个纯粹接近一致的概念。平等隐含类似，但不隐含“相同”（sameness）。就数量一致的差别而言，平等的判断以被比较的事物之间存在着差异为前提，因而“完全的”、“绝对的”平等是自相矛盾的。两个非同一的对象决不会完全平等，它们至少在时空上是不同的。如果事物不是不同的，它们就不应该被称为“平等”，而应该称为“同一”，如晨星和暮星是同一的，而不是平等的。近代以来，西方思想家对平等问题作了广泛深入的研究，其基本前提是“人人生而平等”，但并非是人人在所有方面平等。近代思想家更关注人人平等的平等权利问题，特别是在法律面前人人平等的法律平等、社会平等问题。20 世纪以来，西方思想家更重视机会平等、性别平等、种族平等之类的问题。今天，这些平等已经得到了普遍公认，但一般都承认，在生活条件方面，人们是不可能实现完全平等的。在自由竞争的社会条件下，机会平等导致的是结果不平等、条件不平等，甚至导致社会的两极分化。在这种情况下，社会资源分配问题、条件或结果平等的问题就凸显了出来。为了保持社会的生机和活力，就需要人们在条件方面有所差异，而要维护社会的稳定和和谐，又需要将这种差异控

---

① ［古希腊］亚里士多德:《政治学》，1254a23-24，吴寿彭中译本，商务印书馆 1965 年版，第 13 页。

② 参见［德］黑格尔:《哲学史讲演录》第一卷，贺麟、王太庆译，商务印书馆 1959 年版，第 51—52 页。

制在合理的范围内。那么，人与人之间条件的差异应控制在什么限度内才是合理的，这就涉及平等与公正的关系问题。公正说到底就是将社会的不平等控制在合理的范围内。

（十七）民主

民主（democracy）这个词最早出现在古代希腊的政治和哲学思想中。克利斯提尼（Cleisthenes）领导的雅典城邦国家于公元前507年建立了第一个民主制度，克利斯提尼因而被称为“雅典民主之父”。古典的雅典民主是一种直接的民主，它具有两个显著特征：一是公民选举政府官员和法官；二是全体公民大会决策。然而，当时的雅典，只有男性成年人才是公民，女人、奴隶和外来人都不是公民。古希腊雅典时期实行的直接民主有多种局限，如在大范围的社会共同体中公民直接投票的方式决策困难、多数人“暴政”问题、个人的自由权利无法得到保障等。针对直接民主的这些局限，近代自由主义思想家提出了“代议制”民主理论。这种理论成为了近代西方民主实践的理论依据。当代西方思想家针对“代议制”民主实践中出现的问题（如多数人暴政问题、少数人权利保护问题），又提出了多种民主理论。今天，西方主要有六种有代表性的民主理论，即“参与式”民主论、“代议制”民主论、平等民主论、精英民主论、多元民主论、“程序制”民主论（或协商民主论），它们各自有其合理性，也有其局限性。近代除了自由主义民主理论之外，卢梭还提出了著名的共和主义民主理论，即“参与式”民主理论。不过，这种理论在西方并没有被普遍付诸实践。

在西方学者看来，民主并非像自由、平等、公正、和谐那样是纯然正面价值的理念，而是有其局限性的，对其作不正确的理解和运用可能导致消极的后果。归纳起来，西方思想家的民主思想主要有以下五个方面：

第一，绝大多数西方思想家都认为民主制度虽然不是尽善尽美的，但却是到目前为止人类所可能选择的最好政治制度。除古希腊思想家柏拉图、亚里士多德等人之外，近代以来的思想家几乎都众口一词地承认民主制度是人类目前所能选择的最好政治制度。

第二，西方思想家大多在肯定“代议制”必要性的同时，指出其局限性，因而主张对其作必要的补充。伴随着“代议制”在西方的普遍实行，现当代西方思想家更清楚地注意到这种民主制的问题。他们的分歧在于，共和主义以及社群主义思想家要求以公众参与制补充甚至取消代议制，而自由主义思想家则担心公众参与会导致政治权力不受限制而形成“家长制”，因而不主张实行公众参与制，但他们仍然致力于对它进行完善。

第三，西方思想家普遍认为即使在民主制度下也需要对政治权力加以限制和监控，防止其僭越政治生活领域。近代自由主义思想家在设计民主制度的过程中就已经意识到，即使是建立在民主基础上的政治权力也可能会发生对公民自由权力的侵犯，以及权力过于集中而不能为选民所控制的问题，因而他们几乎都主张对权力要加以制约。制约的最重要手段就是以权力制约权力，实行“三权分立”。现当代西方思想家进而还提出了对政治权力加以限制的新措施。

第四，许多西方思想家都意识到民主制度本身存在着难以从根本上克服的缺陷或弊端，必须采取有效措施加以防范。民主与市场有些相似，它本身就存在着与其自身相伴随的一些难以克服的问题。其中最突出的问题有三个：一是少数人利益保护问题；二是“多数暴政”问题；三是利益集团操纵问题。

第五，越来越多的西方思想家将民主主体的范围从作为社会成员的个人扩展到作为社会成员的组织。现当代西方民主理论家越来越认同各种社会组织（企业、学校、社团、政党等）的民主主体地位，而且也在思考如何通过社会的各种不同组织来实现公众普遍的、充分的政治参与。①

（十八）法治

“法治”（the rule of law）这个术语是 17 世纪才由戴雪（A. V. Dicey）明确提出并开始流传的，但这个观念由来已久。古希腊人最初把由最优秀的人统治看作是最好的政府形式，柏拉图就主张由理想化的哲学王统治的仁慈君主政治，哲学王凌驾于法律之上，但要尊重法律。亚里士多德则断然反对最高官员掌握超越于法律的权力，认为“法治应当优于一人之治”②。在他看来，“要使事物合于正义（公平），须有毫无偏私的权衡，法律恰恰正是这样一个中道的权衡。”③古罗马的西塞罗提出：“为了我们能成为自由的，我们

---

① 参见江畅：《在借鉴与更新中完善中国民主理念》，《中国政法大学学报》2014 年第 5 期。

② ［古希腊］亚里士多德：《政治学》，1287a19-20，吴寿彭中译本，商务印书馆 1965 年版，第 167—168 页。

③ ［古希腊］亚里士多德：《政治学》，1287b4-5，吴寿彭中译本，商务印书馆 1965 年版，第 169 页。

都应该是法律的仆人。”近代早期，卢瑟福（Samuel Rutherford）提出“法律是国王”。洛克在《政府论》中也讨论过这个问题，后来孟德斯鸠在《法的精神》中进一步确立了这一原则。1776年以后，任何人都不能凌驾于法律之上的观念在美国流行。潘恩（Thomas Paine）在《常识》中写道：“在美国，法律就是国王。因为正像在绝对政府中国家是法律一样，所有自由的国家，法律应该是国王；并且不应当存在任何其他的东西。”在1780年，亚当斯（John Adams）通过追求建立“一个法律的政府，而不是一个人的政府”而将这条原则隐含于《马萨诸塞宪法》之中。①

法治的基本含义是没有一个人凌驾于法律之上；除非犯法，国家不能惩罚任何一个人；除非以法律本身公布的方式否则不能判定一个人犯法。法治与领导人在法律之上的观念形成了对照。关于法治有三种不同的解释方式：一是形式的解释，二是实质的解释，三是功能的解释。形式的解释认为，法律是预期的、众所周知的，具有一般性、平等性和确定性的特征。除此之外，形式的观点不包含任何法律内容的要求。形式的解释允许保护民主和个人权利的法律，但认识到在并不必然具有这样的保护民主或个人权利的法律的国家里也有法治。实质的解释认为法治内在地保护某些或所有个人权利。根据功能的解释，政府官员有大量的任意决定权的社会有低度的“法治”，而在政府官员有少量的任意决定权的社会有高度的“法治”。法治的完整概念是“法律的统治”（rule of law），它不同于“用法律统治”（rule by law）。两者之间的差异在于“就法律的统治而言，法律是杰出的，并且能发挥检查权力滥用的作用。就用法律统治而言，法律纯粹是政府的工具，政府可以以合法的方式实行镇压”②。

五、西方德性思想的评价

西方自古以来的德性思想丰富多彩，可以说是人类德性思想的一个巨大宝库，对西方乃至整个人类产生了巨大影响。西方德性思想的成果具有重要的学术价值和实践价值，但也有其局限和不足，甚至糟粕。西方德性的思考和探索有值得借鉴的经验，也有需要记取的教训。所有这些方面都可以给我国的德性问题研究及德性品质培育以启示意义。正是基于这种认识，笔者才

① Cf. “rule by law”, *Wikipedia, the Free Encyclopedia*, http://en.wikipedia.org/wiki/Rule_of_law.

② Brian Tamanaha, *On the Rule of Law*, Cambridge University Press, 2004, p.3.

有了研究和阐述西方德性思想史的想法，并形成了现在这本书及其他著作。

（一）西方德性思想的学术贡献和实践意义

西方德性思想作出了重要的学术贡献，并且具有极其重要的实践意义，这是毫无疑问的。那么，西方德性思想究竟作出了哪些学术贡献和具有什么实践意义，这是需要通过不断深入的研究才能逐渐显现的，这里我们初步归纳为以下一些主要方面：

第一，自觉地将德性问题的研究纳入学术视野。德性问题是人生乃至社会的一个重要问题，需要对这一问题进行学术研究，这在今天看来似乎不存在什么争议。但是，在这方面形成共识是与西方思想家的自觉努力分不开的。从西方德性思想史看，早在公元前五世纪苏格拉底就已经意识到德性问题对于人生的重要意义，并从哲学的角度对德性问题展开了系统的思考和探索，从而使德性问题纳入了学术视野，成为学术研究的一个重要问题。苏格拉底的这一努力在他的学生柏拉图及其学生亚里士多德那里被继承。德性问题不仅受到了进一步的重视，而且逐渐在学科的分类中纳入到了伦理学的范畴，并成为伦理学研究的中心问题。之后，德性问题在古希腊晚期和罗马时期思想家们那里仍然是学术关注的焦点问题，直至中世纪的托马斯·阿奎那，德性问题一直受到高度重视，甚至成为思想家们关注的中心问题之一。从近代早期一直到20世纪中叶，虽然对个人的德性问题有所忽视，但社会的德性问题受到了高度重视，像社会的自由、平等、人权、市场、知识（科技）、民主、法治、公正等作为好社会品质的理念成为诸多学科关注和研究的热点问题。20世纪中叶以后，在上述社会德性问题备受学界关注的同时，一些哲学家又对个人的德性问题给予了关注，出现了德性伦理学复兴的浪潮，并引发了西方学者对个人德性问题的再度重视。如果我们将社会德性问题也作为德性问题的话，就完全可以得出这样的结论：西方自古代以来从来都重视德性问题，始终都将德性问题作为学术问题加以关注和研究。

无论是从个体的角度还是从整体的角度来看，人类自古以来都面临着诸多的问题，但并不是每一个问题在每一个民族或国家都会受到重视。德性问题就是如此。尽管德性问题对于个人的完善极端重要，对于人类的健康发展也极端重要，但并不是每一个民族都意识到这一问题，即使意识到也并不一定将其纳入学术研究的视野加以不断地研究。中国是一个文明古国，中国思想家早在公元前六世纪的孔子那里就已经意识到了德性的重要性，并对德性问题进行了积极探索，但是这一问题并没有真正纳入学术视野，至少在20世纪以前中国思想史上的大多数思想家并不关心这一问题或没有对这一问题展开自觉的学术研究。世界上其他大多数国家和民族比中国的情形更差。今天人类普遍关注个人和社会的德性问题，应该说是西方思想家长期关注和研究德性问题所产生的积极结果。正是在西方的影响下，今天的全人类才逐渐普遍关注德性问题。

德性事关个人的幸福和社会的美好，但它并不是一个人或一个社会与生俱来的，而是在社会生活中获得的。然而，这种获得面临着诸多问题，这就使德性成为了一个问题。要解决这个问题需要学术的支持，也就是需要学术研究提供解决问题的依据和方案。西方思想家自古以来重视和研究德性问题，并取得了逐渐在全世界产生影响的丰富学术成果，带动全人类普遍关注这一问题，这是西方德性思想对人类的重要学术贡献。

第二，对德性的一般性问题作出了丰富的回答。西方自古以来的德性研究的一个重要特点就是注重研究德性的一般性问题。这一问题主要包括德性的本性、基础、源泉、类型、功能、与其他心理特征和心理活动的关系等问题。在这些问题上西方德性研究取得了丰硕的成果，为我们认识德性提供了丰富知识和有益启示。

对德性的本性是什么的问题，自古以来的西方思想家提供了种种不同的答案。有的思想家认为德性是智慧，是对善的本性认识（苏格拉底、柏拉图）；有的认为德性是善的品质（亚里士多德）；有的认为德性是善的习惯（托马斯·阿奎那）；有的认为德性是一种品质的好（善）性质（迈克尔·斯洛特）；有的认为德性是系统地导致好结果的品质特性（朱丽娅·德莱弗）；还有的认为德性是一种对世界的要求作出适当反应的意向（克里斯丁·斯万顿），等等。

对德性是从哪里来的问题，西方思想家也是见仁见智。苏格拉底、柏拉图认为德性是灵魂的善性（好性），其基础和来源是人的理性。他们的基本看法是，德性是智慧，而智慧是理性的德性，并且是一切德性的决定性因素和实质。在亚里士多德那里，尽管德性的基础和来源在于理性，但只有理智德性才是纯粹理性（思辨理性）的德性，这种德性只需要通过教育就可以获得；而道德德性则是理性对情感和欲望的控制，它作为一种善的品质是在生活实践中经过选择逐渐形成的。当代伦理学家菲力帕·福特则认为德性属于意志。她分析说，德性虽然具有有利性这一特征，但不能据此给它下定义，因为这一特征并不是德性所特有的，人的许多其他性质也同样是有利的，如健康、力量、记忆力和注意力等。德性与这些身体的特征和精神的能力之间的区别就在于，它是属于意志的。德性是意志的善。

思想家们都承认德性有不同的类型，但对究竟有哪些类型也有各种不同的看法。亚里士多德认为德性可以划分为理智德性和道德德性；托马斯·阿奎那将德性划分为神学德性、理智德性、道德德性，进而又将它们划分为神学德性和主要德性；休谟将德性划分为自然德性和人为德性；冯·赖特、迈克尔·斯洛特等人将德性划分为关涉自我的德性和关涉他人的德性；卡斯林·赫金斯主张应该将德性划分为积极的德性和消极的德性，强调要重视像庄子所倡导的“无为”这样的消极德性；等等。还有不少思想家从德性重要性的角度将德性划分为主要德性和次要德性。例如，苏格拉底、柏拉图特别强调“智慧”、“勇敢”、“节制”、“公正”，这些后来被公认为古希腊的“四主德”。又如，托马斯·阿奎那认为“明慎”、“公正”、“刚毅”、“节制”是所有理智德性和道德德性中的主要德性。这“四主德”加上他和奥古斯丁力倡的“信仰”、“希望”、“仁爱”（“爱”）一起被天主教教会列为应大力倡导的“七德”。

尽管对于所有这些问题没有形成一种大家普遍公认的看法，但是他们的结论都是得到论证的，有其说服力。所有这些不同的看法，很难确定谁对谁错，它们只是表明德性本身的复杂性和对它认识的难度，人们站在不同的立场、从不同的角度和层次考察它会得出不同的结论。所有这些看法都包含着一定的真理性，是关于德性的知识。正因为如此，了解和掌握这些知识，可以扩展和加深人们对德性的理解，使人们对德性形成全面而正确的认识。

第三，阐明了德性与人生、社会的内在关联。人类为什么要重视德性，这个问题是西方思想家自古以来关注的问题，他们通过一代又一代持续不断的研究，阐明了德性与个人幸福、社会美好的内在关联，深刻揭示了德性对于人类生活极其重要的意义。

西方古典德性思想家通过他们的研究着重阐明了个人德性对人生幸福的决定性意义。苏格拉底、柏拉图认为德性与幸福具有同一性，只有真正有德性的人，才是真正善的人和幸福的人。如果不具有德性，一个人即使拥有财富，生活富裕，也不是幸福的。亚里士多德虽然并不像苏格拉底和柏拉图那样认为德性既是幸福的必要条件也是幸福的充分条件，但也认为德性是幸福的主要条件，并强调两者之间的内在一致性。在他看来，幸福就是合乎德性的现实活动，幸福生活就是合乎德性的生活。一个具有道德德性的人可以获得不完善的幸福，而一个具有理智德性的人则可以获得完善的幸福。托马斯·阿奎那也将德性与幸福联系起来，认为具有理智德性和道德德性特别是“四主德”的人能获得世俗的幸福，而只有具有神学德性的人才能获得天堂的永恒的幸福。近代思想家虽然不像古典思想家那样将德性等同于幸福或作为获得幸福的必要条件，但也不否认德性对于幸福的重要意义。功利主义者约翰·密尔认为德性是实现幸福的最佳工具，康德则强调要将德性与幸福统一起来，只有两者的结合才是至善，而且主张有德应当有福。当代西方伦理学家更强调幸福生活的两面性，即道德价值和令人满足，但德性仍然被看作是幸福的必要因素。当代德性伦理学家约翰·刻克斯认为幸福可以理解为具有道德价值的生活，或者被理解为令人满足的生活，或者理解为前两者在某种比例上结合的生活。这三种生活可以分别称为“德性的”、“令人满足的”和“平衡的”。在他看来，只有达到了这种“平衡”的生活才是最好的生活，即幸福生活。

如同好人应具备一些基本规定性即作为优秀品质的德性一样，“好社会”也应具备一些基本规定性。这些规定性就是社会的好品质，也就是社会的德性。早在柏拉图那里，就关注建立作为好社会的理想国问题。按他的构想，理想国的德性与个人的德性是一致的，这就是“智慧”、“勇敢”、“节制”、“公正”。其中“公正”是理想国的总体的德性，也是最重要的德性。自近代开始，西方有更多的思想家关注“好社会”的德性问题。他们分别提出了“自由”、“平等”、“博爱”、“民主”、“法治”、“公正”、“人权”等理念作为理想社会或好社会应具备的德性。在这些问题上西方存在着自由主义与共和主义、个体主义与社群主义、自由放任主义和国家干预主义的种种分歧。例如，自由主义者更强调个体自由，共和主义更强调社会民主；个体主义更强调个人的终极性，而社群主义则更强调共同体的重要性；自由放任主义更强调个体的独立自主，而国家干预主义则更强调国家对社会生活的必要干预，以确保社会的稳定和谐。但是，西方思想家都不否认好社会必须具备一些共同的基本的优秀品质，即社会或国家德性。

第四，揭示了德性形成和完善的一些基本规律。虽然西方德性思想家对德性是什么的看法不尽相同，但他们都承认德性是个人或社会内在的善的品质、性质或特性。这种善的东西不是个人或社会先天具有的，而是后天获得的。苏格拉底和柏拉图将德性看作是智慧，而智慧是理性的善性质。这种善性虽然是理性本身所固有的，但需通过“接生术”或通过“回忆”等途径才能使之成为现实的德性。在亚里士多德那里，德性从根本上说也是理性的善品质，理性要获得这种善品质必须或者通过践行使之成为道德德性，或者通过教育培养使之成为理智德性。近代以来的西方思想家所推崇的自由、平等、民主、法治等社会德性，也不是社会本来具有的，而是人理性反思和自觉构建的结果，不遵循自然法、不通过缔结社会契约，具有这些德性的社会是不可能建立的。不仅德性需要人为的作用形成，而且德性并不是一旦形成就永远具有，更不是一旦形成就是完美无缺的。在他们看来，德性既有一个形成的问题，也有一个完善的过程，这种完善的过程是无止境的。只有不断追求德性完善，人才能实现自我完善，才能达到至善和完全的幸福。亚里士多德关于道德德性与理智德性的划分实际上表明了德性的两个不同层次，它们是人从不完善的幸福走向完善幸福的两个阶段。斯多亚派为个人和社会描绘了“智慧之人”和“世界城邦”的理想境界，达到这种境界需要个人和社会在德性方面不断走向完善。奥古斯丁和托马斯·阿奎那教导人们要从世俗德性走向神学德性，也是认为只有这样人们才能从世俗的、短暂的、不完善的幸福走向天国的、永恒的、完善的幸福。

西方德性思想家在探讨如何获得德性并如何使德性不断走向完善的过程中，揭示了一些德性形成和完善的规律。他们每一个人对这种规律的揭示都不是完全的，但他们是从不同方面揭示的，都有各自的合理性，对人们全面认识德性形成和完善的规律作出了贡献。

西方德性思想家在这方面作出的贡献非常多，归纳起来有以下一些值得特别提及：其一，德性无论是不是理性的品质，但却是运用理性或理智认识、判断、选择的结果，而不是欲望或情感的结果。一个人或一个社会要成为有德性的，必须运用理性，必须有对德性重要性的意识，必须按理性的要求行事。其二，德性的形成和完善离不开意志。意志通常被认为是实践理性，是将理性的要求付诸实践的关键环节。意志对于德性形成和完善的作用不仅体现在对理性的判断和对选择作出抉择，而且要将这种抉择付诸行动。德性正是对理性的正确判断和选择作出抉择并付诸实践的结果。其三，德性特别是与道德相关的德性都离不开人们的行为活动，只有在活动中才会使意志的正确抉择逐渐转变为人的意向或心理定势，进而转变成为人的行为习惯。其四，德性及其原则可以成为知识，因而是可教的。不仅道德德性，而且其他的德性都可以作为知识通过教育向人们传授，人们在接受这种知识的过程中可以形成德性意识，从而产生形成和完善德性的愿望，作出相关的抉择并反复不断地践行。

第五，所概括和提炼的德目影响深广。自古以来的西方德性思想家都十分重视概括和提炼德目，几乎每一位德性思想家都有自己的德目及其构成的体系。其中最有影响的德性体系也许可以列出三种：一是苏格拉底和柏拉图曾概括和提炼的智慧、勇敢、节制、公正“四主德”。“四主德”不仅在当时的希腊、后来的西方，而且在今天的全世界无人不晓。二是托马斯·阿奎那概括和提炼的三种神学德性和四种主要德性，即“七德”。“七德”在当时就得到了天主教教会的认可和倡导，今天它们虽然没有古希腊的“四主德”影响广泛，但它在天主教世界的影响深度远远超过了古希腊的“四主德”。三是近现代西方思想家提出的“自由”、“平等”、“民主”“法治”、“公正”、“人权”等社会德性。这些德性不仅在今天的世界得到了广泛的传播和认同，而且已经改变并正在改变着整个世界。

什么是德目？德目即德性项目。“德性项目，简称为‘德目’，是人们在长期的社会生活中逐渐形成的一些德性要求，它们既是人们判断和评价德性的标准，也是人们进行德性培育（包括德性教育和德性修养）的根据。”[①]德目是在人类社会生活中普遍存在的，任何社会都有一些大家公认的德目。但是，那些未经德性思想家进行概括和提炼的德目往往是含混的、自相矛盾的，难以应对复杂的、例外的道德情境。德性思想家在克服“常识性德目”的局限性方面的意义在于：一是在概括德性的本性及概念的基础上对社会生活中熟知的德目进行提炼；二是根据德性的本性和类型提出新的德目，以构建新的德目体系，或者对现行的德目进行补充以完善现行的德目体系。西方德性思想家的德目及其体系之所以会产生如此广泛深刻的影响，正是在于他们不断地进行这两方面的工作，不断地根据不同时代的时代精神和实践要求概括和提炼与之相适应的德目。

（二）西方德性思想的经验和局限

西方两千多年的德性思想史给我们积累了宝贵的经验，但也有一些值得记取的教训。所有这一切如同西方德性思想的贡献一样，都是西方德性思想的遗产，是人类德性思想宝库中的重要组成部分。研究德性思想史的重要意

---

① 江畅：《德性论》，人民出版社 2011 年版，第 69 页。

义之一，就是要总结德性思想史上的经验教训，以之作为当代德性思想研究者的借鉴。

漫长的西方德性思想史有许多经验可以总结，这里我们只是择要列举四个方面。

第一，不断强化德性的问题意识。问题意识是学术研究、思想深化的起点和动力。西方德性思想之所以取得如此丰富的学术成果，是与西方德性思想家有强烈的德性问题意识直接相关的。德性是人类必需的价值，但是人类要获得这种价值总是面临着诸多的问题，这些问题使人类的这种价值的获得面临着种种的困难。正是西方思想家敏锐地洞察到这些问题，才致力于从理论上解决这些问题。古希腊伯罗奔尼撒战争前后人们的道德混乱、德性丧失的社会现实促使了苏格拉底、柏拉图、亚里士多德等思想大家强烈意识到研究和解决当时德性问题的重要性。十三世纪前后，阿拉伯的阿威罗伊主义的冲击以及天主教会内部的各种异端思想的挑战，使托马斯·阿奎那意识到德性问题的严重性，这种意识给他研究解决当时的各种德性问题提供了强大动力。近现代社会市场经济在给社会带来强大活力的同时也给社会带来了前所未有的各种问题。正是在这种社会背景下，西方思想家意识到解决这些问题刻不容缓，于是持续地探讨市场经济条件下好社会应具备的相应德性。20世纪后，现代文明繁荣带来了许多以前未曾遇到过的新问题，这些问题使许多思想家意识到个人德性问题的严重性，于是出现了大规模的德性伦理学复兴运动。西方德性思想史的这一经验告诉我们，要使个人幸福和社会美好，思想家就要不断地增强德性的问题意识，只有有了这种意识，才会有进一步研究解决在追求和实现个人幸福和社会美好的过程中面临的各种德性问题。

第二，注重对德性问题的学理研究。时代和现实呈现的各种德性问题都是具体的问题，尽管有些是表面的，有些是深层次的。对于这些问题的研究解决有两种方式：一种是对策性的研究，这种研究可以对症下药，直接解决存在的问题；二是学理性的研究，这种研究并不能直接解决存在的问题，但可以为解决现实存在的问题提供指导。这两种研究方式也是研究的两个层次。一般来说，两个层次的研究都不可或缺。没有学理性研究，问题的解决只会是头痛医头、脚痛医脚，治标不治本；没有对策性研究，学理研究所形成的原理便不能转化为解决问题的措施。在人类现实生活中，人们更倾向于对策性研究，而往往不重视学理性研究，其原因就在于对策性研究可以直接用于解决问题，而单纯的学理性研究往往不能如此。西方德性思想史的一个突出特点，就是德性思想家们都十分重视德性问题的学理性研究。在当时现实的德性问题十分突出的情况下，苏格拉底不像智者派那样告诉人们怎样做到有德性，而是不断地与人们讨论什么是德性的问题。面对阿威罗伊主义的冲击和异端的挑战，托马斯·阿奎那不是去应对一个个的冲击和挑战，而是针对各种问题构建一种庞大的基督教神学体系。近代市场经济的发展导致的各种极端利己、不择手段谋取利益的行为，近代思想家所做的工作是研究一个好的社会应具备什么样的基本品质。西方思想家并不认为对策性研究不重要，而是认为作为思想家所承担的职责是对问题进行学理性研究，他们要通过这种研究使各种问题纳入到总体的框架内考虑，从而使问题能从根本上得到协同解决。事实证明，西方思想家重视学理研究不仅能为人们和政治家的对策性研究和问题的实际解决提供有效指导，而且可以为人类积累思想财富。

第三，重视对德性德目的提炼、概括。前面说过，西方思想家自古以来十分重视德目问题，提出并论证了许多重要的德目。其中有关个人德性的德目有智慧、勇敢、节制、友爱、信仰、希望、爱、仁慈、宽容、同情等，有关国家德性的德目有市场、知识（科技）、自由、平等、民主、法治等，而公正既是个人德性的德目，也是国家德性的德目。德目是德性要求或德性原则，这种原则是人们形成、完善德性的依据，也是人们在日常生活中必须遵循的。西方德性思想家虽然不怎么注重对策性研究，但十分注重将德性原理转化为德性原则，使之与现实生活中的德目结合起来，或者说注重对社会流行的德目加以概括和提炼。这样他们的德性思想就可以通过德目这种人们喜闻乐见的形式传达出来。前面已经说过，西方德性思想家都十分重视德目的概括和提炼，而且经过他们加工的德目影响广泛而深远。采取德目的形式传达思想家的德性思想，这也是西方德性思想史的一条重要经验。

第四，尊重不同德性思想的存在权利和个性。西方德性思想史总体上看是百花齐放、百家争鸣的思想多元的历史，不仅不同时代的德性思想存在着重大差异，即使是同一时代的德性思想家也各不相同。其中最典型的就是苏格拉底、柏拉图和亚里士多德师生三人，他们所处的时代大致相同，所受的思想影响也差别不大，但他们的德性思想存在相当大的不同。古希腊时代、近代以来的西方，始终都存在着两种以上不同的甚至对立的德性思想学术流派。西方不同德性思想家的不同德性思想很难说谁对谁错，因为西方德性思想基本上属于哲学思想，而哲学思想往往是无定论的。他们之间的差异主要是观察问题的角度、层次不同，以及所要解决问题的侧重不同导致的。西方德性思想家虽然彼此之间存在着观点分歧和学术争论，存在着学术批评，但他们都彼此相互尊重，而且注重彼此之间的交锋和对话。也许正因为如此，在西方德性思想史上，差不多每一个时代都是思想家辈出的时代，都是多元的甚至对立的学术流派和学术成果同时出现的时代。

毫无疑问，西方的德性思想不是十全十美的，它有自己的局限。从整个思想史的角度看，也有一些值得借鉴的教训。其中最主要的有四个方面：第一，对德性问题的分析缺乏历史的视角。西方德性思想家的研究普遍不太重视将德性问题放在一定的社会历史条件下研究，所得出的结论往往被看作是普遍适用的真理。缺乏历史的分析是西方德性思想家的一个共同局限。第二，忽视德性的特殊性问题研究。与缺乏历史的视角相一致，西方德性思想家所研究的问题基本上都是人所共有的问题，即普遍性的问题，而较少考虑问题的特殊性。例如，他们所研究的德性是男女老少、古今中外所有人的德性，而不考虑男人的德性、女人的德性、老人的德性、儿童的德性等。他们的立场通常是男性主义的，因而存在着将男性德性泛化的问题。这一问题已为当代西方德性思想家所意识，但要克服这种普遍主义的研究套路还需要较长时间。第三，不重视现实德性问题的实证研究。自古代到当代，西方德性思想家都不太注重德性问题的实证研究，在他们的著作中，几乎见不到他们自己的调查研究材料和数据，他们的德性研究基本上是思辨性的纯学理研究。第四，没有对德性问题的研究作出明确的学科定位。西方自古以来有将德性问题作为伦理学的对象或主题进行研究的，也有将其作为伦理学的一个问题进行研究的，但到目前为止尚未有思想家将德性问题作为伦理学的一个不可或缺、不可替代的领域或分支。这样一来，对德性问题的研究就会发生当问题突出时就研究，问题不突出或有更值得重视的问题时就忽视对它的研究的情形。当代西方德性伦理学家普遍认为西方近代到 20 世纪中叶存在着德性问题研究被边缘化的问题，这个问题实际上就是个人德性研究的边缘化。之所以出现这样的问题，就是因为西方伦理学没有将德性论作为其中的一个分支长期进行研究，而只是将它作为一个问题来研究，当近代社会德性问题更突出时，个人的德性问题就被忽视了。

（三）西方德性思想的启示

由以上对西方德性思想的学术贡献和经验、局限的简要阐述，不难看出它给我们今天的德性问题研究提供的有益借鉴。要实现我国德性问题研究的学术繁荣，认真思考西方给我们的启示是十分必要的。

第一，高度重视德性问题。德性是事关社会成员个人幸福和社会美好的一个根本性的因素，可以说是做人之源、立国之基。在我国物质文明日益繁荣而社会问题日益突出的今天，如何做一个好人、如何建一个好社会的问题比已往任何时候更显突出和迫切。这个问题涉及诸多方面，而基本的方面就是使个人和社会普遍具备应有的德性。这个问题的解决需要学术研究的支持，只有在学术上重视和深入研究这个问题，并提供理论上的正确回答，这个问题才有可能得到妥善的解决。这个问题的解决不是一劳永逸的，而是需要不断地根据变化的生活实践提供新的理论回答。西方德性思想史给我们的一个重要启示，就是根据社会历史变化的情况不断进行跟踪研究，在学术上提供与时代需要相一致的新回答。要做到这一点，学术界特别是哲学界的学者要像西方学者那样，有强烈的德性问题意识，潜心学术研究，着重从根本上总体上回答时代提出的德性问题，为现实德性问题的解决提供正确的依据和有力的指导。

从伦理学的角度看，德性问题像价值问题、规范问题、情感问题一样，是道德的一个基本问题，因而也是伦理学的一个基本领域。因此，我们不能将这一问题仅仅作为一个此时突出的应景性问题来对待，而要作为伦理学研究的一个永恒课题进行长期研究。德性问题是与人类相伴始终的问题，因为人不可能与生俱来地具有德性品质，也不可能自然天成地具有德性品质，它必须通过人的努力才能获得、才能完善，而且获得后还可能由于各种因素的影响而丧失。对于人类来说，德性问题总是存在的，只是有时可能不那么突出而有时比较突出。因此，人类必须有一个学科分支专门研究它，不断与时俱进地跟踪研究，这个学科就是伦理学的德性论。西方德性思想家可谓重视德性问题的研究，但由于西方伦理学没有一个相应的分支学科研究它，所以发生了有时社会的德性问题、有时个人的德性问题被忽视、被边缘化的问题。西方的这一教训给我们的启示在于，只有将德性问题的研究划归给一个确定的学科分支，才能确保这一问题始终为学术界所不弃。

第二，既注重德性的普遍性问题研究又重视德性的特殊性问题研究。德性问题既有诸多普遍性问题，如德性的本性、起源、功能、与其他心理因素和行为的关系等等，更有许许多多的特殊问题需要研究，如不同人群的德性问题、不同民族国家及其成员的德性问题、不同时期（如贫困时期和富裕时期、封闭时期和开放时期）的德性问题，等等。随着全球一体化，人类社会出现了许多共性的德性问题，也出现了许多个性的德性问题。对于所有这些问题都要给予研究，而不能只研究普遍性、共性问题而不研究特殊性、个性的问题，相反两方面的研究都要重视，而且要结合起来研究，或者说要协同研究。当然，个人由于精力和学识的限制，不可能研究所有这些问题，而应该有所侧重，但从整个社会来看，这些问题都应该有人研究。西方思想家长期以来重视普遍性德性问题研究，这是他们的长处、优势和特色，同时也是他们的局限。今天我们要学习他们的长处，也要避免他们的短处。中国是人口大国，德性问题比西方世界更复杂，特殊性的、个性的德性问题更多，同时中国有更强大的学者阵容，有可能同时展开这两方面的德性问题研究。

第三，既注重理论德性问题研究又重视现实德性问题研究。无论是普遍性德性问题还是特殊性德性问题都存在着理论层面的问题和现实层面的问题。例如，德性的形成问题既有全人类古往今来的德性形成问题，也有中国人古往今来的德性形成问题。前者是普遍性问题，后者是特殊性问题。这两个范围不同的问题又都存在着理论层面的问题和现实层面的问题。例如，中国人的德性形成问题，既有从理论上看怎么形成的问题，也有从现实上看怎么形成的问题。当代人类的自主能力越来越强，人类能够在相当大程度上对自己进行有意识的控制。而且当代人类现实问题层出不穷，需要进行对策性研究。在这种新的时代背景下，许多问题包括德性问题的研究已经不能仅仅停留在理论的层面，而要深入到现实的层面。一方面要将理论的原理转变为操作的方案，另一方面要在理论的指导下研究解决各种具体的现实问题。因此，今天的德性问题研究包括理论德性问题研究和现实德性问题研究两个层面，对于一个国家特别是像中国这样的人口大国来说两方面都不可偏废。在这方面，西方德性思想的教训也给了我们启示。西方德性思想家对现实的德性问题关注得相对不够，这不能不说是一个缺憾。当代西方同样也存在现实的德性问题，西方德性思想家不去研究，也许有其他领域的思想家在研究。不过，从当代学术研究的走向看，现实问题的研究是与理论问题的研究分不开的。因此，现实德性问题研究的任务还是要由德性思想家来承担。

第四，既注重个人德性问题又重视社会德性问题。西方德性思想的发展源远流长，在不同时期德性思想家所关注的重点各有侧重，我们将其大致划分为两个方面，即个人德性问题和社会德性问题，这两个方面由始至终贯穿于整个西方德性思想史。麦金太尔提出，西方的德性传统可以追溯到荷马时

至当代，都是思想自由开放的百花开放、百家争鸣的时代。正是在这样的时代，产生了无数的思想巨子，也产生了很多德性思想巨子，产生了饮誉世界的观点迥异甚至对立的学术流派，产生了无数影响西方乃至世界的不朽著作。在中国历史上，除了春秋战国时代，几乎没有像西方这样的思想自由开放的时代。今天，中国要实现德性思想繁荣和整个学术的繁荣，最需要的就是这样的社会环境。这是西方德性思想史给我们的一个具有根本性意义的启示。

（四）本书的主旨

西方德性思想源远流长，内容极其丰富，影响深广，意义重大，但令人遗憾的是，到目前为止无论是在国内还是国外尚未见专门阐述西方德性思想的系统著作。为此，笔者不揣学识浅陋，试图做一项抛砖引玉的铺路工作，以期引起国内外学界对这一领域研究的重视，并提供进一步深化研究的起点和一些学术讨论的论题。基于这种考虑，本书最初试图在认真研读西方古典思想家原著的基础上，对西方自古至今的德性思想做初步的系统梳理和阐述，并力求揭示其演进过程、精神实质和显著特色，着重阐明西方主要思想家德性思想的来龙去脉、基本观点、内在逻辑、突出贡献和历史影响。但是，研究和写作的实际情况表明，这是一项极其艰难的工作，由于时间和学识的限制，要达到原初确定的目标是相当不容易的。不过，有一点是可以肯定的，那就是：本书基本上是根据西方德性思想家的元典并择其精要写成的，并提供了一个自认为有助于总体把握西方德性思想史的整体框架。我相信，这一工作对于这方面的进一步研究具有一定的借鉴和参考价值。

需要特别说明的是，本书主要不是从伦理学的角度，而是从价值哲学的角度对西方德性思想加以整理，力图围绕好品质、好生活、好社会乃至好世界（今天也许还要加上好生态）及其相互关系展现西方个人德性思想和社会德性思想的概貌。这不过是一种尝试，不一定合适，更不一定成功，希望学界同仁赐正。

第二章　西方古代德性传统及其哲学反思

西方古代德性传统源远流长，经历了一个漫长而又复杂的形成和演进过程。西方古代德性传统既包括社会现实的德性传统，也包括思想家的德性思想传统。两者之间的复杂交互作用，造就了西方德性传统的个性特色和独特价值。基于对西方德性现实反思和探索形成的西方古典德性思想，具有重要的历史价值和学术价值，同时也对人类特别是西方思想文化产生了深远的历史影响，是人类德性思想的宝贵遗产，对于今天仍然具有启示意义，值得整理和研究并加以批判地借鉴。

一、西方古代德性传统的三源泉及其交汇

西方古代德性传统分别发源于古希腊、古罗马和古希伯来三种不同的德性传统，最终交汇于基督教。在西方德性传统形成的过程中，作为其源泉的三种德性传统各自作出了不同的贡献，而基督教发挥了特殊的作用。基督教在形成的过程中以宗教化的方式将三种德性传统有机地融合起来，在使西方古代德性传统最终形成的同时，也使它演变成了基督教及其教会的德性传统。

（一）古希腊德性传统

古希腊的德性传统是西方古代德性传统的三大源泉中的主源泉，也是其组成的主干部分。罗素说："事实上，在希腊存在两种倾向，一种是热情的、宗教的、神秘的、出世的，另一种是欢愉的、经验的、理性的，并且是对获

得多种多样事实的知识感到兴趣的。”[①] 在古希腊思想文化中的确存在着两种倾向或力量，但罗素的这种概括不是十分准确的。一般认为，古希腊思想文化的两种倾向：一是 logos，主要代表的是理性的、逻辑的力量；二是 nous，主要代表的是激情的、欲望的力量。这两种倾向在希腊神话中的体现就是日神（太阳神，Phoebus Apollo）阿波罗和酒神狄奥尼索斯。日神是光明之神，在它身上找不到黑暗，他从不说谎，光明磊落，所以他也是真理之神。日神象征着光明、秩序、节制和理性，是逻各斯和真理的体现。酒神（Dionysus）是狂欢之神和艺术之神，他虽历尽磨难，但珍爱生命，与苦难抗争，以超然的态度面对人生，追求沉醉迷幻，追求狂放不羁，追求生之欢乐。酒神象征着率性本真，自由浪漫，自强不息，是奴斯和激情的体现。这两种力量在早期希腊思想文化中是交织在一起的。但是，由于苏格拉底对知识和真理极力推崇和追求的影响，苏格拉底之后希腊人以至后来的西方思想文化，历来都推崇理性精神，激情因而被边缘化、被压抑，甚至被贬斥。这种偏颇一直到尼采才被清醒意识到，他的“重估一切价值”的口号，引起了西方人对自己传统过分理性化的反思和批判。

希腊历史开始于何时？公元前三世纪一位住在帕洛斯（Paros）岛上的无名历史学家将其追溯到公元前 1582 年。[②] 这时希腊已进入了青铜器晚期（前 1600—前 1200）。在青铜器晚期的最后一个世纪（公元前 13 世纪），迈锡尼文明达到了巅峰，此时的希腊人生活在一个生机盎然的时代。《荷马史诗》所描写的事件如果确实存在，应当就发生在这个时代。可是，公元前 12 世纪末“似乎有一只巨手突然将辉煌的迈锡尼文明抹去，留下的仅有孤立和贫困”[③]，古希腊陷入了一个黑暗的时期（前1200—前700）。然而，也正是在那个晦涩暗淡的时代兴起了一个崭新的希腊。被认为是西方民主和法律制度摇篮的城邦，正是扎根于黑暗时代，于公元前 8 世纪开始兴起。黑暗时期之后，希腊经历了一个古风时期（前 700—前 480）。在此 200 年间，希腊社会脱离了黑暗时代，发展变化的速度不断加快，是古希腊黄金时代形成的关键时期。古风时期许多希腊城邦面临着诸多问题，如贵族间的派系斗

① ［英］罗素：《西方哲学史》上卷，何兆武、李约瑟译，商务印书馆 1963 年版，第 46 页。

② 参见［美］萨拉·B. 波默罗伊等：《古希腊政治、社会和文化史》（第 2 版），傅洁莹、龚萍、周平译，上海三联书店 2010 年版，第 11 页。

③ ［美］萨拉·B. 波默罗伊等：《古希腊政治、社会和文化史》（第 2 版），傅洁莹、龚萍、周平译，上海三联书店 2010 年版，第 51 页。

争不断。经过梭伦（约前 640—约前 558）改革和克利斯提尼（约前 570—前 508）改革，到公元前伯里克利（约前 495—前 429）执政的时代，雅典的大部分问题已经解决，民主制度建立起来。抵抗波斯的最终胜利，使雅典进入了政治、经济、文化全面繁荣的古典时期（前 480—前 323 年）。长达 27 年的伯罗奔尼撒战争（前 431—前 404）使成千上万的人丧生，由战争引发的经济问题加剧了希腊许多城邦已有的阶级矛盾，并激发了血腥的内战，城邦之间的战争成为生活的常规。最后，马其顿的征服结束了古典希腊世界，希腊社会进入了希腊化时期（前 323—前 30）。在这个时期，希腊人从波斯帝国周边的小城邦摇身一变，成了地中海一直延伸到印度边界的庞大"世界都城"的合伙统治者。这个大都城成为亚历山大的继承者们军事和政治斗争的巨大角斗场。与这个血腥背景形成反差的是普通老百姓、希腊人及其属国的人民，他们尝试着为在适应与祖辈们极不相同的世界中生存而改变自己，同时也力图保留传统的价值观。

古希腊的德性传统可以追溯到公元前 13 世纪的"英雄时代"，直至公元前一世纪希腊隶属于罗马帝国。以后，它与古罗马德性传统和希伯来德性传统融合，形成了西方占主导地位的基督教德性传统。在古代希腊，"德性"这个概念的对应词是 *aretê*，其本义是"优秀"或"卓越"（英文的对应词是"excellence"）。对于希腊人来说，*aretê* 除了指我们今天说的德性的含义外，还包括其他各种被看作优秀的性质，如身体的美。正是在这种意义上，可以说"快速是马的德性（*aretê*）"，"身高是篮球运动员的德性（*aretê*）"。所以，有学者主张将 *aretê* 译为"优秀"（excellence）。这种译法也许更准确。就其最广泛的意义而言，德性指一个事物在完善性方面的优秀，正如它的反义词恶性意味着一个事物的缺陷或一个事物在完善性方面的缺乏一样。今天英文中的"德性"对应词是"virtue"。这个词源自拉丁文的 virtus。从词源的意义看，表示男子气或勇敢。用西塞罗的话说，"德性这个术语是从那个表示男人的词来的；一个男人的主要特质是刚毅。"① 有研究者认为，希腊词 *aretê* 比中世纪的拉丁文词 virtus 含义宽，而这两个词的含义都比 virtue 宽。② 古希腊的德性传统的形成和演进与古希腊的社会历史变化息息相关。不同时期的德性有其时代的特征，同时，不同时期的德性之间也存在着沿革的关系，

---

① Cicero, *Tusculanae Quaestiones (Tusculan Disputations)*, I,xi, 18.

② Cf. Linda Trinkaus Zagzebski, *Virtues of the Mind: An Inquiry into the Nature of Virtue and the Ethical Foundations of Knowledge*, Cambridge: Cambridge University Press, 1996, p.84.

逐渐形成了古希腊的德性传统。

除了《荷马史诗》之外，英雄时代希腊人的德性状况几乎没有什么记载。《荷马史诗》包括《伊利亚特》和《奥德赛》两部分。两部史诗都分成24卷，《伊利亚特》共有15693行，《奥德赛》共有12110行。《荷马史诗》情节生动，形象鲜明，结构严密，语言简练，被认为是古代世界的一部著名杰作。相传《荷马史诗》的作者是盲诗人荷马，实际上它是许多民间行吟歌手根据迈锡尼文明以来几个世纪的口头传说集体口头创作的，最后由荷马加工整理而成。史诗到公元前8至前7世纪之间才写成文字，与所描述的事件发生的年代相隔500年，因而其史料价值是值得商榷的。不过，一般认为，这两部作品大致上反映了英雄时代习俗，也体现了早期希腊人的价值取向和德性追求，被认为是“希腊的圣经”。

史诗的主题思想是歌颂氏族社会的英雄，因而只要是代表氏族理想的英雄，不管属于战争的哪一方，都在歌颂之列。《伊利亚特》叙述希腊联军围攻小亚细亚的城市特洛伊（Troy）的故事，塑造了一系列古代英雄形象，特别突出地对阿基琉斯（Achilles）、赫克托尔（Hector）和奥德修斯（Odysseus）的描写。在他们身上，既体现了各人的性格特征，也集中了部落集体所要求的优良品德。希腊联军大将阿基琉斯性烈如火，英勇善战，每次上阵都使敌人望风披靡。他珍爱友谊，一听到好友帕特洛克罗斯（Patroclus）阵亡的噩耗，悲痛欲绝，愤而奔向战场为友复仇。他对老人也富有同情心，允诺白发苍苍的特洛亚老王普里阿摩斯（Priamus）归还王子赫克托尔尸体的请求。可是他又傲慢任性，为了一个女战俘而和统帅闹翻，退出战斗，造成联军的惨败。他暴躁凶狠，为了泄愤，竟将杀死好友帕特洛克罗斯的赫克托尔的尸体拴上战车绕城三圈。与之相比，特洛亚统帅赫克托尔王子则是一个更加完美的古代英雄形象。他不尚武却甘愿为保卫部落而献身。他身先士卒，成熟持重，多谋善断，自觉担负起保卫家园和部落集体的重任。他追求荣誉，不畏强敌，在敌我力量悬殊的危急关头，仍然毫无惧色，出城迎敌，奋勇厮杀。他敬重父母，挚爱妻儿，决战前告别亲人的动人场面，充满了浓厚的人情味和感人的悲壮色彩。《奥德赛》是歌颂英雄们在与大自然和社会作斗争中，表现出的勇敢机智和坚强乐观的精神。它是叙述伊萨卡（Ithaca）国王奥德修斯在攻陷特洛伊后归国途中十年漂泊的故事。它集中描写的只是这十年中最后一年零几十天的事情。奥德修斯不仅英勇善战，足智多谋，而且刚毅忠诚。希腊联军攻打特洛伊十一年未能攻下，最后是他的“木马计”

才使希腊联军取得了最后的胜利。在攻陷特洛伊后的归国途中，他受神捉弄在海上漂流了十年，到处遭难，最后受诸神怜悯始得归家。《奥德赛》以及《伊利亚特》充分颂扬和讴歌了英雄奥德修斯英勇善战的勇敢、足智多谋的智慧、矢志不渝和百折不挠的刚毅、抵御各种诱惑的忍耐节制、对氏族部落的忠诚等德性，以及对家庭的眷恋之情。当奥德修斯流落异域时，伊萨卡及邻国的贵族们欺其妻弱子幼。他们向其妻皮涅罗普求婚，逼她改嫁，皮涅罗普用尽了各种方法拖延。这里也歌颂了皮涅罗普对丈夫的忠贞。

与《荷马史诗》不同，稍后出现赫西俄德（Hesiodos）的《工作与时日》则完全以诗人所处的时代和地域为基础，所写的是普通人的生活。这部作品讨论了广泛的问题，包括天文学、农作、公正、善与恶、工作的德性等。赫西俄德把自己描述为一个农民的儿子，他和他的兄弟泼塞斯从父亲那里继承了遗产，但泼塞斯想要属于赫西俄德的部分。于是，他提出控告并通过行贿获得了有利于他的裁决。诗里包含了对作出有利于泼塞斯判决的那些不公正的判官的尖锐批评，并采取各种办法力图使泼塞斯追求公正的、好的生活。诗人表明在“强权即正当”的暴君时代需要公正，并描述在地球之上游荡着诸神，它们注视着人间的公正和不公正。[①] 他抨击懒惰，将劳动看作是所有善的源泉，劝告人们过诚实劳动的生活，因为人和神都憎恨懒惰之人，懒惰之人比喻为蜂巢里的雄蜂。[②] 在他看来，与其给泼塞斯金钱或财产，不如教他工作的德性，并传授能给他带来收入的智慧。《工作与时日》也重复了普罗米修斯的故事，他从宙斯那里偷来了火，最后导致潘多拉对人类的惩罚，她给人类带来各种灾难，唯独将希望留在了盒子里。赫西俄德的另一部作品是《神谱》，它所描写的是宇宙生成与诸神的关系以及诸神的谱系的形成，完成了统一的希腊神话体系。《神谱》列举了近 300 位神的族谱，讲述从地神盖亚诞生一直到奥林匹亚诸神统治世界这段时间的历史，内容大部分是神之间的争斗和权利的更替。《神谱》讲述的各种神像人一样也有七情六欲、喜怒哀乐，也好争斗，它们只是在某一个方面的能力或品质大大超过了人类。从作品对神的讲述中，我们也不难发现当时人们对一些德性的追求和向往，其中的一些神可以说是希腊人所称颂的德性和善的化身。普罗米修

① ［古希腊］赫西俄德:《工作与时日》250-255，见赫西俄德:《工作与时日、神谱》，张竹明、蒋平译，商务印书馆 1991 年版，第 8 页。

② ［古希腊］赫西俄德:《工作与时日》300-305，见赫西俄德:《工作与时日、神谱》，张竹明、蒋平译，商务印书馆 1991 年版，第 10 页。

斯为了给人类造福而冒着受宙斯惩罚的危险从宙斯那里盗火到人间，它可以说是善的化身。在神谱里还有智慧女神雅典娜（Athene），公正女神忒弥斯（Themis），爱情女神阿佛洛狄忒（Aphrodite），爱神厄洛斯（Eros）；还有象征着理性和理智的太阳神阿波罗（Apollo），历经苦难自强不息的酒神狄奥尼索斯（Dionysus），为人类带来诸美的美惠三女神（Graces），等等。[①]

到赫西俄德时代，《伊利亚特》、《奥德赛》、《工作与时日》和《神谱》等文学作品所颂扬的德性通过诗人的行吟游唱在希腊本土及其殖民地得到了广泛的传播。这些德性源于希腊本土文化，同时又通过诗歌使其增强魅力，并得到广泛宣扬，逐渐成为人们所普遍认同的德性观念和德性原则。我们可以说，古希腊的德性传统大致到这时基本形成。这时得到认同的德性主要是个人的德性，智慧、勇敢、公正、忠诚、友爱、勤劳等是其中的核心德目。这些形成于黑暗时期和古风时代的德性观念，到古典时期得到了发扬光大。

适应城邦兴盛和发展的需要，城邦兴起了一些城邦的德性观念和原则，最重要的是民主和公正，民主和公正是城邦的政治原则，也是希腊城邦的基本特征。古希腊的民主以雅典为典型，主要有四个特点：一是实行直接民主。在雅典，凡 20 岁以上的男性公民都有权参加公民大会，公民大会是其最高权力机关，在公民大会上，公民自由发言或展开激烈的辩论，共同商议城邦大事，最后按“少数服从多数”的原则作出决议。二是主权在民，轮番执政。雅典的公职如执政官、将军、议员、陪审员等，均由选举产生，除将军以外，任职期限均为一年，不得连任，年年选举更替。凡雅典公民都可通过民主选举获得担任公职的机会。三是崇尚法治，禁绝人治。雅典人崇尚法治，强烈反对人治，更深恶痛绝个人专制。为此，雅典人建立了“陶片放逐法”的制度，即由公民投票来决定对意欲独裁的城邦最高公职者进行放逐。伯里克利宣称：“解决私人争执的时候，每个人在法律上都是平等的”[②]。达官贵族犯法，与民同罪。四是权限交叉的制约机制。雅典国家机构权限相互交叉，公职人员的权限也部分交叉，以此实行权力的制约。在雅典没有总揽执行权力的最高官员。古典时期希腊的德性观念在伯里克利著名的《在阵亡将

---

① 参见［古希腊］赫西俄德：《神谱》，见赫西俄德：《工作与时日、神谱》，张竹明、蒋平译，商务印书馆 1991 年版，第 26 页以后。

② ［古希腊］修昔底德：《伯罗奔尼撒战争史》上册，商务印书馆 1964 年版，第 147 页。

士国葬礼上的演说》中得到了系统而明确的表达。[①]

古典时代的一些哲学家对民间推崇和流行的观念进行了哲学的提炼和论证，使民间的德性观念上升为哲学的德性原则，并进而研究德性一般性问题及其相关问题，其中首推苏格拉底。“对德性本性率先展开系统研究的正是苏格拉底；他将这一研究置于道德哲学的中心地位，也将其置于整个哲学的中心地位。”[②]他的学生柏拉图还系统阐释了智慧、勇敢、节制和公正，它们逐渐成为得到希腊普遍认同的“四主德”，并成为古希腊德性传统的最显著特色。除这四主德之外，哲学家们还根据现实社会的道德实践阐释了一些其他的德性，如虔敬、友谊、中道、宽宏大量等。除了研究德性的德目之外，这时的哲学家还研究了广泛的德性问题，如德性的一般含义或本质，德性与德行的关系、德性的类型、德性的可教性、幸福及其与德性的关系等问题，亚里士多德还在此基础上建立了系统的古典德性伦理学。这时的哲学家不仅研究了个人的德性，而且还研究了城邦的德性，其中研究最多的是公正、民主，也涉及自由、平等、法治等城邦德性问题。到这时，希腊不仅有了德性的民间传统或实践传统，而且有了德性的学术传统或哲学传统。这个传统一直延续到希腊化时期的伊壁鸠鲁派和斯多亚派。

（二）古罗马德性传统

古罗马也有其德性传统，后来古希腊德性传统融入其中，成为希腊罗马传统。在西罗马帝国灭亡之前的几百年间，希伯来的德性传统也融入其中，实现了三种德性传统的交汇，其重要体现就是基督教德性传统在古罗马传统中的生长。这里我们主要讨论古罗马德性传统，以及希腊德性传统的融入，基督教德性传统在其中的生长我们后文中再讨论。

古代意大利人在种族上是与希腊人同出一源的。在希腊人南移的时期，他们也已越过阿尔卑斯山进入亚平宁半岛。差不多在希腊人公元前八世纪在阿提卡形成雅典城邦的同时，地中海中部亚平宁半岛上的古意大利人也在拉丁平原上建立了一个城邦，这就是罗马。罗马人没有留下像荷马史诗那样的文献。罗马也有神话，但罗马神话在相当大的程度上全盘接受了希腊神话，

① 参见［古希腊］修昔底德：《伯罗奔尼撒战争史》上册，商务印书馆 1964 年版，第 145—155 页。

② ［英］安东尼·肯尼：《牛津哲学史》第一卷·古代哲学，王柯平译，吉林出版集团有限责任公司 2010 年版，第 309 页。

在很多情况下，罗马人只是简单地将希腊神改个名字，就让他们成为了罗马神。因此，我们无法根据罗马神话了解罗马建国前的历史。根据传说，公元前八世纪中叶罗马已经有了“国王”。当时的国王不是世袭的，而由全民会议选举，大致上相当于军事民主制下的部落酋长。这时罗马已经有了阶级的分化，凡是有权做战士并参加在库里亚召开的全民会议（库里亚会议）的都是贵族。除他们之外，社会上还有称为平民的自由人，他们不能分得公有土地，常常因负债被债主拘禁，有时沦为奴隶。据后世的传说，罗马的“王政”是在公元前509年废除的，之后贵族建立了共和体制。共和国有两个权力相等的执政官，由全民大会选举产生，他们并不是最高的统治者，而且权力有限，彼此牵制。真正掌握国家权力的是由贵族垄断的元老院。在共和国成立的最初两个世纪里，罗马内部存在着平民对贵族的斗争。在平民的反抗下，贵族不得不承认平民大会选出的保民官。为了让保民官保民有法可依，平民要求订立成文法，于公元前450年公布了著名的“十二表法”。经过一系列的斗争，一些平民跻进上层统治圈，成为罗马新贵，不但可以担任高级职务，而且任满后可列为元老院议员。与此同时，平民也成为全权公民。公元前四世纪后叶，罗马转守为攻，开始走上扩张的道路，其主力是以组织完密闻名、有很强战斗力的罗马军团，后来又建立了海军。公元前三世纪中叶，罗马逐一消灭了希腊人在意大利的城邦，全部亚平宁半岛都并入罗马的版图。从公元前二世纪初年起的六七十年间，罗马征服了马其顿、希腊和小亚细亚，并威临埃及，整个地中海变成了它的内湖。此后的一百年间，罗马逐渐形成了军事独裁统治，并最终导致共和国的崩溃。到公元前一世纪，罗马帝国通过恺撒改革诞生。此后的两百年间，罗马帝国达到了空前的繁荣。公元三世纪是罗马帝国的大逆转时期，社会出现了全面的危机。公元330年迁都拜占庭，号为“新罗马”。然而，整个罗马帝国在内部的奴隶、隶农和贫民起义以及“蛮族”入侵的烽火中溃亡。公元476年，“蛮族”将领奥多阿克废黜罗马的末帝，宣告这个政权的最后终结。

希腊人向西南意大利殖民早在公元前八世纪就已经开始。这一带的许多名城，如那不勒斯、马可、里吉模、麦塞那、他林敦和叙拉古等，都是希腊殖民者建立的城邦。希腊人不仅带来了本土的社会和政治制度，而且带来了他们的文化，包括德性观念。在此后几百年希腊人与罗马人之间拉锯式的你争我斗，以及经济、贸易和文化的交流中，希腊的德性观念进一步传入了罗马，其中的一些为罗马人所接受，并通过罗马文明传承下来。在希腊哲学的影响下，罗马的哲学家也形成了一些独具特色的哲学德性观念，其中最重要的是自足、节制、禁欲、负责。他们特别关注研究如何在艰难的现世生活中通过顺从本性、克制情欲求得内心安宁，从而获得个人幸福。黑格尔对罗马哲学作了这样的描述："在罗马世界的悲苦中，精神个性的一切美好、高尚的品质被冷酷、粗暴的手扫荡净尽了。在这种抽象的世界里，个人不得不用抽象的方式在他的内心中寻求现实世界中找不到的满足；他不得不逃避到思想的抽象中去，并把这种抽象当作实存的主体，——这就是说，逃避到主体本身的内心自由中去。这样的哲学是和罗马世界的精神非常适合的。"①

就罗马文明的德性观念来看，最具特色的是国家的法治。古希腊虽然有过民主政治，也有过法律，而且其法律也对罗马产生过影响。但是，古希腊的民主是直接民主。这种直接民主是可以不要成文法的，在这种民主制度之下很难形成完整的法律体系。因此，在古希腊虽然有民主的传统，但没有真正形成法治的传统。亚里士多德等思想家意识到了法治的重要性，但他们的思想并没有引起统治者的重视。罗马人则从王政时代开始一直到东罗马帝国时期都非常重视法律的制订和运用，逐渐建立了对后世具有重要历史影响的完整罗马法体系，并形成了罗马的法治传统和一系列法治观念。

罗马法是罗马奴隶制国家法律的总称。它既包括自罗马国家产生至西罗马帝国灭亡时期的法律（成文法和一些习惯法），以及皇帝的命令，元老院的告示，也包括公元七世纪中叶以前东罗马帝国的法律。罗马法大约起源于公元前七世纪前后的古代罗马王政时代。当时，罗马的法律有人民大会的法律和平民大会的法律。共和国时期，罗马法的主要代表是著名的《十二铜表法》。《十二铜表法》是古代罗马的第一部成文法典，是罗马法发展史上的一个重要里程碑。在此之前由于使用习惯法，司法权又操纵于贵族手中，任其解释，同时司法专横。这一切引起了平民的强烈不满。公元前 454 年，元老院被迫成立了十人立法委员会，设置了法典编纂委员会，派人到希腊考察法制。于公元前 451 年制定了法律十表公布于罗马广场，次年又制定法律二表作为补充，构成了所谓的《十二表法》。由于当时这些表法都是由青铜铸成的，所以又称《十二铜表法》。《十二铜表法》的篇目依次为传唤、审理、索债、家长权、继承和监护、所有权和占有、土地和房屋、私犯、公法、宗教法、前五表及后五表的追补。其特点为诸法合体，私法为主，程序法优于

① ［德］黑格尔：《哲学史讲演录》第三卷，贺麟、王太庆译，商务印书馆 1959 年版，第 8 页。

实体法。在共和国时期，形成了公民法和万民法两个体系。从公元前509年罗马共和国建立到公元前三世纪中叶的罗马共和国前期，罗马产生的法律统称为公民法。它是专门适用于罗马公民的法律，内容侧重于国家事务和法律程序等方面，而涉及个人财产关系等问题的私法规范则不够完善。公民法的实施，使平民的政治、经济和社会地位空前提高，从而极大地激发和调动了他们的爱国热情与参政的积极性。随着商品经济的发展和外来人口的增多，各种新的社会矛盾日益凸显。于是共和国后期又形成了适用于罗马公民与外来人之间以及外来人与外来人之间关系的万民法。万民法是外事裁判官在司法活动中逐步创制的法律，它吸收了公民法和外来法的合理因素，但又有所发展和突破。它的基本内容主要是关于所有权和债权方面的规范。万民法的产生，使罗马私法出现两个互为补充的不同体系，但经过一段时期的适用与完善，万民法逐步取代了公民法。罗马帝国时代，皇帝的权力扩大，立法权逐渐被皇帝掌握，法律和法令都开始采用皇帝敕令的形式颁布。这一时期的一些重要法典包括《格雷戈里安努斯法典》(大约编于公元前294年)、《海摩格尼安努斯法典》(大约编于公元324年)和《狄奥多西法典》(438年颁布)。到东罗马帝国皇帝查士丁尼执政期间(527—565)，查士丁尼皇帝为重建和振兴罗马帝国，成立了法典编纂委员会，进行法典编纂工作。从公元528—534年先后完成了三部法律法规汇编。第一是《查士丁尼法典》。这是公元528—529年间将历代罗马皇帝颁布的敕令进行整理、审订和取舍而成一部法律汇编。第二是《查士丁尼法学总论》(又译为《法学阶梯》)。它是以盖尤斯的《法学阶梯》为基础加以改编而成的阐述罗马法原理的法律简明教本，也是官方指定的"私法"教科书，具有法律效力。第三是《查士丁尼学说汇纂》(又译为《法学汇编》)。这是公元530—533年间对历代罗马著名法学家的著作和法律解答并加以分门别类地汇集、整理、摘录而成的法学著作汇编。凡收入的内容，均具有法律效力。公元565年，法学家又汇集了从公元535年到查士丁尼逝世时(565年)查士丁尼皇帝在位时所颁布的敕令168条，称为《查士丁尼新律》。以上四部法律汇编，至公元12世纪统称为《国法大全》或《民法大全》。《国法大全》的问世，标志着罗马法已发展到最发达、最完备阶段。

罗马法各种法规的及时制定和有效执行，在当时具有重要现实意义：提高了国家各级官吏的办事效率，规范了他们的从政行为；裁决了大量的商业纠纷，保护了正当的商业利益；调节了债务、继承等个人财产关系，减轻了社会各阶层关系的紧张程度，为罗马的长治久安与繁荣进步发挥了重要作用。罗马的法治传统更对近代以来的西方社会产生了深远影响。不仅当今世界两大法系之一的大陆法系，亦称为罗马法系或者民法法系是在全面继承罗马法的基础上形成的，更重要的是，这种法治传统为近代以来西方各国所继承和拓新，使之成为现当代社会的一种根本规定性和基本德性。罗马法中所蕴涵的人人平等、公正至上的法律观念，具有超越时间、地域与民族的永恒价值。罗马法中许多原则和制度，也被近代以来的法制所采用，如公民在私法范围内权利平等原则、契约自由原则、遗嘱自由原则、“不告不理”、一审终审原则等，权利主体中的法人制度、物权制度、契约制度、陪审制度、律师制度等。罗马法措词确切，结构严谨，立论清晰，言简意赅，学理精深，它所确定的概念、术语以及立法技术对后世也产生了重要影响。

（三）古希伯来德性传统

古希伯来人有自己的德性传统，这种德性传统在罗马帝国时期融入古希腊罗马传统，其直接结果是基督教的产生，由此开始了西方德性传统的基督教德性传统。西方宗教的独特性源自希伯来，西方的宗教德性传统的源泉也是希伯来。

希伯来人原来是闪族的一支。闪族起源于阿拉伯沙漠的南部，起初是逐水草而居的游牧民。他们曾三次大规模地向漠北迁移，进入有名的新月沃地。第一次北征（约在公元前 3000 年光景），从阿拉伯南部迁移到美索不达米亚，和苏美尔人接触，产生了古巴比伦文化。第二次北征（约在公元前 2000 年光景），从吾珥沿着幼发拉底河北上，到了哈兰的地方。一部分人再从哈兰向西又向南，到了迦南地区（今巴勒斯坦）。当地人叫他们“哈比鲁人”，意思是从大河那边来的人；后来以一音之转而为希伯来人。这是一块“流奶与蜜之福地”[①]。但该地区有常年积雪的崇山峻岭，也有世界上最低的土地，气候常变，雨量不足，每过几年就要发生一次饥荒。在一次特大灾荒中，雅各一家逃到埃及，并在尼罗河三角洲附近的歌珊地区定居下来，达三四百年之久（公元前 17 世纪到前 13 世纪）。他们人畜两旺，引起埃及人的眼红和疑惧，便设法奴役、迫害他们。在摩西兄弟的领导下，他们逃出埃及，在沙漠中苦战达四十多年，才进入迦南。这就是第三次北征（公元前

① 《旧约全书·申命记》第二七章。

13世纪中叶）。此后经过一百多年此起彼伏的斗争，希伯来人才渐渐和迦南当地农民同化、融合。当时迦南地区不单有迦南文化，还有腓尼基文化、叙利亚文化、埃及文化、巴比伦文化。后来还有从地中海克里特岛进入的非利士人的文化，他们的文化是希腊系统的。希伯来人在迦南和复杂的民族、语言、文字、宗教、艺术、习俗打交道，在斗争中融合，创造出自己独特的希伯来文化。公元前1000年左右，希伯来人自称“以色列人”，因为相传他们的族祖雅各曾于夜间和天使摔跤，直到天亮，天使叫他改名以色列。雅各的后代在巴勒斯坦形成两个部落联盟：北方的叫以色列，人数较多，地盘也较大而肥沃；南方的叫犹大，人数少而土地稀缺。公元前1028年，犹大部落的大卫征服了各部落，成立了统一的王国，国势空前强盛，文化繁荣。大卫和他的儿子所罗门在位时期（前960—前933），是希伯来文化的黄金时期。其时，国势空前强盛，经济繁荣，大兴土木，筑起了美轮美奂的圣殿和宫宇，成立了庞大的乐队，产生了大量抒情诗、哲理诗、辉煌的史记。但在所罗门死后（前933年）王国分裂为北国以色列和南国犹大。两国自相残杀，国势日衰，在四周强邻虎视眈眈之下，大有亡国的危险。

正是在这个时期，一批先知——社会改革家应运而生，他们敢于冒杀身之祸，挺身而出，以神明和人民的代言人的姿态，谴责统治者和富人们的残酷剥削和倒行逆施。先知们都有诗人的气质，他们热情、敏感，有锐利的目光，又有预言的天才，还有敢说敢做的魄力。最激烈的先知以赛亚和耶利米竟以身殉国。他们充满着诗意和义愤的著作是希伯来文化遗产中的瑰宝。公元前722年，以色列王国被亚述所灭，当地居民被掠往亚述，在长期共同生活中被同化。公元前586年，新巴比伦国王尼布甲尼撒二世攻占耶路撒冷，犹大王国被新巴比伦所灭，大批犹太人被掠往巴比伦为奴，史称“巴比伦之囚”。约在公元前539年，波斯攻占巴比伦，释放犹太囚徒，当时约5万犹太人重返巴勒斯坦的耶路撒冷。以色列和犹大两国先后亡于亚述和新巴比伦后，国人或被俘虏，或流亡异国。人们称这些流离在外的人为犹太人。这个称呼是犹大亡国的遗民之意，起初带有贬义，后约定成俗，称呼也就相沿下来。从公元前586年犹大王国灭亡到最后一次反抗罗马失败（135年），犹太人七百多年不断迁徙中在死亡线上挣扎的生涯，却使希伯来的文化得到了良好的发展。历代文献的整理，犹太教的成熟，波斯、希腊文化的新影响，这一切使希伯来文化发生了新的变化，产生了基督教文化，影响乃至全世界。

希伯来有丰富的文化遗产。它主要包括《圣经》、《次经》、《伪经》和《死海古卷》四大部分。它们是在吸取四邻各国文化精华的基础上逐步形成的。它们最初是口耳相传，后经文人学士的筛选、补充、归纳和再创造，于公元前6世纪到公元2世纪之间陆续编纂成书。希伯来圣经是希伯来人在巴比伦俘囚之后的五百年整编而成的。在这一时期，希伯来人收集了历代文化遗产，完善了一神教的理论，重新编订了他们的教义教规，并将它们付诸于文，汇集成书，奉为“圣经”。希伯来人的这份文化遗产被后来的基督教全部接受，编入了他们自己的《圣经》，即《旧约全书》。《次经》由《以斯德拉一书》、《以斯德拉二书》、《托比传》、《犹滴传》、《以斯贴补编》、《所罗门的智慧》、《便西拉的智慧》、《巴录书》、《耶利米书信》、《三少年之歌》、《苏撒娜的故事》、《彼勒和大蛇》、《玛拿西祷文》、《马卡比传一书》和《马卡比传二书》十五卷构成。这些经卷是在詹尼西亚会议之后，从未编入正典（即希伯来《圣经》）的著作中选出来的。《伪经》的本意为“《圣经》的模拟（或伪仿）作品”。它是指产生于公元前200年到公元100年间未收入《圣经》和《次经》的希伯来人的作品。传世的《伪经》版本篇目不一，内容不同，而且流传下来的只是原《伪经》的一小部分，大部分已经佚失。现存的《伪经》经卷根据其文字不同分为用希伯来文或亚兰文写成的《巴勒斯坦伪经》和用希腊文写成的《亚历山大里亚伪经》两类。《死海古卷》是1947年在死海附近发现的世界现存的最古老《圣经》抄本，并因而得名。《死海古卷》卷帙浩繁，用希伯来文、亚兰文、希腊文和拉丁文四种文字写成。其内容大体可分为两大部分。第一部分是希伯来《圣经》、《次经》、《伪经》的不同部分；第二部分是昆兰社团成员遗留下来的各种文献，可分为《训导手册》、《圣经注释卷》、《战争卷》、《感恩卷》和《圣殿卷》五部分。以上这些历史文献生动、形象地反映了希伯来民族从氏族社会到奴隶社会的发展历史，展示了希伯来人这一时期的广阔生活画面，记载了他们的政治、经济、宗教、法律、文学和艺术的概况，被认为是世界四大文化宝库之一。

通常认为，希腊人给了我们科学和哲学，希伯来人给了我们法律。的确，正是法律，特别是法律的礼仪及戒律的绝对约束性，使希伯来人团结在一起战胜多少世纪的苦难并免遭夭绝。希伯来法律产生于公元前12世纪至前5世纪，由摩西首创“十诫”，后经历代帝王、祭司的修订、扩充而成的。在形成的过程中，希伯来法律受汉穆拉比法典影响较大，并从埃及、波斯等文明古国的律法中吸取了养料。希伯来法律是在民族与民族之间、征服者与被征服者之间、君王贵族与平民百姓之间的斗争中，统治阶级为巩固国家政权、抵御外族入侵、调整统治者与被统治者之间的关系、维护民族团结稳定的工具。经过摩西时期（前13世纪前后）、王国时期（前11—前6世纪）和祭司时期（公元前6—前5世纪），最终汇编成了《创世记》、《出埃及记》、《利未记》、《民数记》和《申命记》五卷书，即所谓“摩西五经”。“摩西五经”是第一部收载希伯来成文法的书，于公元前444年正式确定为“圣经”。希伯来法中保留了一些氏族习惯规范，它与希伯来一神教密不可分，兼有宗教戒律和道德规范的性质，特别是它的权威主要不是来自国家的强制力，而是来自于人们对上帝的敬畏。上帝是公正的化身，一方面他以现实的苦难作为对犯罪的惩罚，另一方面又以来世幸福为许诺来引导人们向善，以达到判定是非曲直、伸张正义的目的。希伯来实行的虽然并不是现代意义上的法治，而实质上是神治，但它不是人治。更重要的是，这种神治是通过法律实现的。白舍客指出，旧约的伦理观和律法具有三个特征：一是它的律法具有一贯性，根据这种一贯性，整个律法系统和人们生活的各个层面都归于天主的绝对御治下，不仅伦理规范和敬礼朝拜律条由于是雅威的直接命令而获得有效性，而且普通的世俗法律也是如此。对于任何法律的违背都是反对天主的行径。二是它非常尊重人性，人性生命的价值被认为比其他任何物质的东西都伟大。三是它强调与主同行是伦理行为中最崇高的目的，比其他任何暂时的福祉都重要。① 白舍客的这种看法是客观公允的。古希伯来人的法治显然有其宗教的和历史的局限性，但它与罗马法治传统汇合成了西方的法治传统，为近代以来西方的现代法治奠定了历史文化的基础。

法律是希伯来文化的显著特征之一，但并不是希伯来文化的核心。如果我们回溯到希伯来人的源头，回到《圣经》向我们展示的人，我们就会看到，作为道德和法律的基础，还有某种更为原始、更为根本的东西，这就是希伯来一神教的宗教观念。它是在不同历史时期多种教派思想的积淀和凝聚，繁复而驳杂，其中主要的有上帝观念（或一神观念）、契约观念和神选观念，以及由这些观念派生的其他种种观念。② 上帝观念就是信仰上帝。希伯来人把他们的上帝耶和华看作是超自然的精神实体，认为他全知全能，不生不灭，永恒存在，他创造了宇宙万物，同时也主宰着这个宇宙。他们排斥

① ［德］白舍客：《基督宗教伦理学》第一卷，静也、常宏等译，雷立柏校，华东师范大学出版社2010年版，第14—16页。

② 参见朱维之主编：《希伯来文化》，浙江人民出版社1988年版，第87页以后。

其他任何神祇，不承认也不允许其他神祇与耶和华并列。基于上帝观念，希伯来人的善恶观念以对耶和华的态度作为善恶标准：信奉他、崇拜他、服从他就是善，崇拜偶像或其他神祇、违背上帝的意志和戒律就是恶。这种善恶观念还认为善恶报应不是在来世，而是在现世，直接施及行为者本人及其后代。希伯来人的上帝观念也包含着原始的平等观念。他们相信在上帝一统之下的所有人，不分种族性别都是上帝的子民，都同样可能受到上帝的恩赐和顾念。希伯来的契约观念是宗教的契约观念。希伯来人相信，上帝与其选民希伯来人之间存在着一种互利、互助、互有的关系。这种关系不是人对神单方面的信仰尽忠的关系，而是神与人之间的交感互通。这种契约观念所强调的是上帝对所有选民一视同仁的爱，同时也要求每一个人都要按照契约办事，自己的行为都必须直接对上帝负责。希伯来人的神选观念认为他们是上帝在人世间的万族中挑选出来的子民，上帝为他们祝福。上帝对希伯来人有特殊的恩宠、拯救和赏赐，那为什么希伯来民族总是多灾多难、上帝的应许迟迟得不到实现呢？希伯来人认为这完全是他们自己违背了上帝意愿造成的，罪在自身，是上帝对他们作恶的惩罚。但他们仍然相信，他们还是上帝的特选子民，上帝决不会将他们弃之不顾，终有一天要赦免他们，但要得到上帝的拯救，就要赎罪。因此，希伯来人特别注重个人的内省、自新和精神上的自我净化。这就是希伯来人的救赎观念。

由希伯来的宗教观念我们可以看出希伯来不同于古希腊罗马德性传统的特点。对于希腊文化来说，理想人格是理性的人，因而智慧被推崇为第一德性。希伯来文化的理想人格是信仰的人，因而信仰是它的首要德性。这一点是两种文化及其德性传统的根本差异之处，由此引申出一系列各自的特色。理性的人是具有共性、普遍性的人，具有共同的本质。信仰的人是完整的、有血有肉的具体的个人。希腊文化重视逻各斯，逻各斯是理性的体现，借助逻各斯可以达到对终极实在、终极真理和终极价值的认识和把握。在希伯来人看来，智力和逻辑是蠢人的妄自尊大，并不能触及生活的终极问题，生活的终极问题发生于语言所不能达到的深处，也就是信仰的最深处，体现于不可知的和可怕的上帝，我们不能认识它，而只能信仰它，并对它怀抱希望。希腊文化强调理智性，推崇智慧和理智，把理智的德性看作是获得至福所必须具备的品质。希伯来文化强调献身性，强调人应充满热情地投入他终有一死的存在（既包括肉体也包括精神），以及他的子孙、家庭、部落和上帝。按照希伯来文化的观念，一个脱离这些投入的人，不过是活生生的实际存在着的人的暗淡的影子。因此，这种文化强调虔诚、感恩、赎罪及仁爱等与人的情感相关的德性。

（四）基督教及其教会德性传统

基督教发源于犹太教，西罗马帝国灭亡后，伴随着基督教教会逐渐占据主导地位，西方德性传统发生了一个重要转换，世俗的德性传统转换成为宗教传统。这种传统虽然保留了古希腊罗马德性传统的一些基本精神和内容，但在性质上发生了根本性的变化。基督教的形成是多种文化汇合的结果。罗素在谈到这一点时指出："天主教会有三个来源：它的圣教历史是犹太的，它的神学是希腊的，它的政府和教会法，至少间接的是罗马的。"①罗素的这种看法是客观的。不过，就其宗教性质而言，更直接地继承了希伯来传统。

基督教大约形成于公元前一世纪到公元二世纪之间，它从犹太教的一个派别演化而来。希伯来民族是一个灾难深重的民族。大约在公元前10世纪，希伯来人曾在巴勒斯坦建立了统一的民族国家，但在外敌入侵的接连打击之下，希伯来人的国家不过四百年便结束了。以后数百年间，波斯人、希腊人、罗马人相继统治巴勒斯坦，国破家亡、流离失所的希伯来人（被贬称为犹太人）饱受外族凌辱和奴役之苦。他们进行无数次的反抗，特别是在罗马统治时期，曾多次发动大起义，但这些起义都被血腥地镇压了。被抓住的人被钉死在十字架上，幸存者背井离乡，流散到世界各地。挣扎在茫茫苦海之中而无力自救的犹太人，只好转而祈望他们的上帝耶和华能派救世主（希伯来语为"弥赛亚"）来拯救他们。这样，信仰耶和华和救世主的犹太教就形成了。犹太教在汇集民族古代传说和典籍的基础上编纂出了自己的圣典，即今《圣经》中的旧约部分。它成书于公元前六—前二世纪，包括"律法书"、"先知书"和"圣著"三个部分，主要内容是古代希伯来民族的历史传统及古代律法、犹太教先知制订的教义、法规。犹太教宣称，《旧约全书》是亚伯拉罕信奉的唯一神YHWH（中译为"耶和华"）与亚伯拉罕的后裔达成的"圣约"（Holy Testament），也就是犹太人与耶和华的圣约，亦称"亚伯拉罕之约"。这个圣约的内容是耶和华承诺亚伯拉罕的后裔（指上帝的选民）将来会被降临的弥赛亚所救赎，这群选民的聚集形成为属灵的国度，这个属灵国度就是犹太教教会。"耶和华对亚伯拉罕说，你要离开本地、本族、父

① ［英］罗素：《西方哲学史》上卷，何兆武、李约瑟译，商务印书馆1963年版，第19页。

家，往我所要指示你的地去。我必叫你成为大国，我必赐福给你，叫你的名为大，你也要叫别人得福。为你祝福的，我必赐福与他。那咒诅你的，我必咒诅他，地上的万族都要因你得福。”（《旧约全书·创世纪》，12：1-3）这句经文正是对后来基督降临的印证。亚伯拉罕的后裔因为大饥荒而流亡到埃及，在耶和华的先知摩西带领下前往应许之地，耶和华在与亚伯拉罕达成的契约的基础上又增加了十诫以及律法，又称摩西五经，即《创世记》、《出埃及记》、《利未记》、《民数记》、《申命记》。后来撒母耳为扫罗抹油，承认他为以色列的首位国王，是耶和华指定的国王。扫罗和大卫在应许之地建立了以色列王国。大卫之子所罗门死后，以色列王国以及第一圣殿被亚述人和巴比伦人毁灭。波斯国王居鲁士释放了巴比伦之囚的犹太人，先知尼希米和以斯拉重建并改革了犹太教，期待弥赛亚再次降临拯救以色列人，重建以色列王国。之后的先知们逐渐强化对耶和华圣约的敬畏和一神论，耶和华从亚伯拉罕的神变成了普世的神。正如在巴比伦的以赛亚所说：“我是公正的上帝，又是救世主，除了我以外，再没有别的上帝。地极的人都当仰望我，就必得救。因为我是上帝，再没有别的上帝。……以色列的后裔，都必因耶和华得称为义，并要夸耀。”（《圣经·以赛亚书》45：21-25）圣经预言“以色列在万国中被抛来抛去，却不至灭亡”。

由于犹太教信徒的经济地位和政治态度不同，犹太教逐渐分成了不同的教派。其中极端仇视异族统治者和本民族奴隶主的狂热分子被犹太教首领逐出教门，形成了一些新宗教团体，基督教就是从这些新团体中产生的。早期基督教与犹太教各教派不同，他们既不鼓吹以革命行动促进天国来临，也不主张离群索居、清心寡欲，而是静候天国的降临。他们宣扬人人在上帝面前平等，上帝毫无差别地对待一切民族；宣称耶稣就是那些被罗马统治者钉死在十字架上的人中的一个，并认定“因圣灵降孕”而生的耶稣就是上帝派来的“救世主”基督（“救世主”的希腊译音）。正是耶稣基督以自己伟大的自愿牺牲精神赎掉了一切时代一切人的罪恶，凡信奉他的人不必做任何牺牲就可以得救。按照基督教的说法，基督教的创始人就是耶稣。基督教宣称，基督徒与他们所信仰的圣子耶稣基督达成了新的圣约，即上帝以其独生子代人受死，从而为人类赎原罪。到二世纪中叶，基督教形成了记载耶稣的生活和言行，以及早期教会的活动情况和教义的《新约全书》。从此，《新约全书》成为基督徒与他们所信仰的圣子耶稣基督达成的新圣约，取代了先知亚伯拉罕和摩西与耶和华达成的旧约。它包括四部分：福音书、保罗书信、使徒书信和启示录。福音书记载耶稣的言行和生平，所描绘的耶稣基督符合旧约的先知们对弥赛亚特征的预言，因此，耶稣被他的信徒认为是耶和华派来的救世主，是上帝之子。保罗强调信耶稣得永生，耶稣用血与人类立了新约，旧约也就因此得到印证。于是，通过保罗神学的改造，“公正的上帝”耶和华被“仁爱的上帝”耶稣所体现出来。上帝是良善的，出于对世界的爱而为了赎他的选民的原罪和本罪而被钉死在十字架上，用他的血洗清了选民的罪，通过信仰耶稣是上帝之子以及耶稣死而复活，人类就能进入天国，重新与上帝在一起。因为上帝让耶稣复活了，所以信仰耶稣的人死后也能复活。保罗强调:“若基督没有复活，我们所传的便是枉然，你们所信的也是枉然。”

基督教最初在罗马帝国的东部即巴勒斯坦一带流传，以后逐渐向西亚、小亚细亚和爱琴海周围传播，最后传入罗马。起初罗马统治者对基督教未予理会，但基督教反抗现实政权的性质越来越突出，罗马皇帝开始对其进行镇压和迫害。出乎罗马统治者意料的是，这种高压政策反而使基督教赢得了处于相同地位和处境中的人们更多的同情和信奉。在这种情况下，罗马统治者对基督教采取怀柔政策并进而加以利用。皇帝君士坦丁在公元 313 年颁布“米兰敕令”，承认基督教的合法地位；325 年又召开了尼西亚宗教会议，统一了教义。392 年狄奥多西皇帝又颁布法令，正式将基督教立为国教，并禁止异教。早期基督教带有浓厚的东方神秘主义、禁欲主义色彩。在它广泛传播并被确立为国教的过程中，受到了西方古典文化传统的影响。特别是“教会神学家”（教父）对基督教教义进行了新的阐释、引申和修改，制订新的宗教原则，使之适应西方社会的需要和西方人的思想方式，便于西方人接受。至奥古斯丁逝世时，基督教文化与希腊罗马文化的融合已经大功告成。正是这一成功的融合不仅使基督教迅速为西方人接受，也使奥古斯丁所创立的基督教神学支配西方中世纪的政治、思想、文化和生活长达千年之久。

西罗马帝国灭亡后，奴隶制度也随之崩溃，继之兴起的是封建制度。遗留下来的一些旧罗马贵族和日耳曼军事首领及其亲兵们获得大量土地，成为封建主，而原来的奴隶、隶农以及日耳曼人中破产的自由民成为农奴。整个社会形成了在封建君主之下的“公”、“侯”、“伯”、“子”、“男”直至最低一级的“骑士”等的世俗结构和在各国教会主教之下的大主教、主教、修道院长等僧侣贵族的双重封建统治关系网。日耳曼人在入侵的过程中没有冲击教会，相反接受了基督教。在世俗统治者的保护、倡导下，基督教获得了发展机会，出现了“东哥特文艺复兴”、“加洛林文艺复兴”和“奥托文艺复兴”三次发展高潮。这三次复兴，使基督教吸收了大量日耳曼因素，使古典的希腊罗马文明发展成了中世纪的古典基督教日耳曼综合文明。教皇利奥一世（440—461 年）及其后继者宣称，罗马帝国的主教们构成教会的权威，在精神事务中教权高于王权。这样，教皇的职权便摆脱了罗马帝国的控制。1059 年罗马主教颁布敕令，宣布教皇选举由枢机主教团（即后来的教廷内阁）担任，此举使教权脱离了世俗权力的控制。12 世纪初各国教会主教的选举和任命权也归于教会，世俗政权的干预基本被排除。到 12 世纪中叶，教权取得了超越王权的优势，并且使整个基督教世界成为一个以罗马教廷为中心的松散联邦。在教权扩大的同时，宗教的气氛也笼罩着整个西欧，甚至达到了狂热的程度。经过多次改造的基督教教义（如上帝创世说，原罪救赎说，天堂地狱说，怯懦驯服说）已经成为维护封建统治和教会统治的强有力精神武器。教会给教徒规定了严格的戒律和礼仪，以此来监督控制人们的行动；制造了各种荒诞离奇的鬼怪观念和各种光怪陆离的圣徒、天使、圣徒遗物来恐吓、蒙骗群众；以各种借口对异教徒进行残酷迫害并通过各种手段聚敛大量财产。到 14—15 世纪，西欧商品经济日趋活跃，城市的数量不断增多、规模不断扩大，以工商业城市为中心形成了地方经济。这种地区经济一体化促进了统一的民族国家的形成。在这种新的历史条件下，自命为基督教世界最高领袖的罗马教皇的权威日渐衰弱，教会的统治地位也愈发动摇。教会大量聚敛资财，教士们不仅自私贪婪，而且道德沦丧，丑闻频传，其神圣性遭到严重怀疑。所有这一切都预示着西方社会将会迎来一个变革的时代。

基督教的道德传统非常丰富，除了德性传统之外，还有道德价值、道德规范、道德情感的传统。[①] 就德性传统而言，有几个方面是值得我们特别注意的：

其一，基督教进一步确立了德性在道德中的地位。德性而非行为是古希腊哲学家关注的重点，基督教更重视人的内在品质，而不重视个人的单个行为，除非它不仅是意志行为，而且是内在道德意向的体现。这种特点尤其体现在道德评价上。吉尔松对此作了描述：“罪恶先于外显的行为，而且在许多情形下，与外在行为无关，内在同意已经是一种行为，显示在天主之前，正如外在行为显示在人之前，所以，意志内在合或不合天主的律法，便足以

① 关于基督教的道德传统德国的白舍客作过充分的阐述，见［德］白舍客：《基督宗教伦理学》第一、二卷，静也、常宏译，雷立柏校，华东师范大学出版社 2010 年版。

确定一种在道德上完全明确的服从或违犯。”①

其二，基督教进一步强调德性对于幸福的意义。最直接的体现是《新约全书》中耶稣基督登山宝训②。其中所强调的德性对于幸福的意义。在登山宝训中耶稣谈到人的八种福气，这八种福气几乎都来自于德性。如：谦虚使人有福，清心使人有福，温柔使人有福，同情使人有福。耶稣登山宝训还谈到一些其他个人应具备的德性，如忍让、顺从、宽容等。

其三，基督教进一步凸显了信仰、希望和仁爱的德性，尤其是推崇仁爱的德性。“如今常存的有信、有望、有爱这三样，其中最大的是爱。”（《圣经·哥林多前书》13：13）③ 就信仰而言，《摩西十诫》的第一诫就是戒除了上帝以外信别的神，就是说，只能信上帝。希望则是对来世的希望。既然现实世界是苦难的渊薮，而先知特别是基督宣称千年天国即将到来，那么人们就应当对这种与上帝同在的天国有所希望。当然，有了这种希望，也才会坚定对上帝的信仰。基督教道德的核心是爱，就是爱上帝与爱人的统一。有很多圣经经文说明“爱”是基督教道德观的最重要之点，耶稣的基本精神就是爱：爱上帝，爱邻人，彼此相爱。④“要尽心尽性尽意爱主你的上帝。这是诫命中第一的，且是最大的。其次也相仿，就是要爱人如己。这两条诫命，是律法和先知一切道理的总纲。”（《圣经·马太福音》23：37-40）基督教的爱是博爱，尽管这种博爱的德性和精神在基督教教会中发生了异化，但这种异化是与基督教的本来精神相违背的。更重要的是，基督教的爱是无功利的爱。“爱不寻求任何报答。一旦求报答，便立刻再不是爱。真爱并不须放弃人拥有所爱之物的快乐，因为这个快乐与爱乃属同一性质。爱假如放弃了本来伴随的快乐，便再也不是爱了。所以，一切的真爱都同时既无所求，但却

---

① ［法］吉尔松：《中世纪哲学精神》，沈青松译，上海世纪出版集团 / 上海人民出版社 2008 年版，第 277 页。

② 《新约圣经》是这样记载的：耶稣看见这许多的人，就上了山坐下，门徒到他跟前来。他就开口教训他们，说：“虚心的人有福了，因为天国是他们的。哀恸的人有福了，因为他们必得安慰。温柔的人有福了，因为他们必承受地土。饥渴慕义的人有福了，因为他们必得饱足。怜恤人的有福了，因为他们必蒙怜恤。清心得人有福了，因为他们必得见上帝。使人和睦的人有福了，因为他们必称为上帝的儿子。为义受逼迫的人有福了，因为天国是他们的。人若因我辱骂你们，逼迫你们，捏造各样坏话毁谤你们，你们就有福了。应当欢喜快乐，因为你们在天上的赏赐是大的。在你们以前的先知，人也是这样逼迫他们。”（《圣经·马太福音》5：1-12）

③ 关于这三种神学德性，圣经中还有多处作出阐述，如：《罗马书》5：1-5；《加拉太书》5：5 以后；《哥罗西书》1：4；《贴撒罗尼迦前书》5：8；《希伯来书》10：22-24；《彼得前书》1：2 以后。

④ 如《路加福音》10：25-28；《圣经·罗马书》8：32，13：10；《圣经·提摩太前书》1：5；《圣经·约翰一书》3：16-18；4：7-12。

会有回报的。或者更好说：除非爱是无所求的，便不会有回报，因为无所求便是爱的本质。谁若在爱里面只寻求爱本身，不求其他，一定会接受纯爱所带来的快乐。谁若在爱里面寻求爱以外的其他东西，便会连爱和快乐一起失去。爱只有在不求报答时才能存在，一旦有爱存在便会有报答。”①

其四，基督教进一步发扬光大了法治的传统。基督教重视法律或律法这是众所周知的。基督教继承了犹太教的经典《旧约全书》，其律法的观念为基督教所继承和光大。在《旧约全书》中，有著名的《摩西十诫》②，它被称为人类历史上第二部成文法律。基督教及其教会在某种意义上就是依据这部法律治理的。这种传统正好与罗马德性传统相契合。

其五，基督教肯定人的自由。吉尔松断言：“自有天主教思想，便肯定人的类的自由。”③因为上帝在创造人类时虽然向人类颁布了律法，但并不强迫人类的意志，仍然让人类有意志自由，可以自由地颁布自己的法律。当然，人类既然是自由的，那就得对自己的追求负责，无论是选择幸福还是祸患完全在人自己，而且人必须自己奋斗，做自己的主人。基督教的这一特点尤其体现在基督教新教的教义之中。基督新教还特别强调“因信称义”（justification of faith）。这里所说的“义”就是被证明是正当的东西，也就是上帝所称赞的善行。那么，怎样才能获得“义”呢？在新教看来，义的关键就在于个人的信仰，只要一个人内心真正信仰上帝，他就会得到上帝的肯定，他就是义人。

其六，基督教推进了平等的观念。这种观念在《旧约圣经》中就有明显的体现，后来在《新约圣经》中得到了继承。旧约圣经体现了平等的“人神契约”精神：如果人类毁约，就会受到上帝的惩罚。同样，人类也有“神不佑我，我即弃之”的权利。基督教宣布普救世人，在上帝面前人人平等，上帝对待一切民族毫无差别。黑格尔在谈到基督教在自由平等观念方面的贡献时指出：“只有在基督教的教义里，个人的人格和精神才第一次被认作有无限的绝对的价值。一切的人都能得救是上帝的意旨。基督教里有这样的教义：在上帝面前所有的人都是自由的，耶稣基督解救了世人，使他们得到基

---

① ［法］吉尔松：《中世纪哲学精神》，沈青松译，上海世纪出版集团/上海人民出版社2008年版，第227—228页。

② “摩西十诫”在《圣经》出现了两次，一次是在《出埃及记》20，另一次是在《申命记》27。两次的表述方式不同，但基本内容是一致的。

③ ［法］吉尔松：《中世纪哲学精神》，沈青松译，上海世纪出版集团/上海人民出版社2008年版，第245页。

督教的自由。这些原则使人的自由不依赖于出身、地位和文化程度。这的确已经跨进了一大步，但仍然还没有达到认自由构成人之所以为人的概念的看法。”①

从以上几个方面看来，有学者认为14世纪欧洲文艺复兴以来提倡的自由、平等、博爱是来自于基督教精神，这种看法确实是有一定根据的。最后需要指出的是，早期基督教教会在传播基督教德性观念并在基督教世界推进基督教德性践行方面起过重要的积极作用，但后来的中世纪基督教教会逐渐蜕变，致使人们认为它所宣扬的基督教德性观念是虚伪的观念。

二、西方古代思想家对德性问题的探索

在古希腊罗马和中世纪，不少哲学家、法学家以及基督教神学家对德性现象和德性问题进行自觉的思考和探索，形成了不少有价值并有影响的德性思想。这些思想不仅对西方古代德性形成发挥了非常重要的作用，而且其本身具有重要的历史和学术价值。

（一）古希腊罗马哲学家对德性问题的反思及其成就

德性问题是古代希腊罗马道德思考与探索的中心问题，在相当大的程度上可以说古希腊罗马的道德思想就是德性思想。需要指出的是，古罗马时期的哲学思想及德性思想是对古希腊时期的哲学思想及德性思想继承和发展，两者是一脉相承的。

古希腊哲学家对道德的思考并不是与对自然及其本体的思考同步的。古希腊哲学起源于对自然问题的思考与探索，在时间上可追溯到公元前六世纪。然而，古希腊哲学家对道德问题的思考和探索大致上开始于公元前五世纪。推动哲学家关注人生问题、道德问题的重要原因之一是希腊民主制的繁荣。希腊民主制的标志性形式是作为城邦最高权力机关的公民大会。

古希腊公民大会起源于公元前11—前9世纪的荷马时代，当时称人民大会。由王或议事会召集，全体成年男子（战时的全体战士）参加，讨论、决定部落各项重大问题，并通常用举手或喊声表决。城邦建立后，希腊多数城邦都设立此类大会，在雅典称公民大会。在梭伦改革之前，战神山议事会

① ［德］黑格尔：《哲学史讲演录》第一卷，贺麟、王太庆译，商务印书馆1959年版，第51—52页。

曾取代公民大会成为国家权力结构的中枢，贵族借助这个机构操纵了立法、行政、司法等大权。梭伦恢复了公民大会，使它成为最高权力机关，决定城邦大事，选举行政官，所有公民，不管是穷是富，都有权参加公民大会。他还设立了新的政府机关——四百人会议，类似公民会议的常设机构，由雅典的四个部落各选一百人组成，除第四等级外，其他各等级的公民都可当选。同时，他设立了陪审法庭，每个公民都可被选为陪审员，参与案件的审理，陪审法庭成为雅典的最高司法机关。后来克利斯提尼又新设五百人会议，取代了四百人会议。在公元前五世纪初，公民大会一年召集十余次，到伯里克利时代，几乎每十天就有一次集会，一般有 6000 人参加。五百人会议则分成十组，每一组在一年的十分之一的时间里执掌政务，每组的 50 个人都有权召集公民大会。这一切，标志着雅典政治制度民主化的实现。

在这种直接民主制的社会条件下，公民要参与政事，发表自己的意见，并使自己的意见得到拥护，影响决策，就既需要意见正确，也需要能言善辩。于是，希腊社会特别是在雅典城邦，论辩术、修辞学受到推崇和热捧，一批以教人论辩术和修辞学为职业的老师即所谓“智者”应运而生。在这批智者之中，有一些智者不只是局限于修辞技巧，而且进一步思考和探索人生和社会问题，并提出了一些重要的哲学命题，如著名的“人是万物的尺度”命题。其典型代表就是普罗塔哥拉、高尔吉亚。正是这批智者开了学者从关注自然转向关注社会、人生的先河。西塞罗说，苏格拉底（Socrates，前 489—前 399）第一次使哲学从天上走向人间，进入城邦生活。他的这种看法已被广泛接受，西方哲学史家们常常以苏格拉底为界将古希腊哲学划分为前苏格拉底哲学和苏格拉底以后的哲学。实际上，真正将哲学从天上拉到人间的是智者们，只是他们不是典型的哲学家而已。从这个意义上看，说苏格拉底是划时代的哲学家是有道理的，但说他将哲学从天上拉到人间则是不合适的，我们只能说他完成了这一哲学转向，并在真正意义上开启了哲学的新方向。人的问题是非常复杂的，那么苏格拉底将哲学转向了人的哪里？转向了人的德性。是他第一次对德性问题进行了系统的思考和探索，并开创了古希腊对德性问题进行积极探索之路。

古希腊罗马哲学家对德性的积极探索主要体现在以下三个方面：

其一，自苏格拉底开始，古希腊罗马除怀疑主义者外几乎所有哲学家都自觉地对德性问题进行探讨，而且将德性问题作为伦理学的主题，甚至作为哲学的主题。苏格拉底的哲学实质上是道德哲学，而他所关注的道德问题就是德性问题。在柏拉图那里，不仅伦理学主要研究德性问题，他的本体论也是以道德为取向的，善被看作终极的实在和价值，他的"善"理念自然包含了人的心灵的善。柏拉图的德性思想在新柏拉图主义派那里得到了某种程度发挥。亚里士多德是德性伦理学学科的创立者，德性问题是他伦理学的主题和中心，为德性伦理学的后来发展奠定了基础，提供了范式。与苏格拉底同时代的德谟克利特虽然没有留下系统的有关德性问题的著作，但他的著作残篇中也包含了虽然不系统但还比较丰富的德性思想。据说，他著有专论生活目的的论文，研究过幸福（*eudaimonia*）的性质，认为人生的理想是过上快乐而知足的幸福生活；幸福并不在于财富，而在于灵魂的善行，人们不应从必死之物中寻求快乐。① 他明确提出了智慧的要求："从智慧中引申这三种德性：很好地思想，很好地说话，很好地行动。" ② 他意识到了善获得的不易："寻求善的人只有费尽千辛万苦才能找到，而恶则不用找就来了。" ③ 他指出了不节制对人的危害："当人过度的时候，最适意的东西也变成了最不适意的东西。" ④ 他解释了什么叫明智："一个人不愁他所没有的东西，而享受他所有的东西，是明智的。" ⑤ 不过，德谟克利特并没有探讨对所有古代伦理学而言最为重要的概念，即德性概念。⑥ 伊壁鸠鲁的快乐主义将快乐看作是最大的善，而真正的快乐是"身体的无痛苦和灵魂的无纷扰" ⑦。灵魂的无纷扰就是一种德性完善的状态。他还研究了多种德目，如智慧、明慎、节制、公正、友爱。他认为，明慎是快乐的开始，也是最大的善。⑧ 他特别重视友谊的重要性："在智慧提供给整个人生的一切幸福之中，以获得友谊为最重

---

① ［英］安东尼·肯尼：《牛津哲学史》第一卷·古代哲学，王柯平译，吉林出版集团有限责任公司 2010 年版，第 306—307 页。

② ［古希腊］伊壁鸠鲁：《著作残篇》9，见北京大学哲学系外国哲学教研室编译：《古希腊罗马哲学》，商务印书馆 1961 年版，第 107 页。

③ ［古希腊］伊壁鸠鲁：《著作残篇》87，见北京大学哲学系外国哲学教研室编译：《古希腊罗马哲学》，商务印书馆 1961 年版，第 107 页，第 111 页。

④ ［古希腊］伊壁鸠鲁：《著作残篇》168，见北京大学哲学系外国哲学教研室编译：《古希腊罗马哲学》，商务印书馆 1961 年版，第 107 页，第 118 页。

⑤ ［古希腊］伊壁鸠鲁：《著作残篇》166，见北京大学哲学系外国哲学教研室编译：《古希腊罗马哲学》，商务印书馆 1961 年版，第 107 页，第 118 页。

⑥ 参见［英］安东尼·肯尼：《牛津哲学史》第一卷·古代哲学，王柯平译，吉林出版集团有限责任公司 2010 年版，第 308 页。

⑦ 《致美寇的信》，见北京大学哲学系外国哲学教研室编译：《古希腊罗马哲学》，商务印书馆 1961 年版，第 107 页，第 368 页。

⑧ 参见《致美寇的信》，见北京大学哲学系外国哲学教研室编译：《古希腊罗马哲学》，商务印书馆 1961 年版，第 107 页，第 369 页。

要。”[①]斯多亚派更是典型的德性主义学派。在他们那里，伦理学是哲学的中心，而德性问题是伦理学的中心问题。

其二，古希腊罗马哲学家深入并广泛地探讨了有关德性的一些主要问题。从历史演进的角度看，古希腊罗马哲学家是从对幸福与德性的关系探讨入手的，进而探讨德性的本质及其表现以及两者之间的关系。这最初就是苏格拉底所做的工作。苏格拉底主要探讨了德性的三大基本问题：一是德性的指向问题（德性与人生的关系问题），二是德性的本质，三是一般德性与具体德性的关系问题。他的研究表明，西方德性思想一开始就深入到了德性的形而上学问题。此外，他还研究了德性的可教性问题。之后，古希腊罗马哲学家在苏格拉底的基础上又进一步做了三方面的工作：一是对苏格拉底探讨过的问题进行更深入的探讨，或进行商榷和讨论。例如，柏拉图认为德性是理念，并不只是智慧和知识；亚里士多德将德性分为理智的和道德的，但并不强调两者是统一的。二是对德性问题进行了拓展研究。后来的哲学家都注重研究不同的德性，或者将德性分成不同的类型。他们从对德性与智慧和理性关系的角度研究了德性的分类问题。三是对一些相关的重大问题进行了专门的深入研究和讨论。其中比较突出的问题包括作为德性指向的幸福问题、德性的基础问题、德性的形成问题等。除了德性的一般性重大理论问题之外，还大量探讨了社会德性问题，特别是理想国家应确立的目标、应具备的德性、应采用的政制或政体、社会德性的形成等问题。

其三，古希腊罗马哲学家对德性问题的探讨取得了巨大的成就。古希腊罗马哲学家不仅注重对德性问题的反思和探讨，而且形成了德性问题研究的丰富成果。其中最具有代表性的成果可以划分为三部分：一是柏拉图的对话。早期对话的相当一部分是记录苏格拉底关于德性问题的对话，这些对话的主题就是德性问题。其中有影响的是《拉开斯篇》（*Laches*）、《尤泰弗罗篇》（*Euthyphro*）、《普罗塔哥拉篇》（*Protagoras*）、《米诺篇》（*Meno*）等。柏拉图对话中有相当一部分是表达他本人的德性思想的，如《会饮篇》（*Symposius*）、《国家篇》（*Republic*）等。二是亚里士多德的著作。其中最有影响的是《尼各马可伦理学》，在他的《大伦理学》、《优台谟伦理学》、《论善恶》以及《政治学》和《形而上学》等著作中也有丰富的德性思想。三是斯多亚派的著作。斯多亚派的一些著作没有流传下来，就流传下来的而言，

① 《著作残篇》28，见北京大学哲学系外国哲学教研室编译：《古希腊罗马哲学》，商务印书馆 1961 年版，第 107 页，第 346 页。

比较有影响的是塞涅卡的《幸福生活》(*The Happy Life*)、《生命的短暂性》(*The Shortness of Life*)、《通信集》(*Letters from a Stoic*)；西塞罗的《论友爱》(*Laelius: On Friendship*)、《论责任》(*On Duties*)、《论德性》(*On Virtues*，残篇)、《论共和国》(*On the Commonweath*)、《论法律》(*On the Law*)等；爱比克泰德弟子阿利安记录下来的《爱比克泰德谈话录》(*Arrian's Discourse of Epictetus*)；马可·奥勒留的《沉思录》(*Meditations*)。所有这些著作都对后世产生了重要影响，是人类德性思想史上的宝贵遗产。

(二) 教父哲学家对神学德性的阐释

基督教《圣经》中包含的德性观念是零散的。在尼西亚会议使基督教合法化之后，需要对《圣经》中的观念以及争论的各种主张予以综合和提升。这项任务主要是由教父思想家(亦称"教父哲学家")完成的。教父(拉丁文为 Pater，英文为 Father)原本是基督教徒对教会主教的尊称，后来用于称呼教会中的神父，特别是主持忏悔的神父。早期基督教的权威思想家被统称为教父。"教父是基督教实现大统一过程中教义的传播者、解释者和教会的组织者。一般认为，教父有四个特征：持有正统学说，过着圣洁生活，为教会所认可，活动于基督教早期(主要集中在 2 世纪至 4 世纪)。"① 教父思想家在使希腊罗马理性思想模式适应基督教信仰的同时，也使《圣经》中的神学德性观念得以系统化。

"基督教的希腊传统是早期基督教的主流。"② 在基督教传入希腊的过程中，思想家们发现他们的信仰很难为希腊文化所认同，于是学习并运用希腊哲学为基督教信仰辩护，这些人被称为护教士。护教士在处理基督教神学与希腊罗马哲学的进路和方法方面都深受犹太思想家斐洛(Philo of Alexandria，约公元前 20—公元 50)的影响。斐洛使用寓意解经法，从旧约经典出发，面向希腊罗马世界说话。他在对旧约实施寓意解经的过程中，经常使用希腊哲学观念，希腊哲学由此在犹太思想背景中得到运用、阐释和扩展。他根据柏拉图主义将灵魂分为理性、高尚的灵和欲望三部分，灵魂的理性部分是首要的，高尚的灵次之，欲望第三。在他看来，希伯来圣经阐释了一种沉思的生活，这就是信仰。信仰更准确地体现了理智德性的内涵。犹太人的信

① 赵敦华：《基督教哲学 1500 年》，人民出版社 1994 年版，第 77 页。

② 汪子嵩、陈村富、包利民、章雪富：《希腊哲学史》(4)下，人民出版社 2010 年版，第 1421 页。

仰不是狂热的非理性的迷信，而是理智德性的真正高峰。因此，希腊哲学倡导的典雅而高贵的生活方式在犹太经典中才有真正的实现方式，希腊哲学的理性主义在犹太信仰的视野下才得到了真正实现的方式。[①] 为了使信仰进入希腊的主流文化，护教士继续推进斐洛所从事的把希腊哲学运用于圣经诠释事业，把希腊哲学用作信仰的理性表达。经过他们的努力，最终在二世纪的护教士伊利奈乌（Irennaeus）那里使基督教的救赎观念与希腊教化观念结合在一起，他强调成圣不是出于柏拉图所谓的道德自律，而是出于神的恩典。人的灵魂和身体的圣洁以及由此获得的整个人的圣化是三位一体神工作的结果。这不是借着人自身的本性做到的，而是完全是借着神的恩典。

在伊利奈乌之后，东方（希腊）出现了一批教父，较早的有奥利金（Origen，约 185—251），后来有比较著名的"四博士"，即阿塔那修（Athanasius，296—373）、纳西昂的格列高利（Gregory of Nazianzenus，约 329—390）、巴兹尔（Basil，330—379）和约翰·克里索斯顿（John Chrysostom，347—407）。其中卡帕多西亚教父[②] 是东方基督教传统结晶而成的璀璨的神学典范。他们不像亚历山大里亚的克莱门（Clement of Alexandria，出生日期不详，死于约 215 年）和奥利金那样将希腊哲学与基督教并重，而是回到以基督教为主导。三位一体神学是卡帕多西亚教父基督教思想体系的基石，他们把它看作是"首要的教义"。与三位一体神学相一致，卡帕多西亚教父秉承柏拉图主义传统，主张上帝先创造人的理念，再据此创造具体的人的"二次创造论"。他们根据"二次创造论"阐释人的罪性和救赎问题，认为罪性的自我是一种与上帝分离的个体。这样的人不再是普遍的人，因为他不再把自我建立在与永恒的联系之中，而是建立在与变化的世界的关系中。罪不是一种伤疤，而是一种权势，它不仅不会自动脱落，而且还会自动增长。在罪出现之前，人原初的平衡已经出现危机，这是每个人的生活中都经常出现的问题。在这种情况下，人就无法分辨善恶。善恶不只是知道为什么的问题，而是人是否整全地存在的问题。当罪进入人里面时，这种整全性已经被摧毁。这时即使恶裸露其本性，并且被知道为恶，人也会知恶而行恶。在他

① 参见汪子嵩、陈村富、包利民、章雪富：《希腊哲学史》（4）下，人民出版社 2010 年版，第 1424 页。

② 卡帕多西亚位于土耳其境内，是当时罗马帝国的一个省份，卡帕多西亚教父主要指纳西昂的格列高利、巴兹尔以及尼撒的格列高利（Gregory of Nyssa, 335-395）。他们都是卡帕多西亚人，故而得名。

们看来，情欲就其创造的本性而言并不是恶的，关键是我们的自由意志对它的使用，它可以成为德性或恶性。恶对于人的根本性损害在于它已经处在人的自我控制之外，因此人就不能自我救赎。当恶最后变成罪时，罪就使人的欲望以一种表现为善的方式即快乐而泛滥成灾。在卡帕多西亚教父看来，善和恶的症结既不在于身体，也不在于情欲，而是在于自由选择的能力。尽管因为亚当的堕落使人的本性败坏，向善的意志被削弱，但人并不完全服从这一本性的统治。人除了染上了“兽性”的一面外，还有从“神的形象”所获得的“神性”的一面。因此，问题的关键就在于如何用“神性”指导人的“自由意志”，以根除“兽性”。希腊哲学主张通过教化实现灵魂的转向，而教化是一个内在改变的历史，也就是激发人有爱智的本性。卡帕多西亚教父则认为教化是内在性的净化过程，并且重新参与到与上帝的内在性关系之中。在他们看来，上帝的一切惩罚都是灵魂回归上帝的德性教化过程。只有借着所遭受的苦痛，基督徒才会意识到自身努力的无效和灾难。人要回到真正的善，就要回到人与上帝的关系之中，就要像追求情人一样去狂恋神，追求与神合一，仿效基督，接受上帝的拯救，促成灵魂的升华。这样，以卡帕多西亚教父为代表的希腊教父就完成了从古希腊的“爱智”到“爱基督”的转化。

差不多与东方教父思想家出现的同时，西方也出现了一批教父思想家，他们用拉丁语写作，因而被称为拉丁教父。第一位用拉丁语写作神学著作的是德尔图良（Tertulliannus，160—222），后来也有著名的“四博士”，即安布罗斯（Ambrose，约 339—397）、哲罗姆（Jerome，约 349—420）、奥古斯丁（Aurelius Augustine，354—430）、大格列高利（Gregory the Great，约 540—604）。拉丁神父认为信仰不能以常识和理性加以衡量。德尔图良把哲学看作是与基督教格格不入的异教徒的智慧，异端就是哲学教唆出来的，因而哲学家比其他异教徒更危险。他在《论基督的肉身》中提出：“唯其不可信，我才相信。”拉丁教父认为，灵魂本身既不善也不恶，既非有理性亦非无理性，具有非决定、不确定的本性。因此，人并不是理性的动物，并不具有比动物更高的理性。但是，人的动物性可以上升到神性，而只有基督教信仰才能实现人的这一转变。灵魂也并非注定不朽，只有那些追求上帝的灵魂才是不朽的，而背离上帝的灵魂，其命运是毁灭。他们认为，只有这种灵魂观才能教诲人们趋善避恶、虔诚信神。有的教父用宗教解释智慧，认为真正的智慧与真正的宗教是同一的，因为没有智慧不能从事任何宗教，没有宗教无法证实任何智慧。他们指责希腊罗马文化将智慧与宗教分离开，认为只有基督教才使智慧与宗教完美地结合起来。正因为如此，希腊哲学缺乏对大众生活的影响力，而基督教的生活力则在于它的伦理道德能够为人们的精神生活提供指导原则。

（三）经院哲学家对德性问题的神学阐释

继教父哲学之后，罗马哲学家波爱修（Anicius Manlius Severinus Boethius，480—525 年）翻译、注释亚里士多德著作，成为连结古代哲学与中世纪哲学的桥梁。他针对罗马新柏拉图主义哲学家波菲利（Porphyrios，233—约 305）关于普遍与个别的三个问题（即共相是独立于人的理智而存在的普遍实质，它们是无形的，并且存在于可感事物之中），作了自己的回答，认为共相存在于具体事物之中，而共相本身却不是物质性的。波爱修之后的 300 年间，古典文化没落，只有一些人作了若干保存古典文化的编纂工作，在历史上被称为“黑暗时代”。直到九世纪，爱尔兰的爱根留纳（John ScotusEriugena，约 810—877）才再次探索哲学问题，并因此被称为“中世纪哲学之父”。他运用新柏拉图主义哲学阐述基督教信仰，但对西欧哲学思想未产生重要影响。九世纪末以后，西欧不断遭受马札尔人、萨拉森人、北方维金人袭击，查理曼帝国瓦解，文化学术停滞衰微达一世纪之久。

自 11 世纪开始，亚里士多德哲学著作与阿拉伯哲学传入西欧，各种基督教异端思想兴起。在这种情况下，在教会或修道院办的学校出现了一批为维护基督教信仰而将权威的规定同科学的论证结合在一起的经院哲学家。波菲利所提出、波爱修所探讨的共相问题逐渐成为经院哲学家们激烈争论的焦点，对于这个问题的不同回答导致了实在论与唯名论两种对立的基本观点。实在论站在柏拉图的立场上，主张共相是独立于个别事物的客观实在，是比个别事物更加根本和更加实在的一般实体；而唯名论则坚持亚里士多德主义的观点，主张只有个别事物才是真正的实体或实在，共相作为普遍本质只能存在于可感事物之中，作为抽象概念只能存在于人的思维和语言之中，是人们用以表示个别事物的名称或符号，它不能脱离可感事物和思想而独立存在。

11 世纪中叶，法兰西都尔教堂学校校长贝伦伽尔（Berengarius of Tours，约 999—1088）以辩证方法论证教会圣餐仪式中的饼、葡萄酒并未因神甫祈祷而变成基督身体、血液，圣餐只不过具有象征意义。他认为，个别事物才是真实的，共相不过是名词，这种理论后来被称为唯名论。贝伦迦尔虽遭教会谴责，但继起的一批游方学者却到处讲学，用辩证方法向基督教传统信条挑战。11 世纪末，法兰西神甫罗瑟林（Roscelinus，约 1050—1125）提出，只有个别的具体事物才是真实的，"一般"只是代表许多事物的名词，不是客观实体。安瑟尔谟（Anselm, Anselmus, 1033—1109）则指控罗瑟林否认三位一体的上帝，他认为观念就证明存在，人既具有上帝的观念，就证明上帝在现实中存在。这种以观念为实体的理论被称为实在论。他试图把辩证法引入神学作为论证神学的信条的工具，他因此而被称为"经院哲学之父"。他还用同样方法论证基督教关于三位一体、道成肉身、圣母童贞、原罪等信仰，并把信仰当作理解的前提，主张"信仰寻求理解"。"安瑟尔谟伦为基督教思想开启了一个新的时期。"①

12 世纪上半叶，罗瑟林的弟子阿伯拉尔（Peter Abélard, 1077—1142 年）依据亚里士多德哲学，认为共相不是实体，而是用以判断种、属内同类事物的共性的词语。同时，他也不赞成安瑟尔谟的"信仰寻求理解"的观点，主张"信仰导致理解"，要求把信仰建立在理性的基础上，通过对每一个词语或概念的理解来树立起正确的信仰。阿伯拉尔学派与维克多学派相互影响，发展出了这样一种神学研究方法：即在以《圣经》和教父的权威为根据开展理性探讨的同时，设法不超出正统化的范围。这种研究方法在伦巴德人彼得（Peter Lomloard，约 1100—1163 年）那里达到了顶点。他编纂的内容分为上帝、创世、道成肉身和救赎、教会七项圣事的《格言四书》，成为中世纪后期神学的主要教科书，一直到 16 世纪末 17 世纪初，其地位才为托马斯的著作所取代。

唯名论与实在论之争在 11 世纪末叶至 12 世纪中叶之间达到高潮，这一争论促进了理性思辨的发展，并为其后的哲学从神学中逐步分离作了思想准备。13 世纪西欧出现各家争鸣的局面。基督教教会当局及正统神学家以波拿文都拉（Bonaventure，1221—1274）为代表，尊崇奥古斯丁的哲学思想，认为一切知识都来自神的启示，只能依靠信仰，而不能依靠感官去认知。他反对亚里士多德哲学，认为它威胁基督教信仰。在新兴的大学中，希腊、阿拉伯、犹太与拉丁文明汇集激荡的过程中，亚里士多德哲学逐渐取得优势地位。自 13 世纪中叶大阿尔伯特（Albertus Magnus, Albert the Great，1200—

① ［美］胡斯都・L. 冈察雷斯：《基督教思想史》第二卷，陈泽民等译，陈泽民等校，译林出版社 2010 年版，第 166 页。

1280 年）开始，罗马公教会的多米尼克修会僧侣不再以信仰而是以理性解释自然。大阿尔伯特大量介绍亚里士多德的著作，特别对动物学、植物学研究中的观察与实验感兴趣，认为自然界的知识与启示真理不同。他接受犹太哲学家迈蒙尼德（Mōsheh ben-Maimōn，1135—1024）区别信仰与理性的主张，把哲学从神学中分离出来，认为神学研究启示真理，哲学研究自然经验，理性无法解释信仰，它自有其研究领域。他的学生托马斯·阿奎那（Thomas Aquinas，1224—1274）进一步改变了自奥古斯丁以来基督教神学认为理性来自启示的信仰、理性与信仰不可分的主张，明确将信仰与理性划分为不同领域，并以感官为人类知识的来源，从而为经院哲学注入了新的内容。从古希腊巴门尼德到中世纪思想家，对不断变动的世界与相对稳定的观念之间的矛盾，都曾提出不同的回答。中世纪思想家多半追随奥古斯丁，以柏拉图的解释为依据，使现实服从于理念，托马斯则从变化的现实世界出发，把亚里士多德提出的"第一动因"与基督教信仰中的上帝相结合，运用亚里士多德的潜能与现实的思想来分析存在，认为在非存在与现实存在之间，潜能是未确定的存在，还未曾具有形式，是未实现的存在。托马斯从这种理论出发，不同意安瑟尔谟关于上帝的本体论的证明，也不同意波拿文都拉关于创世有时间之始的论证，认为创世说无法证明，也无从确知，只能作为信仰接受。他虽从存在出发，以感官为知识来源，确认理性有其活动领域，但仍认为理性和一切知识并非独立，而是信仰的补充，其作用只是支持基督教的信仰。

13 世纪 30 年代以后，亚里士多德的著作开始在巴黎大学讲授并逐渐被列为必修课程。亚里士多德的引入，特别是托马斯·阿奎那所做的综合工作，使基督教进一步理性化，自由思想也随之获得发展，出现了阿维罗伊主义。阿维罗伊主义者主张像阿维罗伊那样忠实于亚里士多德思想，反对按柏拉图主义解释亚里士多德的著作，尤其反对出于维护神学教义的需要而改造、割裂亚里士多德学说。阿维罗伊主义的活跃招致正统神学家的不满，最终导致教皇于 1277 年命令严查。其结果是，219 个论题遭到谴责并禁止讲授，凡是继续坚持这些主张的人一律开除教籍。这就是所谓的"七七禁令"。在被禁止的论题中有一些是关于意志的非正统的观点，如"人按意欲行动，并总按更强烈的意欲行动"；"当所有障碍取消之后，意欲必然为可欲对象所动"；"意志必然追求理性确定了的东西，它不会偏离理性的指示。但这种必然性不是强制性，而是意志的本性"；"灵魂的高级能力中没有罪，因此，罪来自情感，而不是来自意志”；“幸福在现世，而不在另外的世界”，等等。① 这个禁令的出台一方面表明当时亚里士多德主义特别是托马斯主义的影响不断扩大，另一方面也表明托马斯主义尚未完全获得正统地位。不过，约半个世纪之后，这些禁令名存实亡了。

14 世纪初，城市手工业、商业进一步发展，市民阶级兴起，罗马公教会逐渐衰落。怀疑主义和人本主义思潮逐渐抬头。基督教神学家面对理性主义冲击基督教信仰的情况，谋求将宗教信仰与理性进一步分离。唯名论者约翰·邓斯·司各脱（John Duns Scotus，1266—1308）以其意志主义著称，他赞同阿维森纳关于“上帝不是形而上学的主题”的观点，认为上帝的问题属于神学而不属于哲学，哲学与神学各有其独立的研究领域和原则。哲学是一门独立的学科，不应该与神学混为一谈，更不应从属于神学。以提出“思维经济原则”（即所谓“奥卡姆剃刀”）著称的晚期唯名论最重要代表奥卡姆的威廉（William of Ockham，约 1280—1349），继承了司各脱的意志主义以及哲学与神相区分的思想。他认为上帝在意志方面是绝对自由的，而在能力方面则无所不能，因而我们对上帝的属性和活动不可能有知识，要想用逻辑来推断上帝的性质和行为，那只会是徒劳的。上帝的全能与绝对自由是信仰的范围，不能用理性去论证。世界是由个别物体所组成，对世界的知识只能来自直接观察和对已知真理的演绎，一切知识都要以事实为标准。奥卡姆的这一思想促成了对中世纪基督教信仰的怀疑主义思潮，成为以后经验主义思潮的先导，同时也标志着经院哲学的没落。也许正因为如此，奥卡姆标志着经院哲学的终结，也标志着中世纪哲学的衰落。

16 世纪末至 17 世纪初，在天主教教会的反宗教改革运动中，经院哲学在西欧再度抬头，通称“后期经院哲学”。它在逻辑与形而上学方面进展不多，主要贡献在自然法理论方面。它从上帝的全善推论在自然秩序中的人的理性和意志，认为这是自然法基础。这一思想后来发展为荷兰法学家格劳修斯（Hugo Grotius，1583—1645）的法学理论。他是近代西方资产阶级思想先驱，国际法学创始人，被同时尊称为“自然法之父”和“国际法之父”。

以上所述的是经院哲学演进的大致过程。在这个过程中，经院哲学家围绕共相的实在性问题从基督教神学的角度对德性问题作了较为有深度的探讨。其突出的特点是更关注作为德性基础的善恶及其根源意志自由问题。

① 参见赵敦华:《基督教哲学 1500 年》，人民出版社 1994 年版，第 445—446 页。

在经院哲学家中，对德性问题作最完整系统研究的，当数托马斯·阿奎那。他在调和奥古斯丁和亚里士多德的德性思想的基础上，构建起了庞大的基督教神学德性伦理学体系，其内容极其丰富。就对德性问题的直接回答而言，他吸取了亚里士多德关于幸福、德性和智慧等德性伦理学的基本概念。不过，就此而言，他也有两个方面明显地不同于亚里士多德。其一，在理智德性和道德德性之外增加了神学德性，神学德性是意志遵循上帝启示和使徒教导而培养出的好习惯，即信仰、希望、仁爱。在这方面托马斯接受了奥古斯丁的主张，将奥古斯丁的观点与亚里士多德的观点糅合起来，将亚里士多德作为理智德性的实践智慧称为明慎，并加上公正、刚毅（相当于古希腊的“勇敢”）和节制，称为“四主德”。这“四主德”加上三种神学德性就构成了后来天主教的神学七德。其二，在德性伦理学中引进了“本性法”（lexnaturalis，亦译为“自然法”）的概念，并对自然法作了相当充分而深入的研究。其所说的自然法并不是指自然界的一般规律或法则，而是指人的本性的法则，因而更准确的译法应为“本性法”。它是直指人心、见诸人心的不成文法，它以自然的方式无声无息地支配着人的行为。在托马斯看来，自然法是道德准则的来源和依据，也是宗教戒律、教会和国家法律的来源和依据。自然法的引进，克服了古希腊德性伦理学只重视德性而忽视规范的偏颇，同时也为伦理学研究的重心从德性转向规范作了准备。值得注意的是，托马斯的德性思想是与他的神学思想紧密相联的，是他神学思想体系中的一个重要组成部分，有着独特思想和学术价值。因此，我们不能简单地认为托马斯的德性思想是亚里士多德德性思想的神学翻版。

从目前所掌握的资料看，除托马斯·阿奎那之外，其他经院哲学家较少直接研究德性问题，更多的则是关注信仰的对象本身以及更一般的共相的实在性问题。不过，他们研究的一些问题是与德性相关的，其中最值得注意的是意志自由以及善恶问题。对这两个问题的研究是始于奥古斯丁，他将恶分为物理的恶、认识的恶和伦理的恶，并认为只有伦理的恶才称得上罪恶。在他看来，伦理的恶起源于人的自由意志。其早期观点认为，上帝并不干预人的意志的自由选择，上帝只对自由选择所产生的善恶后果进行奖惩。上帝的恩典主要表现为赏罚分明的公正，而不在于帮助人们择善充恶。但在与佩拉纠教派的斗争中，他改变了早期的观点，针对佩拉纠教派认为人可以通过择善从流获得拯救而不需要上帝的恩典的观点，强调没有上帝的恩典人的意志不可能选择正当的秩序和真正的幸福。在他看来，上帝在造人时曾经赋予人自由意志，但自亚当犯“原罪”之后，人的意志已被罪恶所污染，人已经被罪恶所奴役，失去了自由选择的能力。奥古斯丁的这种极端观点引起了后来经院哲学家的争论。

安瑟尔谟最早将如何调和人的意志自由与上帝的恩典作为重要的神学问题，并运用辩证法对这种问题进行了细致的辨析和缜密的思考，力图克服以前神学理论的不圆满和不协调之处。他首先对意志概念进行了分析，认为意志具有使灵魂自由并作出选择的功能，这种功能具有倾向性，而它的运作就是有意的行为。他的基本结论是，意志自由是人行善的能力。针对奥古斯丁及其他神学家认为人滥用了意志自由选择了恶而犯罪的观点，他指出：意志就其本性（选择功能）而言绝无选择恶的可能，只是在外界的影响下可以倾向于善或恶。就是说，选择善或恶只是意志的一种倾向，而不是意志的本性。人类犯“原罪”之后并没有丧失自由意志，只是不能够运用自由意志，丧失了向善的选择倾向，需要上帝的恩典才能运用自由意志，恢复向善的倾向。

阿伯拉尔反对安瑟尔谟的这种把人的意志的倾向说成是罪恶根源的正统神学观点，认为恶或罪恶是对上帝不尊敬或藐视导致的。他认为人的灵魂本身具有不完善性的缺陷，但“缺陷”与“罪恶”是两个概念。前者是人所共有的自然倾向，后者则是自愿与心中具有的犯罪倾向结合的结果，将犯罪的倾向变成犯罪的意图是一个自觉的选择过程。犯罪的倾向是可以抵制的，犯罪的意图就是对之不加抵制的结果。他认为，犯罪的心理过程是这样的：首先是犯罪意图的产生，随后在这种意图的作用下想象犯罪会产生的快乐，并由此激起邪恶的欲望，邪恶的欲望占据心灵便产生作恶的意志，最后由意志实施邪恶的行为。“阿伯拉尔在意志与意图或意向之间作了区别。严格地说，意志是为了某物而对某物有欲望；罪孽不在于实施意志而在于行为意图。没有意志的情况下也可能有罪（如一个逃亡者在自卫时杀人），也有不良的意志却并无犯罪（如人不受自控的欲望）。”[①] 在他看来，意图决定着善恶与否，意图实施与否、实施成功与否不能加强或减轻善恶的价值，效果大小与否不能改变意图本身。因此，邪恶的根源在犯罪的意图。他说，“上帝重视的不是所做的事，而是做这事时的心理；行为者赢得的惩罚奖赏，不在于他的行

① ［英］安东尼·肯尼:《牛津哲学史》第二卷·中世纪哲学，袁宪军译，吉林出版集团有限责任公司 2010 年版，第 261 页。

为，而在于他的意图。”[1] 因此，一个邪恶的意图会糟蹋一个善良的行为，一个没有完成的善良意图同一个善良的行为一样值得赞扬，同样，邪恶的意图同邪恶的行为一样应遭到谴责。此外，他还特别重视理性和智慧，认为它们是德性之源，强调要用理性去发现上帝的启示。他完全赞成苏格拉底的德性是知识的观点和只有经过反省的人生才是有价值的观点，从他写的《伦理学或认识你自己》一书的书名就可以看出这一点。

托马斯·阿奎那对意志及其自由、意志与行为的关系作了更深入系统的研究，他承认意志自由的存在，承认意志的向善倾向，但认为意志的向善倾向并不总是朝向上帝的，道德活动也并不总是表现为宗教活动。在托马斯之后，司各脱和奥卡姆也讨论了自由意志和善恶问题。

司各脱针对“七七禁令”提出了意志主义，认为上帝的本质在于理智和意志，世界的终极原因是上帝的自由意志，因此世界是偶然的存在。同时，理智和意志也是人的灵魂的两种功能。他不同意托马斯等人认为意志有外在的动力因的看法，认为意志不受外部对象支配，也没有动力因。司各脱的基本观点是，意志在理智之后，并以理智为必要条件，但意志优于理智，因为意志可以决定理智去思考这一个或那一个对象，改变这一个或那一个对象。司各脱认为上帝的意志绝对自由，人的有限理性不可能理解上帝。他讨论了上帝的意志与人的意志的关系，认为人的有限意志以上帝的善为终极的善，意志的善在于服从上帝、热爱上帝。要热爱上帝就必须自觉自愿并知道什么是上帝的意愿。意志自由和正确理性分别满足这两个条件，意志自由选择的善与正确理性判断的善必然是同一的，两者的配合集中表现在人对自然法的理解上。自然法对于正确理性而言是自明的真理，理性可以正确地判断哪些人为的戒律、法律直接表达或符合自然法。自然法加诸灵魂之上的无形命令是人的良知无法拒绝、意志不能不遵循的道德规范。由此看来，司各脱虽然强调意志高于理智，意志在世界、灵魂和道德中起决定性作用，但意志在理智所能提供的范围内自由活动，意志的偶然性不能违反逻辑可能性。因此，他的意志主义是理性主义的。他认为，自由不仅在于选择达到预定目标的方法，而且在于对彼此独立的甚至竞争的终极目标的选择。在他看来，恶行的原因不是理解，而是自主性意志。意志选择的正确与错误是由该选择是否符合上帝的律法决定的。司各脱赋予了上帝律法以突出的地位。他虽然同

---

① Peter Abélard, *Ethica or ScitoTeIpsum (Ethics or Know Yourself)*, c.3.

意亚里士多德和托马斯关于人类具有追求幸福的自然倾向（他称之为 *affectiocommodi*）的观点，但同时又认为追求公正也是人的自然倾向（他称之为 *affectioiustitiae*），而对公正的自然愿望就是服从道德法则的倾向。人的自由就在于在道德和幸福的冲突中保持平衡的能力。在他看来，幸福不是一个人一生中唯一的目的，一个人可能为了另一个人的幸福规划自己的一生，或者为了某个此生不可能实现的事业规划自己的一生。例如，一个人可能为照顾病重的父母而放弃情投意合的伴侣以及自己所热爱的事业。我们不能说这些人只要做他们自己想做的事情就是在追求自己的幸福。

奥卡姆提出了一种比司各脱更彻底的意志主义观点。司各脱认为上帝的意志以上帝的理念为选择对象，奥卡姆则否认了上帝的意志与理智的区别，认为上帝意志不通过理智中的原型而直接创造了世界。同时，人的道德活动也是上帝意志直接偶然地决定的。他虽然也把律法而不是德行置于伦理学的核心，但更强调上帝颁布律法的绝对自由，认为人类行为的道德价值完全来自于上帝至高无上的、绝对自由的意志。奥卡姆也同意自由是人类根本的特点以及意志独立于理性的观点，他甚至也认为个人对于终极目标的选择也是自由的，个人可以拒绝选择幸福作为他的终极目标。意志可以自由选择，因而才有善恶之分，但只有以上帝为终极目标的意志才是善的意志，否则就是恶的意志。所谓善就是使自己的意志服从上帝的意志，愿意做上帝允许他做的事，不愿意做上帝禁止做的事。上帝的意志是完全自由的、偶然的，因此它完全有可能命令一个人去做自然法要求的事情。然而，这并不能成为逃避责任的借口，因为任何道德行为不仅出自上帝的意志，也出自人的正确理性（recta ratio）。正确理性是对于自己意志是否服从上帝意志的一种意识，它可以使人在具体环境中识别善恶，判断是非。他强调，每一正当意志都服从正确理性，除非服从正确理性，否则无道德德性、无德性行为可言。服从上帝意志与服从正确理性是一致的，如果一个人按照上帝的意愿去杀人，那也只是因为他有意识到这样做是服从上帝命令的正当理由。到了奥卡姆这里，上帝的意志在理论上已经成为多余的东西，没有上帝，他的意志主义也自成一体。在其伦理学中奥卡姆还突出了“义务”（obligation）的概念，认为人类被上帝赋予了义务。义务就是做与道德规范相符合的行为，只有这样的行为才具有道德价值。一个行为要符合道德规范，必须符合正确的理性判断，并是完全为了这一理由而完成的。这种正确的理性判断就是他所说的良心。我们之所以要遵循理性和良心，是因为上帝命令我们这样做。

三、西方古典德性思想传统与西方古代德性传统

西方古代思想家对德性的思考与探索有一个复杂的形成和演进过程，在这个过程中形成了西方古典德性思想的传统。这个传统虽然是西方古代德性传统一个组成部分，但其形成和演进并不是与整个西方德性传统完全同步的。西方古代德性传统是三个源头交汇的结果，而西方古典德性思想传统则基本上是在古希腊德性思想的演化过程中形成的。古希腊德性思想在其发展的后期，融合了罗马德性思想，后来又融合了古希伯来德性思想，并转换成基督教德性思想。它不是三种德性思想的汇合，而是希腊德性思想在吸收其他思想过程中发生转换和演变。最后在基督教中，西方古典德性思想传统与西方古代德性传统才真正成为同一历史过程。尽管这两个传统不是完全同步的，但它们之间存在着复杂的互动关系。前面说过西方古代德性传统包括西方古代现实德性传统和西方古典德性思想传统两个层面。虽然西方古典德性思想传统产生于西方古代德性现实传统，但它的产生对西方古代德性现实传统起到了重要的改造和提升作用，通过这种作用，两者最终到基督教那里交汇为统一的西方古代德性传统。一般地说，西方古典德性传统是西方古代德性传统的一个组成部分，但这个部分在西方德性传统最终形成过程中具有关键性的作用，并且成为其中的精髓和灵魂。

（一）西方古典德性思想传统的形成演进过程

从以上对西方古代德性思想家对德性问题的探索可以看出，西方古典德性思想传统形成及其沿革经历了一个复杂的过程。从历史与逻辑统一的过程看，这个过程经历了三个阶段：即西方古典哲学德性思想传统的形成及其演变过程、西方古典神学德性思想传统的形成及其演变过程、西方古典哲学德性思想传统与神学德性传统的交汇及其演变过程。在这个交汇的过程中，西方古典德性思想传统得以最终形成，并在沿革中延续到十七八世纪的启蒙运动。其间虽然受到文艺复兴和宗教改革运动的挑战和冲击，但一直到十七八世纪经过英法声势浩大的启蒙运动的激烈批判并代之以新的法制思想和法制传统，西方古典的德性思想传统乃至西方古典德性传统整体上中断。

西方古典哲学德性思想传统的形成及其演变过程，大致上从公元前五世纪到公元五世纪西罗马帝国灭亡，经历了差不多一千年的时间。苏格拉底是

这个传统的开创者，经过柏拉图，到亚里士多德，这个传统已经形成。他们三人是师生关系，因而这个传统的形成过程不长，前后不过百年。他们三人对西方哲学德性思想传统的最重要贡献在于，形成了幸福主义和理性主义的德性思想传统，第一次从哲学上论证了德性的目的或指向是人的幸福，人们之所以需要养成德性归根到底是因为一个人只有具有德性才能获得幸福。那么，德性的基础和实质在于什么？他们基本上都认为理性是德性的基础和实质，都将理性或智慧（他们对智慧的理解基本上都是理性主义，智慧的实质就是理性）看作是人之所以会有德性的根据。德性是理性的结晶，是理性选择的结果。同时理性也是德性的实质，虽然人的德性有种种不同的类型即德目，但它们都不过是理性的表现，都统一于理性。苏格拉底、柏拉图所主张的这种幸福主义和理性主义基本上为后来的思想家所继承，一直影响到近代乃至现当代。在此后的八九个世纪，伊壁鸠鲁学派、斯多亚学派大致上继承了雅典的哲学德性思想传统，但适应时代的变化补充了一些新的内容。伊壁鸠鲁学派对幸福主义作了快乐主义的理解，并以感性主义取代了理性主义。伊壁鸠鲁学派的这种修正并没有成为后来古典德性思想传统，相反受到了较多的诟病，不过为近代的一些思想家所称赞和弘扬。斯多亚派则在继承雅典传统的基础上走向了极端。一方面将理性与本性等同起来，进而将本性看作是与宇宙理性（法则）相通的，遵循统一的宇宙法则，这样，理性主义变成了决定主义或宿命论。另一方面虽然仍然认为德性是幸福的充分乃至必要条件，但将德性理解为对本性实即命运的顺从，倡导顺应自然、服从命运、忍受苦难、清心寡欲、无动于衷，通过“断激情”达到“不动心”，这样，幸福主义演变成了禁欲主义。同时，受罗马传统的影响，以及在罗马特殊的社会条件下，罗马斯多亚派形成了许多重视社会德性的思想传统，其中最重要的就是法治主义和世界主义。斯多亚派的一些思想家推崇以法律治理复杂的社会生活，主张一切人都是平等的“世界公民”，一切人彼此是兄弟。这种法治主义和平等主义的德性思想为基督教和近现代西方所继承。

西方古典神学德性思想传统的形成及其演变过程，大致上从公元二世纪到公元 13 世纪，前后经历了大约一千多年时间。这个传统开始于公元二三世纪的希腊护教士，形成于公元四五世纪的奥古斯丁，形成过程前后达三百年，这个时期史称“教父时期”。在托马斯·阿奎那出现之后的一个短暂时期里，这一传统一直在基督教内部占据着统治地位。“教父是基督教实现大统一过程中教义的传播者、解释者和教会的组织者。一般认为，教父有四个特征：持有正统学说，过着圣洁生活，为教会所认可，活动于基督教早期（主要集中在2世纪至4世纪）。”[①] 教父神学德性思想的一个基本前提是上帝存在，圣父、圣灵、圣子三位一体，上帝是全智、全能、全善的精神实体，是终极的实在，是终极的真理，也是终极的价值。世界上的一切实在、真理和价值都是相对于上帝而言，上帝是一切实在、真理和价值的终极尺度。人因为原罪而丧失了向善的意志自由，并因而坠入罪恶的深渊，不能自我拯救，只有靠全智、全能、全善的上帝，因而人必须信仰他和热爱他。只有依靠正确的信仰才能得救，正确的信仰只有一个，那就是信仰上帝和基督教教义，违反它就是异端。这种信仰是绝对的、无条件的信仰。他们虽然不排除对上帝和基督教教义的理解，但强调指出必须先信仰，然后理解。“除非你相信，否则你将不会理解。”当然，正统基督教神学家对信仰与理解之间关系的认定并不是绝对的，他们强调的只是对于上帝的信仰先于理解。热爱上帝，就是要爱上帝之所爱，也就是要爱上帝所爱的众人。奥古斯丁将爱看作是基督教的首推德性，用他的话说就是“德性最简单、最真实的定义是爱的秩序”[②]。教父神学家的绝对主义、信仰主义、博爱主义德性思想基本上为后来的正统基督教神学家所继承和阐发。

西方古典哲学德性思想传统与神学德性传统交汇及其演变过程，大致上从12世纪到十七八世纪欧洲启蒙运动兴起，前后经历了约五百年时间。这个传统起源于12世纪上半叶亚里士多德的著作开始被译为拉丁文并在西方传播，到托马斯·阿奎那去世后半个世纪，这个传统才形成，其形成过程也经历了200年左右的时间。14世纪30年代托马斯学说得到天主教教会官方认可，标志着这个交汇过程的完成。在这个过程完成之前，基督教神学家特别是教父神学家对待希腊罗马哲学基本上持三种态度：一是用希腊哲学的语言阐释基督教教义，使基督教教义便于为希腊世界所接受，如伊利奈乌；二是对希腊罗马哲学持抵制排斥态度，拒绝任何调和基督教与希腊哲学的企图，德尔图良最具有代表性；三是吸收柏拉图主义和新柏拉图主义为我所用，其典型代表是奥古斯丁。这些态度表明，希腊罗马哲学虽然为早期基督教神学家所利用，其神学理论也吸收了希腊哲学的概念和内容，但他们的思想总体上是宗教神学的，是与希腊哲学的基本精神不一致甚至冲突的。但是，自从亚里士多德哲学在西方传播之后，希腊哲学特别是亚里士多德哲学

---

① 赵敦华:《基督教哲学1500年》，人民出版社1994年版，第77页。

② ［古罗马］奥古斯丁:《上帝之城》15卷22章。

不再只是被利用，而是被吸收到基督教哲学之中的，更为重要的是，成为了基督教的哲学基础，在一定意义上可以说，这时的基督教神学是亚里士多德主义的。从德性思想的角度看，情形也大致上如此。在教父神学家那里，我们没有看到多少希腊罗马哲学德性思想的痕迹，而托马斯主义则似乎是亚里士多德主义的基督教神学的翻版。正是在这种意义上我们说，在托马斯这里，希腊罗马的哲学德性传统与基督教神学德性传统才真正交汇融合成了一个完整的德性思想传统。这种交汇融合的完成标志着西方古典德性思想传统的最终形成，从此才开始了完整意义上的西方德性思想的古典传统，尽管这种传统存续的时间不过五百年左右。

（二）西方古典德性思想传统的主要特点

西方德性思想传统从开端到终结经历了约 2000 年的历史，其思想内容十分丰富，而且经历了从世俗到宗教、从哲学到神学的转换。对这个传统作出贡献的思想家的德性思想彼此之间差异很大，甚至存在着对立和纷争。但是，综观这一思想传统，我们也已发现这一传统有一些共同的观念底蕴和思想观点，它们构成这一传统的思想内核，代表这一传统的精神风貌，并使之成为一种传统。这一切集中体现为西方古典德性思想的个性特征，它们不仅将这一传统与世界其他区域古典德性区别开来，而且也使之与西方近现代和当代德性思想区别开来。由于西方德性思想传统在近代发生了断裂性的变化，因而虽然近代以来特别是当代德性伦理学复兴以来也有丰富的德性思想，但尚未形成得到公认的新的德性思想传统。当代西方德性伦理学复兴以来的西方德性思想能否算得上是对西方古典德性思想传统的接继，其多元和对立的状态能否成为一种像西方古典德性传统那样具有共同的内在特质的传统，我们还将拭目以待。从这种意义上看，西方古典德性思想传统更是弥足珍贵，值得我们珍视，同时也值得我们认真研究和借鉴。

西方古典德性思想博大精深，其共同的精神实质需要深入挖掘才能被揭示。这里，我们仅就其思想内容提出西方古典德性思想的几个主要特点，以便于读者对其精神实质有一个初步的把握。这些观点作为西方德性思想家的共识，也是特别值得我们加以注意的。

第一，德性即道德。西方古典德性思想家乃至西方古典哲学家一般都将德性与道德、与善等同起来，因此在他们那里，没有单独的规范意义上的道德和情感意义上的道德。古希腊哲学家的伦理学，特别是苏格拉底、柏拉图和亚里士多德的伦理学，都关注德性问题的研究，不关心义务问题以及其他规范问题的研究。我们过去认为，他们之所以如此，是因为当时规范问题不突出。实际上，只要有社会问题存在，就会有规范问题。就当时的希腊社会而言，规范问题实际上也是很突出的，不按规则办事（如僭主政治）的情况同样比比皆是。因此，古希腊哲学家的伦理学之所以主要关注德性问题而不关心规范问题的唯一合理解释，只能是他们并不认为规范问题属于道德的范围，当然也不属于研究人生和道德问题的伦理学，它们属于法律的范围，属于研究城邦或共同体生活的政治学。在罗马法学那里情形正好相反，他们从政治学特别是法学角度研究自由、平等、义务、权利等问题，他们实际上是将这些问题看作是政治问题而不是道德问题。在西方古典思想集大成者托马斯·阿奎那那里更典型，一方面他像亚里士多德那样将德性与道德等同起来研究德性，继承和发展德性伦理学；另一方面受斯多亚派特别是受基督教教义的影响，重视规范问题的研究。这些问题不是被看作道德问题，而是被看作政治或法律问题。当然，我们不能完全排除它们之间存在着深刻的内在关联。

在西方古典德性思想家那里，德性与善是一致的，人在道德上的善就体现为品质的善，即德性。情感、欲望以及行为及其动机则是品质控制的范围。他们并不是不重视规范，更不是他们生活的时代没有义务等规范问题。无论是柏拉图、亚里士多德，还是奥古斯丁、托马斯·阿奎那，他们都是重视法律问题的，甚至还有这方面的专门著作，但他们一般都不将义务、规范等问题纳入道德的范围。这些问题被他们看作是法律或宗教问题。这种情况表明，在西方德性思想家心目中，道德与政治（法律）的界限是分明的，而不像近代伦理学家那样混淆了两者之间的界限。正因为如此，古典伦理学实际上就是品质论或德性论的伦理学，主要研究政治学和法学不研究的品质问题，而近代伦理学则丢掉了伦理学的主阵地品质问题而去政治学和法学领域凑热闹。当然，笔者不赞成将伦理学局限于道德问题，而主张伦理学应该研究人生问题，是人生哲学，因此主张根据人生的基本问题即目的、情感、品质和行为等基本问题将伦理学划分为四个基本领域或主干分支学科，即价值论、情感论、德性论、规范论。但是，如果将伦理学局限于德性问题的研究，西方古典德性思想家的共识可能值得今天西方伦理学家认真考虑。

第二，德性是人的功能或本性的实现。人为什么有德性这种现象？其实质是什么？这是西方古典德性思想家共同关心的问题，也是他们力图从理论上予以说明的问题。他们在这个问题上有着共同的思考路向，那就是从人的功能并进而从人的本性阐释德性。在苏格拉底和柏拉图那里，人被划分为灵魂和肉体两个基本方面，德性是人的属于灵魂的优秀品质。灵魂本身又被划分为理性、意志和情感欲望三个部分。理性有理性的德性，即智慧；意志有意志的德性，即勇敢；情感欲望有情感欲望的德性，即节制。灵魂的这些部分各自具有相应的德性，灵魂的各种功能就达到了完善的状态，灵魂的整体实现了和谐，就形成了灵魂的总体的德性，即公正。到了亚里士多德那里，虽然他仍然承认苏格拉底关于灵魂和肉体的划分，但更侧重于从人的本性考虑德性的实质。他根据理性将人的灵魂划分为植物灵魂、可以受理性控制的动物灵魂和理性灵魂。在他看来，理性是人之所为人的本性，纯粹的理性灵魂有它的德性，这就是理智的德性；理性控制人的欲望情感（动物灵魂）形成了道德的德性。因此，德性是人的根本功能或者说是人的本性得以圆满的实现。为了强化这种论证，亚里士多德将德性泛化，即认为所有事物都具有德性（实即优秀），其体现就是其根本功能得以实现。如此类推，人的德性就是人的本性的实现。这种观点大致上为斯多亚派以及后来的奥古斯丁和托马斯·阿奎那所继承，但他们考虑问题的角度逐渐发生了变化。在他们看来，既然人有灵魂又有肉体，或者说人“一半是天使，一半是野兽”，而且人的肉体方面会阻碍甚至干扰人的理性本性的实现，那么德性也可以看作是对理性本性的顺应，看作是“阻止灵魂屈服于和它相违逆的肉体”①。现代西方不少学者将古典德性思想家特别是亚里士多德的这种思想倾向看作是自然主义的，而从上面的简要分析可以看出，这种思想倾向与其说是个人主义的，不如说是理性主义的，因为他们都把德性看作是人的理性功能的实现或体现。

第三，德性指向幸福。德性不是与生俱来的，也不是在社会环境中自然形成的，而是通过人的选择、培育等途径获得的，这是古今中外思想家都公认的。但是对于人为什么要使自己有德性、要下工夫培育自己的德性的问题，思想家的看法并不一致。麦金太尔在分析西方德性传统之后就这一问题指出：“我们就至少面对着三种十分不同的德性观：德性是一种能使个人负起他或她的社会角色的品质（荷马）；德性是一种使个人能够接近实现人的特有目的的品质，不论这目的是自然的，还是超自然的（亚里士多德、《新约》和阿奎那）；德性是一种在获得尘世的和天堂的成功方面功用性的品质（富

① ［古罗马］奥古斯丁：《上帝之城》第19卷第14章，见周辅成编：《西方伦理学名著选辑》上卷，商务印书馆1964年版，第357页。

兰克林）。"[1] 麦金太尔在这里是根据人们对德性与其作用的关系理解德性的性质，他把西方古典德性思想家关于人们为什么要使自己有德性的看法归结为目的论的，即"能够接近实现人的特有的目的"。这个目的就是幸福，在亚里士多德以及苏格拉底和柏拉图那里是现世的、自然的幸福，而在托马斯·阿奎那以及奥古斯丁那里是来世的、超自然的幸福。按照麦金太尔的看法，这种目的论不是富兰克林以及功利主义那样的结果主义。对于西方古典思想家而言，幸福是德性的目的及其实现，而不是德性的结果。德性不是实现幸福的手段，而是幸福的构成内容，是幸福的实现过程。一个人完全具有了德性，他的本性、他的特殊功能也是他的特有目的就得到了完全的实现，他就获得了幸福。因此，德性与幸福是具有根本一致性的，德性获得的过程也就是幸福实现的过程。只是有的思想家认为这个过程可以在现世同步完成，而有的思想家认为这个过程不能在现世同步完成，而要在现世和来世先后完成，而且得先要获得德性，然后才能实现幸福，但在来世实现的幸福要高于在现世实现的幸福，因为那是与上帝和天使同享的至福。

第四，德性具有统一性。西方思想家们一般都承认德性有不同的种类，尽管他们划分德性种类的根据及其结果不同，但是都面临着这不同种类德性是性质完全不同的德性还是同一种德性在不同方面的体现的问题。如果说它们是性质完全不同的德性，就意味着它们不具有本质上一致的统一性；如果说它们是同一种德性在不同方面的体现，那就意味着它们具有在本质上一致的统一性。对于功利主义者来说，只要能带来最大的功利，人的一切品质都可以成为德性。如果诚实的品质和虚伪的品质都可以给人带来最大的功利，那么它们就都是德性。显然，这两种品质本身对立，不具有任何统一性，甚至在同一个人的品质中不能共存。但是，对于西方古典德性思想家来说，德性是具有统一性的，这种统一性集中表现为：能称为德性的品质只能是道德的品质，或者说它们都体现了善的本性。不具有道德价值、不体现善性的品质，无论能给人带来多大的功利，也不是德性。正是在这种意义上，苏格拉底认为"诸德为一"[2]，斯多亚派认为一个人具有了一种德性也就同时具有了

---

① ［美］麦金太尔：《德性之后》，龚群、戴扬毅等译，中国社会科学出版社 1995 年版，第 234 页。

② 苏格拉底在《拉凯斯篇》中讨论勇敢这一德性时对"诸德为一"这一观点有明确的表述。他对尼昔亚斯说："你自己说过，勇敢是美德的一部分，除了勇敢，美德还有许多部分，所有这些部分加在一起叫作美德。"

所有的德性。当然，这是非常激进的观点，亚里士多德和托马斯·阿奎那等思想家的观点要温和一些。亚里士多德认为德性统一于理性，就道德德性而言统一于理性的“中道”原则①。托马斯·阿奎那等神学家认为道德的德性和理智德性统一于人的理性，而神学德性统一于对上帝的信仰。但是，他们都是承认德性是具有统一性的。正因为西方古典德性思想家认为德性本身是一个整体，具有内在的统一性，所以在他们看来德性是不会自相矛盾和冲突的，具有德性的人生也不会自相矛盾和冲突，相反是圆满而和谐的。这种圆满而和谐就德性总体而言就是公正的状态，这种人生总体而言就是幸福的状态。

第五，社会德性与个人德性相一致。社会是由个人构成的，个人存在德性问题，社会也存在德性问题。个人德性是个人的优秀品质，也可以说是个人人格的规定性；同样，社会德性是社会的品质，亦是社会的规定性。这一点虽然到今天并没有得到普遍认同，但在西方古典德性思想家那里，似乎是不言而喻的。对于他们来说，首先承认社会是有其德性的，这种德性是一个社会之为好社会的规定性和标志，因而他们都致力于阐明这种德性应该是什么，以及如何使社会获得这些德性；其次从个人德性引申出社会德性。在苏格拉底那里，这一点似乎还不明确，但柏拉图则使这一点凸显出来。柏拉图承认社会是有德性的，主要是智慧、勇敢、节制和公正，而且将是否具有这些德性看作是衡量社会好坏的标准。例如，他的理想国的国王就必须具备智慧，他甚至主张具有智慧的哲学家担任理想国的国王，认为只有哲学王统治才能使国家达到理想的状态。同时，他还根据个人的德性结构设定国家德性。个人的灵魂包括理性、意志、情感和欲望的方面，而且这些方面达到协调一致的和谐状态，个人才是幸福的。在这里首先存在着灵魂的构成部分是否达到最优状态的问题，达到了最优状态它们就具有了德性，与它们对应的是智慧、勇敢和节制；其次存在着它们是否协调一致的问题，达到了协调一

① “中道原则”是亚里士多德在研究道德德性问题时提出的。“德性作为对于我们的中庸之道，它是一种具有选择能力的品质，它受到理性的规定，像一个有实践智慧的人那样提出要求。中庸在过度和不及之间，在两种恶事之间。在感受和行为中都有不及和超越应有的限度，德性则寻求和选取中间。所以，不论就实体而论，还是就是其所是的原理而论，德性就是中间性，中庸是最高的善和极端的善。”参见亚里士多德:《尼各马科伦理学》1106b32-1107a6，见苗力田主编:《亚里士多德全集》第八卷，中国人民大学出版社 1992 年版，第 36 页。也参见亚里士多德:《优台谟伦理学》1222a7-13，见苗力田主编:《亚里士多德全集》第八卷，中国人民大学出版社 1992 年版，第 365 页。

致的状态，就具有了公正的德性。他正是以此为根据和参照，主张国家统治者、卫士和所有成员也应相应地具备智慧、勇敢和节制的德性，具备这些德性的人达到协调一致就实现了国家的公正，国家也就达到了理想的状态。他还根据这样一种德性的要求来衡量社会政治制度的好坏，并构想理想的社会制度及其构建。亚里士多德虽然在什么样的社会是真正理想的以及如何构建理想社会的问题上与柏拉图不一致，但同样承认国家有其德性，其主要德性就是公正，而且也基本上基于个人的德性引申社会德性。亚里士多德之后，一直到中世纪，由于社会动荡不安，以及教会统治取代了国家统治，思想家们较少关注社会德性问题，但一旦涉及社会问题，也基本上继承了柏拉图和亚里士多德的传统。例如，斯多亚派所构想和追求的“世界城邦”就是一种友爱、博爱的德性城邦；而基督教的“上帝之城”也被认为是上帝统治的最公正的天国。自近代开始，西方德性思想家并没有否认古典的传统，有些思想甚至还沿着古典的思想考虑德性问题。但是，情况发生了较大的变化：一方面由于思想家更多关注社会德性而较少关心个人德性，社会德性与个人德性事实上发生了分离，当然也不存在从个人德性引申德性问题，以及使两者一致的问题。另一方面，自 20 世纪德性伦理学复兴开始，一些思想家只考虑个人德性而不考虑社会德性，也无意从个人德性引申社会德性，而将社会德性问题留给了政治哲学家们研究。由此看来，把社会德性看作是与个人德性相一致的，可以说是西方古典德性思想不同于西方近代以来德性思想的一个重要特征。

（三）西方古代德性状况与西方古典德性思想的互动关系

麦金太尔在《德性之后》考察西方古典德性传统时，是将社会的德性状况与思想家的德性思想放在一起的。他使用这种方法表明，这两者之间存在着密不可分的关联。当然，他写作《德性之后》的目的并不是为了考察西方古典德性传统，因而可以这样混合起来从总体上进行考察，但就本研究的目的而言，则需要对两者之间的关系进行更深入的分析。

关于两者之间的关系，我们的一个初步的基本结论是两者之间是互动的，但从西方古代社会现实生长的德性思想逐渐成了西方古代德性传统的灵魂，它造就并提升了这种传统，使之成为人类历史的宝贵遗产。因为在人类的不同社会形态都存在着德性现实，都存在着德性问题，但并不是所有的社会形态都有可以称为自己传统的德性传统，都有具有思想内涵的德性文化传统（我们可以将这种德性传统称为具有典型意义的德性传统）。很多历史比较悠久的社会有自己的德性传统，但这种传统与其他社会的传统大同小异，并不具有明显的个性特征；有的社会形态有其独具个性特征的德性传统，但并没有其德性思想文化，只是有其德性风俗习惯。这种德性风俗习惯即使可看作是德性文化，也不能说是有思想内涵的德性文化。西方古典德性思想的意义正在于，它对现实社会生活的渗透，或者说它与西方古代社会的德性现实之间的相互作用，不仅使西方古典社会有了自己的具有鲜明个性特征的德性传统，而且有了自己有思想内涵的德性文化传统，或者说具有了典型意义的德性传统。这种具有典型意义的德性传统作为人类的宝贵遗产，是今天以及未来人类研究和构建自己的德性不得不面对、不得不解读、不得不批判地继承的德性文化传统。我们可以超越它，却不可以掠过它，否则人类在德性问题上就有可能走弯路，也有可能重蹈历史的覆辙。

西方古代现实德性状态与西方古典德性思想的互动是一种错综复杂的交叉互动，我们很难从理论上给予清晰的再现，不过可以作一个大致上的描述。

在荷马时代的德性生活现实孕育了《荷马史诗》,《荷马史诗》则以文艺的形式加工和提炼了流行于民间的德性风习，使之具有艺术感染力。《荷马史诗》的广泛流传，使它成为培育一代又一代社会成员的教科书。它强化了其中所歌颂的德性品质，使人们程度不同地认同它、遵循它。这种认同和遵循又使《荷马史诗》更为广泛地并且一代又一代地流传。到了波斯战争特别是伯罗奔尼撒战争之后，伴随着社会德性问题的突出，一些德性思想家对德性现实状况和德性传统进行反思和探索，并在此基础上形成了系统的德性思想，深化了对德性实质的理解，特别是概括和提炼一些得到社会普遍认同的德目，如智慧、勇敢、节制、公正、友谊、虔敬等。所有这一切普遍增强了希腊社会人们的德性意识，并吸引了更多思想家对德性的关注和研究。这样一种互动传统一直延续到希腊化时期。

罗马社会有法治的传统，这种传统促使思想家们对法治问题进行研究，形成了诸多法治的理论和观念。这些理论和观念强化和推进了罗马社会的法治进程，使罗马社会程度不同地具有人人平等、公正至上、依法治国等理念，同时也体现了罗马国家程度不同地具有的自由、民主、平等、公正、法治等德性。

《旧约圣经》是古希伯来人现实生活的记述和写照，但这种记述和写照不是简述的复制，而是有价值取向和有导向性的。从德性的角度看，它也包含了丰富的希伯来人的原始德性思想。这些德性思想源于希伯来人的德性现实，但经过作者的提炼和概括后有了明显的德性导向性。当它被纳入基督教的经典后，就与《新约圣经》一起对信众发生影响。与《旧约》不同，《新约》具有更鲜明的德性导向性，呼吁人们要具备信仰、希望、仁爱以及宽容、忍让、谦卑等德性。《圣经》中的德性思想虽然不系统，但其主张和要求比《荷马史诗》更鲜明、更直接。它虽然源于现实，但大大地高于现实。在一定程度上可以说，基督教的信徒是受《圣经》影响而培育基督教德性的。当然，教会及其神职人员在其中发挥了巨大的推动作用。《圣经》毕竟是一种史诗般的文献，其中鱼龙混杂，自相矛盾比比皆是。这种状况会影响一般人对它的信奉。在这种情况下，神学家的作用凸显出来。经过教父哲学家的整理整合，基督教的教义大体上能自圆其说；经过经院哲学家的哲学探讨，基督教教义更具有了理论基础。基督教神学理论在扫清人们培育神学德性的思想障碍方面发挥了重要作用，有力推动了神学德性传统的形成。

从以上简要描述我们大致上可以形成关于西方古代社会德性状况与德性思想的互动关系的几点基本看法：其一，西方古代的德性现实与西方古典德性思想大致上是同质的。西方古代的社会德性现实是西方古典德性思想产生的土壤，这种德性现实决定了生长于其上的德性思想与它在本质上是一致的，两者之间具有同质性。西方不同时期的古典德性思想并没有从根本上改变西方同一时期的社会现实德性的特质。其二，西方古典德性思想改进和提升了西方古代社会的德性现实。西方古典德性思想虽然源于当时的社会现实，但绝不只是现实的简单描述，它凸显了现实社会德性的个性特色或文化特质，使人们对现实的德性达到自觉，从而使之上升到更高的层次。其三，西方古典德性思想对于西方古典德性传统的形成和延续具有至关重要的作用。我们可以设想，如果没有西方古典德性思想的推进和提升作用，西方古代的德性状况只会随着社会的变化而自然而然的发生变化，大致相同社会条件下社会的德性状况也许是大致上静止不变的，而不可能发生优化和提升。其四，西方古典德性思想对西方古代德性现实的改变并不是根本性的。西方古典德性思想虽然对西方古代社会德性现实具有优化和提升的积极作用，但并没有完全改变西方古代社会的德性现实，更没有由此完全改变西方古代社会的现实。西方古代历史表明，从根本上改变社会德性现实的力量更多地来自外部（如罗马帝国的扩张、希伯来文化的渗透）以及社会的剧变（如日耳曼人的入侵），而不是来自德性思想本身。

四、西方古典德性思想的价值和影响

西方古典德性思想是人类德性思想的巨大宝库，其内容十分丰富且具有重要的学术价值，不仅对当时的西方社会及后来的西方社会产生了重大影响，而且对今天的整个人类都影响巨大，至今仍然具有重要借鉴和启示意义。

（一）西方古典德性思想的地位和遗产

西方古典德性思想无论在西方德性思想史上，还是在西方道德思想史上，抑或在人类德性思想史上都具有重要的地位。

从西方德性思想史看，西方古典德性思想不仅是具有内在一致性的德性思想体系，而且对后来西方的德性产生了广泛的影响。西方古典德性思想虽然时间跨度长达2000年，思想家也人数众多，但具有内在的根本一致性。这种内在一致性主要体现在，古典德性思想家们都具有很强的德性意识，高度重视德性对于人生特别是人生幸福的意义，注重从人性的角度研究和阐释德性，肯定德性具有自身的内在价值，努力将个人德性与社会德性关联起来，构造个人德性与社会德性大致同源、同构的德性思想体系。正是因为有这种思想的内在一致性，所以不同时代的思想家在沿袭的基础上开新，形成了德性思想体系和德性思想传统。从一定意义上说，西方古典德性思想有点类似于中国古代的儒家思想。虽然儒家思想家众多，但他们的思想倾向、旨趣、观点大体一致，正因为如此，他们在中国历史上形成了儒学的传统。

在西方德性思想史上，这种具有内在一致性的德性思想体系和传统是无与伦比的。整个西方德性思想史大致上可以划分为三个时期：古典德性思想时期，近现代德性思想时期，当代德性伦理学复兴时期。近现代的德性思想被分裂成个人德性思想和社会德性思想两个没有多少关联的方面。就其个人德性思想而言，不仅不成体系，而且不同思想家彼此之间存在着根本性的分歧。实际上，近现代的德性思想本身也不是思想家专门研究德性问题的成果，而是研究其他道德问题的副产品。就其社会德性思想而言，与个人德性没有内在的关联性，思想家们更多的是直接根据人性而非根据个人的德性构建社会德性思想。因此，我们完全可以断言，西方近现代没有内在一致的德性思想。不可否认的是，近现代西方的社会德性思想极其丰富，而且形成了近现代西方的主流社会德性思想。这种社会德性思想与个人德性思想没有什么关联，许多思想家完全忽视了个人德性问题，甚至对个人德性问题不屑一顾。自20世纪西方德性伦理学复兴开始，个人德性问题受到普遍关注，研究者甚多，思想观点纷纭杂呈，到目前为止尚不能看出已形成了得到众多思想家认同的德性思想体系或新的德性思想传统。更重要的是，德性伦理学只关心个人德性问题，而不关心社会德性问题，将社会德性问题留给政治哲学家研究。因此，个人德性思想与社会德性思想在当代仍然是分离的。

西方古典德性思想的价值不仅在于形成了具有内在一致性的德性思想体系和德性传统，而在于这些思想中的一些基本结论和基本经验是不可违背的，它在一定意义上为后来的德性思想提供了基本原则和基本范式。因此，它对后来西方德性思想研究发生了重要影响。对于当代西方学者而言，只要涉及研究德性问题（不论是个人德性问题，还是社会德性问题），就不能掠过古典的德性思想，就不能不站在古典思想家的肩膀上。也许正因为如此，作为当代德性思想复兴运动的首倡者和推动者的德性伦理学家们，高举复兴古典德性思想传统的大旗，而且他们也确实从古典思想家那里获得了灵感和资源。

从西方道德思想史看，西方古典德性思想是西方道德思想史上的第一个阶段，第一个道德思想形态，第一个道德思想传统。西方的道德思想史大致可以划分为四个阶段：古代（约到17世纪）、近代（约到19世纪末）、现代（约到20世纪60年代）、当代（20世纪70年代至今）。古代的道德思想虽然很丰富，但关注的重心是德性问题，成果也集中在德性方面，在一定意义上可以说这是一个德性思想的时代；近代的道德思想关注的重心是规范问题，成果也体现在规范方面，在一定意义上可以说这是一个规范思想的时代；现代关注的重心是分析道德语言的意义，这方面有比较突出的成果，在一定意义可以说是一个意义思想的时代；当代关注的问题很广泛，不仅关注理论方面，而且关注应用方面，因而在一定意义上可以说这是一个规范与德性问题、理论问题与应用问题并重的时代。由此可以看出，古典德性思想不仅是西方道德思想史的奠基阶段，而且是西方系统研究德性问题的阶段，它既是西方德性思想的摇篮，也是西方道德思想的源头，具有不可替代的地位和作用。无论后来的思想家是否从事德性问题研究，只要他们涉及德性问题，就不能不在古典德性思想之中寻找资源。

从人类德性思想史上看，西方古典德性思想是最具有学术性的德性思想。到目前为止尚未见有对人类德性思想的系统研究，但据我们初步的研究，自古以来对德性有系统研究的民族（国家）并不多，其中比较突出的可能就是中国古代和西方古代。中国古代思想家（特别是儒家）很重视德性问题的思考和探索，其德性思想内容很丰富，形成了系统的德性思想及其传统，具有中国传统文化的特色。但是，中国古代德性思想是与其他道德思想、政治思想或其他思想完全混杂在一起的，没有专门的德性问题的研究，所以德性思想与道德思想难以分离。与中国相比，西方古代思想家更聚焦于德性问题，对德性的重要性、德性的含义和实质、德性对于人生的意义、德性的类型、德性的可教性、个人德性与社会德性的关系等问题进行了系统深入地研究和阐释，形成了系统的德性思想体系，具有明显的学理结构和学术特色。正因为如此，所以西方古典的德性思想在当今世界的影响要远远大于中国古代的德性思想。

西方古典德性思想之所以在思想史上具有重要地位，不仅因为它是人类最早研究德性问题的思想，更是因为它给西方乃至全人类留下了丰富的德性思想遗产。这里我们着重提出其中的三个方面，即德性意识的遗产、德性观点的遗产和德性探索的遗产。西方古典德性思想家以其独特的敏感性在人类思想史上最早意识到德性问题的重要性，并将此作为问题进行研究。我们虽能列举出无数的理由说明德性问题对于个人和社会的极端重要性。然而，并不是所有的人类个体、人类群体都会意识到这一点。西方古典德性思想家给我们留下的最重要遗产就是他们在不断地告诫我们，德性问题非常重要，必须关注它们、研究和解决它们。西方德性思想家给我们留下的直接遗产是他们的思想观点。这是一个宝库，有取之不尽、用之不竭的素材和意蕴。更为重要的是，后人在研究德性问题的时候，可以不同意他们的观点，也可以批评和超越他们，但不能弃之不顾，否则就会走弯路、错路。

西方古典德性思想家还给我们留下了德性探索的经验教训。西方古典德性思想家将德性看作是统一的，实际上是将德性看作是人的道德人格，看作是人格的一个重要部分；将德性与人性、人生联系起来研究，强调理性、精神对于德性的意义；注重德性知识与德性实践、德性与幸福、个人德性与社会德性的密切相关性和内在一致性。所有这一切都与近代以来的个人主义、功利主义、康德道义论形成了鲜明的对照。个人主义政治哲学家从人性出发建立自然状态说、自然权利说、社会契约论，设计理想社会及其德性方案，但忽视了个人德性与社会德性的关联，忽视了个人德性对于社会德性构建和使社会不断完善的根本性意义。其结果是，根据他们的方案构建的西方现实社会存在着诸多难以克服的缺陷和弊端，这些问题直至今天仍然困扰着西方和人类。功利主义者将德性与功利最大化联系起来研究，只注意到德性的工具意义，把德性看作是实现幸福的手段。这种将德性功利化的倾向不仅在理论上难以成立，而且会在实践上导致严重后果。康德道义论对幸福作快乐主义理解，对德性作自我牺牲理解，并将德性与幸福相割裂，这实际上掏空了德性的人性的感性基础，使人们对德性望而生畏并敬而远之。相比较而言，西方古典德性思想家将德性与人性的实现、人生的完善联系起来，充分阐明德性知识与德性实践、德性与幸福、个人德性与社会德性的内在一致性，充满了人性、人情和人道的意味，因而也许更有可能为人们普遍认可、接受和践行。

（二）西方古典德性思想的后世影响

西方古典德性思想对后世的影响是举世公认的，但过去通常笼统地从道德思想或伦理学理论方面考虑，而较少从德性思想的角度思考。这里我们就从这个角度考察一下西方古典德性思想对后世的影响。

西方古典德性思想能够最直接产生影响的应是西方近现代。然而令人遗憾的是，这种影响基本上是片面性的。西方近代虽然是从对希腊文化复兴开始，但并没有真正复兴希腊至中世纪整体的德性思想，只是在文艺复兴时期复兴了希腊文化中的一些重视现世快乐幸福的人文精神，在启蒙运动中复兴了希腊罗马的理性精神和法治精神，而丢掉甚至否定了从古希腊到中世纪时期的个人德性精神。近现代思想家不仅否定信仰、希望和爱的神学德性，也基本上不提希腊的智慧、勇敢、节制、公正“四主德”。他们丢掉的不只是古典德性思想家的一般德性观点和理论以及关于个人德性的思想，还丢掉了他们强烈的德性意识特别是关于个人德性的意识，使德性问题在伦理学中、在思想领域被边缘化，甚至被遗忘，使个人德性问题在整个社会建构中被忽视、被湮没。他们虽然复兴和大大弘扬了古希腊罗马和中世纪的自由、平等、民主、法治等精神，但并不认为这些精神是社会的德性，更没有将这些精神与个人的德性品质关联起来，它们不是人类应有品质中与其他品质不可分割的有机组成部分，而是缺乏根基的、孤零零的社会理念。西方近代以来发生的这种丢掉和否定，虽然可以找到其历史理由，但今天回过头来看，是一种历史的错误，其严重后果是导致了现代西方文明的诸多弊端。这是人类思想上的一次严重教训，值得认真记取。

西方古典德性思想对后世的典型影响当数当代德性伦理学复兴。从英国哲学家安斯库姆肇始到20世纪80年代轰轰烈烈兴起的西方德性伦理学复兴运动，是西方古典德性思想对后世影响的典型事例。这场运动名义上是德性伦理学复兴，实际上是古典德性思想的复兴，因为德性伦理学是古典德性思想的理论形式，而且复兴的范围实际上也超出了典型的德性伦理学的范围。德性伦理学复兴所要复兴的不只是德性伦理学的理论观点，也许更重要的是要复兴古典德性思想家对德性问题的高度重视，复兴他们强烈的德性意识。因为仅就观点而言，古典德性思想家的思想一直都为后来的思想家所引用、批判和发展，就是说，它们实际上一直存活在后来的思想史中。这次复兴的关键在于，打着古典德性思想家的旗号，呼吁当代社会要纠近代以来占据统治地位的功利主义伦理学和道义论伦理学之偏，呼吁思想学术界要在当代社会历史条件下像古代德性思想家一样重视德性问题的研究，呼吁当代人类要像古代人一样关注我们应该做什么样的人的问题。正是在这个前提下，当代德性伦理学家再在古典德性思想宝库中找灵感、找观点、找根据，为我所用，阐发自己的主张。

西方古典德性思想在对当代德性伦理学复兴发生影响的同时，对当代西方其他德性问题的研究也在产生影响。当代德性伦理学家对功利主义和道义论的批评引起了这些学派对自己理论的辩护，以及对德性伦理学的反批评。这种辩护和反批评既促进了这些理论本身的完善，也促进了当代德性伦理学的深化研究。他们的辩护也好，批评也罢，都不能不回到西方古典德性思想本身，不能不利用其有价值的内容，不能不寻找其中的局限和问题。这种情形当然也可以看作是西方古典德性思想的当代反响。德性伦理学的复兴以及当代德性伦理学家与功利主义者和道义论之间的批评反批评，大大促进了当代西方学界和社会对德性问题的重视。不少学者从不同的领域和学科研究德性问题，在西方当代社会形成了关注和研究德性问题的热潮。这种热潮虽然是当代德性伦理学家推动的，但思想的源头还是在古代，古代德性思想家对德性的重视激发了当代西方人关注德性问题的热情，他们的著述为当代西方人重视和研究德性问题提供了依据。

西方古典德性思想正在通过德性伦理学复兴运动对当代西方文化产生影响，这种影响将会越来越大，并越来越具有意义。当代西方文化直接来源于西方近现代。20 世纪以来西方文化发生了一些变化，最引人注目的是所谓从现代到后现代的变化。这种变化的重要标志有两个方面：从个人角度看是对人的非理性方面的重视，从社会的角度看是对政府作用的重视。但是，我们看到，近现代西方所推崇的个人的自由和权利、社会的民主和法治没有变，从整个社会的角度看，通行的仍然是两个最重要理念，即自由和法治。自从德性伦理学复兴以来，人们逐渐认识到，这种核心价值观念还缺乏一种更深层的、对自由和法治具有根本性制约的东西，这就是人的德性。如果人们普遍缺乏应有的德性，他们就不知道应该成为什么样的人，就有可能成为不是本来意义上的人，即不能成为人性圆满实现意义上的人。这样的人即使在法治之内获得了最大限度的自由，也不能真正获得幸福，因为他们会偏离真正意义的幸福。当代德性伦理学的复兴和社会对德性问题的重视，将会使西方社会克服近代西方价值文化的偏颇，使之走向完善。这也许可以看作是西方古典德性思想正在对当代西方社会产生的重要积极效应。

最后还需要指出的是，近代以来的西方文化一直在世界处于强势的地位，西方古典德性思想借助近代以来西方文化的强势地位对西方以外的世界产生了广泛影响。特别是源于西方古典德性思想、由西方德性伦理学复兴运动推动的西方当代对德性问题的重视，也将会对全世界产生积极影响。我们相信，近现代西方文化的自由和法治理念给人类带来了现代社会，当代西方文化的正在得到普遍认同的德性理念将会给人类带来真正意义的后现代文化。这种文化将聚焦于人类个体如何通过完善自身实现自己的幸福。

（三）西方古典德性思想的当代启示

西方古典德性思想也给我们留下了诸多的启示。关于这一点我们前面已多有论及，这里再简要地作些归纳。

第一，高度重视德性问题的研究。西方古典德性思想家把德性问题作为道德问题的主要研究对象和伦理学的中心问题，这一点我们今天不一定赞同，但他们对德性研究的重视是需要给予高度注意的。西方古典德性思想家之所以高度重视德性问题，一个重要原因是他们意识到，一个人有德性，他才能将自己本性的功能充分而优质地发挥出来，才能卓越地实现自我的价值。在他们看来，每一事物都有自己特定的功能，它存在的价值就是要使自己的功能充分地、优质地实现出来。人亦如此，人有自己的功能，这种功能是人的特性（人性）所具有的，人的价值也在于使自己的特有功能充分、优质地得以实现。那么，人怎样才能充分而优质地实现自己特有的功能呢？他们的答案是德性。德性既是人的功能实现的结果，也是进一步充分而优质地实现人的功能的主观条件。因此，我们应该成为一个有德性的人。要使人认识到这一点，就必须重视对德性问题的研究，要通过研究回答诸如德性的实质是什么、德性对于人具有什么意义、人应该具备哪些德性、不同德性之间是什么关系之类的问题。西方古典思想家有一个重要的观念前提，这就是人是有理性的。有理性的人可以理解，并且可以根据理解行动。研究和回答德性问题就是为了帮助人们对德性的理解，并启发他们根据这种理解培育自己的德性。在人类文明非常发达的今天，我们可以找到许多理由论证应当高度重视德性问题的理由，西方古典德性思想家给我们今天的启示不在于如何论证我们应当高度重视德性问题，而在于他们论证的结论，即我们应当高度重视德性问题。这个问题并不是一个新的问题，人们在很多时候会不同程度地意识到，但问题在于是不是真正在实际上对这个问题给予了重视。我们不难发现，当代人类重视人自身的许多问题，如占有更多资源问题、获得更多物质享受问题、建立完善的法制使个人更自由社会更有序的问题等，但人的德性问题却始终都难以提上议事日程。其结果，人占有得越多越贪婪，人越追求自由就越被束缚，人越追求幸福就越处于烦恼、郁闷甚至不幸的痛苦之中。在这种情况下，如果我们冷静地思考一下为什么古代德性思想家如此重视德性问题，我们也许会发现是因为我们对应当给予高度重视的德性问题没有给予重视。不重视这个问题，人就不知道应当作什么样的人，而知道应当作什么样的人，一个人才能真正自由和幸福。

第二，注重从与人性和人生、从个人与社会关联的角度阐释德性。人们可以从很多角度理解德性的含义和实质，事实上当代西方许多思想也都实际上在从不同角度对德性下定义和作出解释。西方古典德性思想家给我们的一个重要启示在于，要从与人性和人生整体关联的角度理解和解释德性，而且要从个人与社会关联的视野观照德性。他们的总体思路是，人有自己特殊的规定性，这就是人之所以为人的本质或人性。这种本质是世界上任何其他东西（动物、植物，更不说其他事物）所不具有的。人活在世界上就是要使自己的本性所具有的功能实现出来，实现的过程就是人生。这种实现有好有坏，有充分不充分，有优质有劣质。德性实质上就是优秀，就人而言，德性就是使人性的功能充分地、优质地实现出来的那种品质。一个人具有了这种品质，他就可以使自己的人性得到充分而优质地实现，使自己的人生获得圆满的至高的价值，这就是至善。这种至善就是人的幸福。同时，人生活在社会中，社会是由个人构成的，社会像人一样也存在着品质问题，好的社会就是具有德性品质的社会。社会的德性归根到底是个人德性的体现，与个人的德性具有同源性、同质性甚至同构性，要使社会具有德性品质，必须使社会成员尤其是政治家（统治者）具有德性，特别是要注重对他们进行德性品质的教育和训练。显然，西方古典思想家对德性的这种理解要比当代许多人从其他不同角度的理解要深刻，也更能自圆其说。更重要的是，这样的理解有助于人们深刻理解德性对于自我实现和个人幸福、对于增进公共利益和社会美好的重要意义，从而更自觉地培育自己的德性品质。当然，确实可以从不同角度对德性进行界定和阐释，但无论是从什么角度，我们都不能忽略了从与人性实现、人生完善关联的角度，从个人与社会关联的视野，否则就会发生偏差，致使误导。

第三，深刻认识德性具有的内在价值。现实生活表明，一个人有德性可以获得各种不同的好处。例如，在国家用人以“德才兼备，以德为先”为原则的情况下，有德性的人有更多升职提拔的机会。这些优势是德性可能带来的外在价值。近代以来许多思想家注意到了这一点，并在这种意义上肯定德性的意义。比较有影响的是约翰·密尔的观点，他将德性看作是获得功利乃至幸福的最有效手段。在西方古典德性思想家看来，这种理解并不是错的，但却是肤浅的。他们认为，德性是具有内在价值的，这种内在价值就体现在，只有具有德性，人的本性的功能才能得到充分而优质的发挥，人才能由此实现自己的人生价值，实现人生的圆满和幸福；只有社会成员特别是统治者具有德性，经济才会繁荣，人民才会安居乐业，社会才会普遍幸福和欢乐。这种内在价值是德性所独特地具有的，缺乏德性，无论是一个人还是一个社会，是不能使自己的功能充分而优质地发挥出来的，也就不能圆满实现自我和充分获得幸福。这就是说，即使德性不能给我们带来外在利益，我们也得具有德性，否则我们就得生活在痛苦和不幸之中，我们所生活的社会也就会成为苦难的深渊。显然，我们只有像西方古典德性思想家这样认识德性的价值，才算真正把握了德性对于人生和社会的意义，也才会真正重视德性的养成和完善。

第四，充分肯定智慧和实践对于德性养成和完善的意义。西方古典德性思想家普遍承认无论是个人德性还是社会德性都不是与生俱来的，而是获得性的。但他们在以下这个问题上意见并不一致：即人先天具有德性，只需要对人加以引导就可以获得；还是人并不先天具有德性，德性是人在实践中逐渐养成的。其中，大多数思想家都强调社会德性的形成取决于个人德性的形成，同时又认为智慧和实践对于个人德性形成和完善具有关键性的意义。智慧（他们经常在理性的意义上使用）的意义主要在于两个方面：一方面需要智慧理解德性对于人生的意义，也就是说需要智慧来增强人们的德性意识。这种德性意识对于人们获得德性是前提性的，有了这种意识人们才会自觉地培育德性。另一方面需要智慧在道德实践中作出正确的选择，只有运用智慧在实际情境中作出正确选择并反复按照正确选择行动才能逐渐养成道德行为习惯，进而养成德性。大多数西方古典德性思想家也都十分重视实践对于德性养成的意义，他们常常把道德的德性看作是反复践行形成的道德习惯。智慧也好，实践也好都是个人性的，都需要自主地进行。从这种意义上看，西方古典德性思想家非常重视个人在德性养成和完善过程中的作用。德性形成需要引导，德性作为知识是可教的，但是，德性的获得需要个人的自主作用。这给我们的一个重要启示在于，我们在进行德性教育的过程中，需要注重发挥个人的自主精神，引导人们自觉地在道德实践中培养和运用智慧。

第三章 从注重个人德性转向注重社会德性

西方德性思想关注和研究的重点在近代发生转换，从注重个人德性转向了注重社会德性，形成了至今仍在延续的社会德性思想传统。在 20 世纪 50 年代前，对个人德性问题的探讨被边缘化，甚至被忽视，思想家们研究的中心问题是社会的德性问题。尽管 20 世纪 50 年代以来一些伦理学家致力于复兴西方古典德性传统和德性伦理学，关注和研究个人德性问题，而且自 20 世纪 80 年代以来个人德性问题的研究在西方非常兴盛，但西方思想家特别是政治哲学家和经济学家对社会德性问题的热情并没有因此而衰减，社会德性问题仍然是西方学界研究的重点问题。德性伦理学的复兴和当代对个人德性问题的重视，对于近代以来西方思想家忽视个人德性问题有纠偏和补正的作用，因而受到西方学界的普遍关注。既重视社会德性问题，也重视个人德性问题，正在成为西方学界的共识和趋势。

一、西方德性思想的近代转换

引发西方德性思想从传统到近代转换的根源是自 14 世纪开始兴起的市场经济，市场经济是西方近现代德性思想的直接源头和根本基础。近现代西方德性思想从西方古典德性思想中吸收了丰富的养分，但这种吸收是以市场经济以及与之相适应的民主政治和法律统治需要为前提的。在近代德性思想转换和重构的过程中，关注政治、经济等问题的思想家致力于理想社会及其应具备的规定性即德性的构想和论证，而关注道德问题的思想家则更重视实现理想社会应遵循的一般原则的确立和论证，伦理学从关注德性问题转向关注规范问题。这样，一方面社会德性思想兴起，政治学家、经济学家充当了社会价值体系的设计者；另一方面个人德性思想衰退，在个人德性问题从伦理学的中心走向边缘的同时，伦理学家也从传统的社会价值体系设计者退居到次要的位置，只是为理想社会的实现提供伦理学论证的一般原则。

（一）资本主义市场经济：西方近现代德性思想的根基

西方近现代德性思想的根源是资本主义市场经济的兴起和发展。市场经济的最基本形态是商品生产和交换。商品生产和交换在西方是一种非常古老的传统，但当社会的商品生产和交换普遍化并以获得利润为目的，而将获得的利润作为资本用于扩大再生产时，它就成为了一种社会经济形态，即市场经济。这种市场经济形态最初于 13 世纪在意大利出现，17 世纪在西欧各国占据了主导地位，经过 18—19 世纪的发展，到 19 世纪末 20 世纪初成为成熟的资本主义市场经济。西方近现代德性思想就是为了适应这种市场经济兴起和发展的需要产生和形成的，同时在近现代德性思想的指导和影响下形成了与市场经济相适应的资本主义制度。

西方市场经济的兴起与大约公元 1300 年发生的商业革命直接相关，在一定意义上可以说是商业革命的产物。导致商业革命的原因很复杂，其主要原因有：意大利城市垄断了地中海贸易；意大利城市和北欧汉萨同盟的商人之间牟利的商业的发展；通用货币开始流行；贸易、航运和采矿业积累了剩余的资本；对战争物资的需求和新的君主们鼓励发展商业，以扩大税源；旅行家们的宣传对人们获得远东产品需求产生了刺激效应。所有这些因素开阔了当时人们的视野，为他们谋求财富和权力提供了条件。① 在这种情况下，从西欧封建社会内部发展起来的新兴城市中产阶级再也不满足于中世纪西欧领主与分封等级制度，也对那些禁止谋取无限利润的严格限制不满。他们已经与封建制度水火不容，成为西欧发展市场经济、反对封建王权的强大力量。

商业革命开始后的两百年间，西欧海外探险扩张十分有力地刺激了商业革命和市场经济的蓬勃发展。导致海外扩张的主要原因是西班牙和葡萄牙人的谋利动机。由于当时意大利新兴的城市垄断着东方贸易，西班牙和葡萄牙人被迫出高价从意大利购买由东方进口的丝绸、香水、香料和挂毯等物品。因此，西班牙和葡萄牙商人们企图寻求一条不经意大利控制的通往东方的道

① 参见［美］爱德华·伯恩斯、菲利普·拉尔夫：《世界文明史》第二卷，罗经国等译，商务印书馆 1987 年版，第 223 页。

路。从 15 世纪至 17 世纪的两百多年间，西班牙、葡萄牙以及后期加入的英国、法国和荷兰等国通过海外航行，各自在亚洲、非洲、美洲建立了自己的海外殖民地。航海探险和殖民地的建立，为西方市场经济的发展开辟了广阔前景：首先，它使局限于狭隘范围内的地中海贸易扩展成为世界性的事业；其次，它使欧洲的贸易额和消费品种类大量增加，使许多物品不再是奢侈品；再次，它使西欧的贵重金属供应增长，导致了严重的通货膨胀。

商业革命最重要的影响是资本主义市场经济的兴起。资本主义市场经济是一种生产、分配和交换的制度，在这种制度里，私有者把积累起来的财富用于牟取利润的投资。其主要特征是兴办私人企业，争夺市场和为了获取利润的商业买卖，以及以工资制度作为报酬的支付方法——这种方法不是依据工人创造财富的多少，而是依据他们之间为了寻找工作而相互竞争的能力。商业革命期间，资本主义市场经济的一些主要因素已经具备，如银行业的发展、信贷业务的产生、手工业行业的衰落和新工业的兴起、股份公司的出现以及统一货币的使用等。[①] 所以，“虽然资本主义一直要到 19 世纪才完全成熟，但是在商业革命时期它的所有主要特征几乎全已俱备了。”[②]

西方市场经济在 18—19 世纪的发展为西方的工业（产业）革命所强力推动。商业革命以及西方市场经济早期的发展孕育并催生了工业革命，而工业革命又进一步巩固了市场经济的基础。西方早期的工业革命通常大致以 1860 年为界划分为两个阶段。前一阶段被称为第一次工业革命，大约发生在 1760 年至 1860 年间；后一阶段被称为第二次工业革命，大约发生在 1860 年至 1914 年间。17 世纪以后，亚伯拉罕·达比发现了用焦炭炼铁的方法，珍妮发明了纺织机，哈格里夫斯发明了同时能纺织 16—18 支纱的珍妮机，阿克顿发明了以水力为动力的机械纺纱机，伊莱·惠特尼发明了轧棉机。更重要的是瓦特改进了托马斯·纽科姆发明的蒸汽机，并于 1769 年制造了单动式蒸汽机，1782 年又制成了复动式蒸汽机。蒸汽机的发明与改进是第一次工业革命的标志，其意义无法估量。“几乎没有其他发明比蒸汽机对现代历史产生更为巨大的影响了。……它把煤和铁生产的重要性提高到新的高度。它使运输革命变成可能实现的事。它为加速商品制造提供了无穷的机会，从

---

① 参见［美］爱德华·伯恩斯、菲利普·拉尔夫:《世界文明史》第二卷，罗经国等译，商务印书馆 1987 年版，第 226 页以后。

② ［美］爱德华·伯恩斯、菲利普·拉尔夫:《世界文明史》第二卷，罗经国等译，商务印书馆 1987 年版，第 227 页。

而使工业化的国家成为世界上最富有和最强大的国家。"[1]第二次工业革命最有代表性的特征是自动化机械的应用，大规模生产的迅速增加以及生产过程分工到十分精细的程度，而且第二次工业革命的重要发现大多来自物理学家或化学家，而不是产生于个别发明者的头脑。第二次工业革命与第一次工业革命的不同之处不仅在于技术上的进步，更重要的是资本主义的组织形式得到了前所未有的发展。19世纪中叶以前，合伙关系是商业组织的主要形式，企业资本的主要来源是用利润再投资，其主人一般都积极参加管理工作。所有这些与制造业、采矿业和运输有关的商业组织类型被称为工业资本主义形式。第二次工业革命期间，特别是1890年以后，工业资本主义大多为金融资本主义所替代。金融资本主义有四个主要特征，即工业为投资银行和保险公司所控制；资金的大量聚集；占有和管理分离；控股公司的发展。[2]

在工业革命的推动下，不仅资本主义市场经济的结构和组织不似从前，其性质也发生了变化。18—19世纪被认为是自由市场经济的全盛时期，自由贸易、自由竞争、自由签订合同几乎是所有西方国家商业买卖所崇拜的偶像。在这个时期，西方国家普遍信奉经济自由主义。经济自由主义主张政府应尽可能少地干预经济活动，而让市场去做决策。按照亚当·斯密等古典经济学家的观点，政府的作用应限于下述范围：（1）维持法律和秩序；（2）国防；（3）提供私人企业不愿提供的某些公共品（如公共保健和环境卫生）。这种自由放任的资本主义市场经济一直到20世纪30年代美国罗斯福总统实行"新政"才开始得到改变。

西方市场经济在20世纪以来的发展受国家干预主义影响很大。国家干预主义既是一种系统的理论体系，又是建立在某个系统理论基础上的一系列政策主张。其主要内容是主张削弱私人经济活动范围，由国家干预和参与社会经济活动，国家在一定程度上承担多种生产、交换和分配职能。国家干预主义最初集中表现为欧洲封建社会晚期的重商主义，在当代则集中表现为凯恩斯主义。1929—1933年，整个西方世界陷入一场有史以来最猛烈、最严重、范围最广、持续时间最长的经济危机。面对这场大危机，西方经济学界要求政府调节经济的呼声开始升高，国家干预主义思潮逐渐增强。早在

---

① ［美］爱德华·伯恩斯、菲利普·拉尔夫：《世界文明史》第三卷，罗经国等译，商务印书馆1987年版，第90—91页。

② 参见［美］爱德华·伯恩斯、菲利普·拉尔夫：《世界文明史》第三卷，罗经国等译，商务印书馆1987年版，第102页以后。

1926 年美国经济学家凯恩斯就发表了《自由放任主义的终结》一文。1933 年 3 月罗斯福就职，并宣布实行“新政”，从多方面推行国家对经济的干预。在“罗斯福新政”的背景下，凯恩斯又于 1936 年发表了《就业利息和货币通论》一书，否定了传统的国家不干预政策，力主扩大政府职能，通过政府干预来弥补有效需求的不足，实现充分就业。凯恩斯系统提出的国家干预经济的理论和政策，被称为“凯恩斯革命”，在西方世界产生了巨大影响，西方市场经济开始进入了国家干预主义时代。

进入 20 世纪 70 年代，资本主义国家结束了战后发展的“黄金时期”，陷入了“滞胀”的泥潭。西方经济学界把造成经济滞胀的原因归咎为凯恩斯的需求管理政策，于是新经济自由主义卷土重来。联邦德国采用弗莱堡学派的主张，实行属于新型自由经营思潮的社会市场经济政策；英国撒切尔政府推行现代货币主义政策；美国里根政府采纳供给学派和货币学派的主张，其中包括稳定物价、自由放任、鼓励私有化以及削减社会福利等一系列新自由主义政策。新自由主义的经济政策在一定程度上抑制了通货膨胀，推动了经济的发展。新经济自由主义的出现并不意味着干预主义的没落，而是代表了自由主义与干预主义两大对立思潮相融合的趋势。现代市场经济不存在是否需要政府调节的分歧问题，问题只应当是如何调节。除了确认政府干预之外，还必须防止、制止和禁止政府不适当和不必要的干预。为此，西方各国在立法实践中逐渐缩小了国有化和国家投资经营的比重，将其限制在不妨碍国民经济正常运行的范围内；另一方面，在调节方式上以促导型为主，综合运用经济计划、经济政策和经济杠杆对经济主体予以引导、促进和帮助，改变了过去政府的过多和直接参与、干预的做法。与此同时，各国还加强了对经济宏观调控方面的立法，逐步完善其内部体系，使之成为经济法体系中最主要的、起主导作用的构成部分。

西方市场经济从最初兴起到今天达到完善形态，经历了 700 多年的历史。尽管其形态不断改变，其内容不断丰富，所产生的结果也各不相同，但它有一些共同的基本性质和客观要求，而这些客观要求是由其基本性质决定的。大致上说，西方市场经济至少具有以下市场经济所共同具有的性质：（1）谋利性。市场经济以谋求利润为目的，追求利润的最大化。（2）市场性。市场经济以市场为载体，根据市场的需要进行商品生产和交换，在市场交换中实现利润的最大化。（3）竞争性。市场经济通过不同的生活主体之间的实力竞争实现获利，在竞争中优胜劣汰，从而不断提高社会生产力和增加社会财富。(4)资本性。在市场经济条件下，一切资源均转化为可以带来利润的资本，资本在市场经济中是实力的主要体现，因而是市场经济的关键性因素。(5)科技性。为了在竞争中取胜，市场主体要不断地改进技术，提高生产和产品的科学与技术含量，在市场经济的条件下，科技是核心竞争力。(6)公平性。市场经济的竞争是公平的，不仅竞争的规则是公平的，而且竞争的结果也是公平的。(7)平等性。市场经济的主体是平等的，每个市场主体都有平等的人格，平等的竞争机会。(8)自由性。每一个市场主体都是自由的，他们自主决策，自主经营，自负盈亏。

市场经济存在和发展必须具备与其要求相适应的社会条件。这些要求概括地说包括以下四个方面：第一，社会以个体利益最大化为终极追求。市场经济要求把个体作为社会的终极实体和主体，要求社会以个体利益最大化为终极价值目标，个人追求利益最大化不仅是合理的、合德性的、合法的，而且社会要为个体的利益追求提供一切必要的条件。第二，经济市场化、资本化、科技化。市场经济要求有统一有序的市场，要求将一切经济资源都转化为资本，要求通过科技不断改进生产和交换过程，提高竞争实力和核心竞争力。第三，社会生活自由化、平等化、享乐化。市场经济要求社会成员享有充分的自由，以便于他们都能自由地成为市场主体，成为自由的劳动者。市场经济也要求社会成员在人格、权利和机会方面完全平等，以确保他们自由平等地参与竞争。市场经济为了普遍实现利润最大化，还要求社会成员不断扩大消费，尽情享受，及时行乐，通过刺激和最大限度地满足需求拉动消费。第四，政治生活民主化、法治化。为了保障社会成员的自由、平等，市场经济要求建立民主政治，要求通过民主制定具有最高权威的法律，并运用法律管理社会。

近现代德性思想正是适应市场经济的客观要求产生的。这里我们以近代西方的五个基本德目（它们也是近现代西方的核心价值理念）即利益、自由、平等、民主、法治为例作一些简要的分析。

市场经济是追求利润最大化的经济，而利润就是市场主体从经济活动中获得的归自己所有的经济利益。在市场经济条件下，追求和实现自身利益最大化是市场主体从事经济活动的主要的甚至是唯一的动机。而且只有如此，市场主体才能不断增强竞争实力，市场经济才能获得发展，社会财富才会快速增长。追求利益最大化不仅是市场经济的客观要求，而且是市场经济的本质。由于经济利益的实现需要许多其他社会资源支持，而这些资源对于个人来说，也体现为不同的利益，如政治权力、社会地位和声望、受教育的机会等。当然，这些资源对于个人的社会生活也是意义重大的。于是，个体利益就成为了人们经济活动乃至其他活动的根本追求。所以法国哲学家爱尔维修提出的“利益是我们的唯一推动力”①，“人永远服从他的理解得正确的或不正确的利益，这是一条事实上的真理；无论人们不把它说出来还是把它说出来，人的行为永远会是一样的”② 成为了时代的心声。

市场经济是一种多元主体自主经营的经济，它要求市场主体有充分的自由，可以自我决策、自我经营、自我负责，同时也要求所有社会成员都能自由地成为市场主体。这种经济要求就是对社会成员自由权利的要求，西方近现代的自由的价值理念就是这种要求的体现。

市场经济是一种多元主体公平竞争的经济，它要求市场主体平等地以主体的身份参与市场竞争并凭实力取胜，所有市场主体都有平等的机会，享有平等的权利和履行平等的义务，并且在市场规则面前人人平等。这种经济要求就是对社会成员平等权利的要求，西方近现代的平等价值理念的原初根源就在于此。

市场主体以及所有社会成员的自由、平等以及其他经济权利，需要上升为政治权利，需要有政治的保障。在专制制度下，社会不可能为社会成员提供这样的权利保障，只有在民主制度下，这样的权利保障才有可能实现。民主实质上就是社会成员自主和自治，社会成员在政治上自主就具有自由，也才会有彼此之间的机会、权利、人格以及法律上的平等。因此，市场经济需要有民主政治与之相适应。没有民主政治，就不会有自由、平等，也就不会有市场经济存在和发展的条件。至少现代意义的民主是市场经济客观上所要求的，西方近现代的民主的价值理念与这种要求直接关联。

市场经济的正常运行和发展需要良好的社会秩序，这种秩序需要法律制度加以维护，要求市场主体和社会成员除了法律之外享有最广泛的自由。也就是说，市场经济要求法律成为社会的最高权威，成为社会成员活动必须遵循的底线，政治权力必须在法律范围内和法律之下行使。同时，这种法律是社会成员意志的体现，社会成员遵循法律就是遵循公共意志，就是社会成员

---

① 北京大学哲学系外国哲学史教研室编译:《十八世纪法国哲学》，商务印书馆 1963 年版，第 537 页。

② 北京大学哲学系外国哲学史教研室编译:《十八世纪法国哲学》，商务印书馆 1963 年版，第 536 页。

的自治。这就是现代意义上的法治政治。显然，这种法治政治是民主的要求，同时也是民主的保障。民主和法治，归根到底都是市场经济的客观要求，都是与市场经济相适应并为之提供政治保障的社会德性。

西方近现代德性思想就是伴随着西方市场经济的兴起并适应市场经济要求形成和发展的，是西方市场经济的客观要求在思想上的反映。西方近现代德性思想虽然从西方传统德性思想中吸取了丰富的内容，但就其实质而言，它是与市场经济的性质和要求完全一致的。因此我们说，西方近现代德性思想的根源或主要源头是从 14 世纪意大利开始兴起的市场经济。当然，西方近现代德性思想并不只是对市场经济要求的消极反映，它也对西方市场经济的发展发挥着指导作用。这些思想不仅促进了人们对市场经济要求的认识，而且还引导人们建立与市场经济要求相适应的社会制度和社会生活。其重要作用决不可低估。正因为西方近现代德性思想是完全适应市场经济的客观要求形成的，因而也有其重大的局限，其主要体现之一就是它们都完全服从于社会利益最大化这一终极追求，具有明显的过分功利化、资本化和市场化的物化偏颇，而这种偏颇在现有的西方德性思想以及资本主义价值体系和制度框架内是很难克服的。

（二）西方近现代德性思想的文化渊源

西方近现代德性思想不是无源之水，而是与西方文化传统的基本精神一脉相承的。古希腊文化、古罗马文化、古希伯来文化和意大利早期的市场经济文化是西方近现代主流价值文化的文化渊源，这些文化中的幸福主义、个人主义、自由主义、平等主义、共和主义、法治主义（律法精神）、科学主义、理性主义（逻各斯精神）等精神因素构成了近现代西方文化的基调。近现代西方文化对西方传统文化不是简单的继承关系，而是在新的历史条件下，不仅对其进行兼收并蓄，而且对其转换和创新，使之成为一种新的文化，即资本主义文化。这种转换和创新的推动力量，就是市场经济。正是市场经济推动了西方传统文化向近现代文化的转换，西方近现代文化也完全是适应市场经济兴起和发展的需要自主构建的。近现代西方德性思想作为西方近现代主流价值观，是西方近现代文化的精髓。虽然它直接根源于西方近现代市场经济兴起和发展的客观要求，与古典德性思想有着根本区别，是一种全新的德性思想形态，但是它也从西方德性传统包括古典德性思想中吸取了丰富的养分，在一些内容上特别是在基本精神上继承了古典文化传统和德性传统，与西方古典文化和古典德性传统存在着渊源关系。

西方历史文化是一种多源头的断裂而又兼容的复杂历史文化。人们一般认为，西方文化的源头主要有两个：一是古希腊文化，二是古希伯来文化。如果从近代以来的历史看，实际上西方文化的源头不是两个，而是四个。除了普遍公认的古希腊世俗文化和古希伯来宗教文化这两个源头之外，还有古罗马的政治文化和近代意大利的商品文化或市场文化。最早的古希腊文化是重视个人世俗生活的文化，个人幸福是这种文化的主题，整个文化是围绕着“什么是幸福”、“如何获得幸福”展开的。因此，这种文化是幸福主义文化。古罗马文化是西方文化的另一个最早的源头，它更重视社会公共生活的管理，政治、法制是这种文化的主题，整个文化是围绕着如何管理公共生活展开的。古罗马经历了共和制到帝国制的过程，但都诉诸法制管理社会。因此，这种文化更具有法治主义文化的性质。古希伯来文化是重视个人来世幸福的宗教文化，信仰上帝是这种文化的主题，整个文化是围绕着如何按上帝的戒律行事以获得拯救展开的。这种文化在古希腊罗马文化的影响下产生了以“爱上帝并爱上帝之爱以获得来世幸福”为主要特征、其前提仍然是信仰上帝的基督教文化。因此，这种文化是信仰主义文化。自 13 世纪开始兴起的意大利市场文化是重视商品经济的文化，利己主义是这种文化的主题，整个文化是围绕着如何在市场竞争中取胜以获得更多的利益展开的。

以上四种文化不仅是西方文化的源头，同时也是西方先后占据主导地位的四种文化。最初是古希腊世俗文化占据主导地位，然后是古罗马政治文化占据主导地位，再接下来是主要源自古希伯来文化的基督教文化占据主导地位，最后是源自意大利的经济文化占据主导地位。这四种文化就其核心价值观念而言是各不相同的，不同文化的更替使西方历史文化具有明显的断裂性。但是，后一种文化对前一种文化的替代是核心价值观念的取代，而不是全盘否定。罗马文化吸收了希腊文化的幸福主义内容，使兴盛起来的古罗马文化不只是先前古罗马文化的简单延续。基督教文化则更是在希伯来文化的基础上吸收了古希腊文化和古罗马文化才成为完全不同于古希伯来文化的基督教文化。源自意大利的市场文化也是通过复兴古希腊、古罗马文化兴盛起来的，它虽然对基督教展开了无情的批判，但最终仍然将基督教文化包容在自身之中。因此，西方文化虽然是断裂性的，但同时也具有兼容性。它继承了不同文化中适合自身发展的有价值内容并加以发扬光大。

西方的历史文化虽然是多种历史文化兼收并蓄的复杂体系，但我们必须看到，古希腊文化的基本精神成为了后来整个西方历史文化的基调，也是西方近现代德性思想的精神源泉。这种基本精神至少涵盖以下八个方面：

一是幸福即至善的幸福主义。早在古希腊，个人幸福就被作为个人和社会的终极价值目标，人们普遍关心“什么是幸福”和“如何获得幸福”的问题，几乎所有重要的思想家都对这两个问题进行过深入的探讨和广泛的讨论。虽然人们对幸福问题的回答见仁见智，但他们都将获得幸福作为人生的终极目的，作为至善。古希腊的这种传统为古罗马人所继承，虽然古罗马人对幸福问题的关注没有古希腊人那么强烈，但他们将“幸福是人生的终极目的”看作是不言而喻的前提。哲学家关注如何达到内心安宁从而获得幸福，政治家关注如何建立强大的国家为幸福提供物质条件，而法学家则关注如何通过实行法治为公民营造安定有序的社会环境。中世纪基督教文化虽然总体上否定个人现世生活的意义，认为个人不可能在尘世获得真正的幸福，但仍然把幸福看作是至善，看作是终极价值目标。只是真正的幸福存在于天国，只有当人们死后进入天国才能获得真正的幸福即至善。人们要获得这种幸福就必须爱上帝，爱邻人，具备信仰、希望和仁爱的神学德性。这样，源自古希腊的世俗幸福主义就发生了异化，异化为宗教幸福主义。由此看来，在西方古典文化中，幸福主义是贯穿始终的。这种幸福主义为近现代德性思想家所继承，他们几乎从来不怀疑追求幸福是人生和社会的终极目标，而且从古典幸福主义思想中汲取了不少的内容。当然，他们对什么是幸福和如何获得幸福这一问题的理解总体上不同于古代，特别是不同于基督教对幸福的理解。

二是肯定个人独立自主地位的个人主义。古希腊和古罗马是奴隶社会，奴隶不具有做人的资格和权利，但在奴隶主和自由民内部，个人的独立自主性是得到社会肯定的，个人的公民身份也得到法律的认可和保护，而且人们已经有明显的公民意识和观念。在个人与城邦、国家的关系上，个人至少不像在中国古代那样被看作是国家、家族的部件或附庸，而是被看作具有独立人格和个性的个体。个人与国家的关系不是整体与部分的关系，而是整体与个体的关系，它们各自有自己的权利和义务，社会的目的不是为了社会本身，而是为了个人的幸福和安定。应该说，个人主义精神在古希腊就已经较为完备。在古罗马，个人主义精神也存在，只是没有古希腊典型。个人主义在中世纪发生了异化，不过并未完全被否定和抛弃，而是被湮没、被扭曲。因为中世纪占统治地位的基督教文化和教会仍然肯定基督教的使命就是要使人们成为教徒，而使人们成为教徒的目的则是为了使他们死后进入永恒天国，获得永恒幸福。就此而言，基督教及其教会至少在理论上肯定个人的独立人格和权利，并为个人的幸福提供服务。当然，个人主义在中世纪发生了严重的异化，原本是为个人提供服务的基督教及其教会最后成了统治和奴役人们的政治力量和精神力量，上帝也从拯救人类逃出苦海的救世主变成残害人类的刽子手。正因为发生了这种异化，近代思想家主张复兴古希腊罗马文化，张扬个人主义。

三是以自由意识觉醒为特征的自由主义。自由主义也可以追溯到古希腊和古罗马时期。当时的社会是奴隶制社会，社会存在着自由民与奴隶的划分，即便像亚里士多德这样开明、温和的思想家都持有自由民和奴隶是生而注定的观点。但是，古希腊人和古罗马人是有自由意识的，也是自由的。亚里士多德就把“一个为自己、并不为他人而存在的人称为自由人”，并把他最推崇的哲学看作是真正自由的。① 后来的伊壁鸠鲁派和斯多亚派更崇尚自由，把心灵宁静、精神自由作为人生追求的最高境界。按照黑格尔的说法，“雅典人知道他是自由的，正如一个罗马公民，一个出身贵胄的人也是自由的”②。这表明他们是有自由意识的，而这构成了他们与世界其他民族的区别。他说：“非洲人、亚洲人与希腊人及近代人之间，唯一的区别只在于后者意识到他们是自由的，而前者虽说潜在地也一样是自由的，但他们却没有意识到，因而他们就不是自由地生存着。”③ 他们包括哲学家在内的不足只在于他们还没有意识到自由是人的本质，人本身就是自由的。④ 中世纪社会虽然等级森严，但就自由的意识和观念而言却前进了一大步。黑格尔认为，在基督教的教义里，在上帝面前所有人都是自由的，耶稣基督解救了世人，使他们得到基督教的自由，人的自由不依赖于出身、地位和文化程度。⑤ 诚然，西方古代的自由主义远远没有达到将自由看作是人的本质，看作是人不可剥夺、不可转让的天赋权利的高度。但是，这种自由主义传统成为了近代西方

---

① 参见［古希腊］亚里士多德：《形而上学》982b13-28，见苗力田主编：《亚里士多德全集》第七卷，中国人民大学出版社 1993 年版，第 31 页。

② ［德］黑格尔：《哲学史讲演录》第一卷，贺麟、王太庆译，商务印书馆 1959 年版，第 51 页。

③ ［德］黑格尔：《哲学史讲演录》第一卷，贺麟、王太庆译，商务印书馆 1959 年版，第 26 页。

④ 参见［德］黑格尔：《哲学史讲演录》第一卷，贺麟、王太庆译，商务印书馆 1959 年版，第 51 页。

⑤ 参见［德］黑格尔：《哲学史讲演录》第一卷，贺麟、王太庆译，商务印书馆 1959 年版，第 51—52 页。

人自由观念的源泉和争取自由的重要依据。

四是走向异化的平等主义。平等与自由相联系。古希腊和古罗马社会自由民与奴隶之间存在着严重的不平等，但自由民在政治上是平等的。至少到古希腊晚期和古罗马时期的斯多亚派已经有了明确的平等意识。斯多亚派的创始人芝诺明确主张建立“世界城邦”，把所有人都看作是我们的同胞和公民。斯多亚派的晚期代表人物爱比克泰德更是主张所有人都是世界的公民，认为人作为世界公民既具有崇高的地位，也有应承担的义务或责任。斯多亚派的世界主义和平等主义思想对基督教产生了直接影响。基督教圣经特别是《新约·圣经》宣扬的“爱邻人”的博爱思想，就是以所有人都在上帝面前平等为前提的。在基督教看来，人在上帝面前不仅是自由的，而且是完全平等的，他们都是上帝创造的，同样具有理性、意志等与上帝类似的规定性。当然，这种基督教的平等主义并没有在中世纪社会中得到贯彻，相反基督教教会统治的世界与现实的封建社会一样，是等级森严的等级制社会。也正是反对这种宗教的异化，近代意义的平等思想才得以产生。

五是践行民主共和的共和主义。众所周知，西方民主源自古希腊雅典。雅典的民主虽然是一种较为简单朴素的直接民主，但这种民主是城邦的治理方式，而且有着一整套民主制度和机制，因而它是一种比较完全意义的民主。雅典的民主并没有被古罗马所继承，古罗马在国家治理方面采取了共和制。“共和”（respublica）源自拉丁文，意为“公共事务”，其本义是指通过制度组织起来的公共事务领域，而不是指一种组织形式或政体。在共和制之下，国家权力被看作公共权力，国家的治理被看作是所有公民的共同事业。这种共和制，在一定意义上可以说是一种社会管理者内部的民主形式。早在公元前509年，罗马人就建立了罗马共和国，而且一直持续到公元前27年，长达近500年。罗马共和国由元老院、执政官和部族会议组成，实行三权分立。掌握国家实权的元老院由贵族组成；执政官由百人会议从贵族中选举产生，行使最高行政权力；部族大会由平民和贵族构成。罗马共和国虽然后来为罗马帝国所取代，但它开创了西方共和观念和制度的先河。古希腊的民主与古罗马的共和对西方近现代主流文化和德性思想产生了巨大影响，近现代西方的民主共和观念和制度正是源自于这两者的结合。

六是实行依法治理的法治主义。古希腊不仅有民主，而且有法律，只是没有真正实行法治。但是，古希腊的思想家们高度重视法律在社会治理中的重要作用，并首次提出了法治的理念。柏拉图最早注意到法律对于人类生活的极度重要性，认为法律是使人类生活与野兽生活区别开来的根本规定性。“人类要么制定一部法律并依照法律规范自己的生活，要么过一种最野蛮的野兽般的生活”①。亚里士多德则最早提出“法治应当优于一人之治”②。古希腊的民主是直接民主，这种直接民主可以不需要成文法，因而在这种民主制度之下不可能形成完整的法律体系。因此，古希腊虽然有民主的传统，但没有真正形成法治的传统。尽管古希腊思想家意识到了法治的重要性，但这些思想并没有引起统治者的重视。罗马人则从王政时代开始一直到东罗马帝国时期都非常重视法律的制订和运用，逐渐建立了对后世具有重要历史影响的完整的罗马法体系，并形成了古罗马的法治传统和一系列法治观念。所有这一切都对西方近现代的法治理论、观念和实践产生了不可估量的深远影响。法律或律法也是古希伯来文化的一个突出特色。早在公元前 444 年希伯来人就将第一部收载希伯来成文法的《摩西五经》正式确定为《圣经》。希伯来法与希伯来一神教密不可分，兼有宗教戒律和道德规范的性质，其权威主要不是来自于国家的强制力，而是来自于人们对上帝的敬畏。希伯来实行的虽然并不是法治，但也不是人治，而是神治。更为重要的是，这种神治是通过法律实现的。西方古代极其丰富的法治实践、观念和理论为近现代西方法治主义的产生和完善提供了宝贵的灵魂和资源。

七是重视知识和追求真理的科学主义。古希腊人特别重视知识，追求真理，尤其热心探求有关宇宙本原的“第一真理”。希腊早期哲学家正是出于对宇宙的好奇和对知识的热爱而追求作为万物本原的形而上学知识，于是产生了哲学。在苏格拉底那里，知识（主要是关于善的知识）被看作是德性，亚里士多德更是认为“求知是所有人的本性”③，由此形成了崇尚真理和知识的传统。这种传统在古罗马和中世纪得到了传承，即使在“黑暗的中世纪”，思想家虽然忽视了自然科学知识，但非常重视对宗教知识的探讨，重视对上帝的哲学和神学的阐述与论证，重视对神学真理的追求。黑格尔在谈到古希腊科学主义精神对后世西方的影响时说：“那更高的、更自由的科学（哲学），和我们的优美自由的艺术一样，我们知道，我们对于它的兴趣与爱好

① ［古希腊］柏拉图：《法篇》，见《柏拉图全集》第三卷，王晓朝译，人民出版社 2003 年版，第 636 页。

② ［古希腊］亚里士多德：《政治学》，吴寿彭译，商务印书馆 1965 年版，第 167—168 页。

③ ［古希腊］亚里士多德：《形而上学》980a22，见苗力田主编：《亚里士多德全集》第七卷，中国人民大学出版社 1993 年版，第 27 页。

都根植于希腊生活，从希腊生活中我们吸取了希腊的精神。如果我们可以心神向往一个东西，那便是向往这样的国度，这样的光景。”①

八是推崇智慧和理性的理性主义。早在古希腊，人们就十分推崇智慧，在希腊神话中就有“智慧女神”雅典娜（Athena），后来智慧又被看作是国家和个人的首要美德。同时，古希腊人也非常重视“逻各斯”（logos）。希腊哲学家赫拉克利特（Heraclitus）最早使用这个概念，认为逻各斯是一种隐秘的智慧，是世界上万物变化的一种微妙尺度和准则。斯多亚派是逻各斯的提倡者和发扬者。他们认为，逻各斯是宇宙事物的理性和规则，它充塞于天地之间，弥漫于无形。斯多亚派将逻各斯划分为内在的逻各斯和外在的逻各斯。内在的逻各斯就是理性和本质，外在的逻各斯是传达这种理性和本质的语言。逻各斯的含义很丰富，但主要是指理性。对于古希腊和古罗马人而言，理性不只是人的认识能力，而且是人之所以为人的根本规定性，它既是知识、真理的源泉，也是道德、法律的源泉。中世纪虽然信仰被看作是高于理性的，但神学家们仍然肯定人的理性本质，并致力于运用理性阐发神学理论和证明上帝存在，把上帝看作是全智、全善、全能的，力图将信仰置于理性的基础之上。近代思想家虽然批判宗教神学的信仰主义，但仍然坚持古希腊以来推崇理性的传统，并在新的历史条件下使理性得到了空前的高扬。

以上的八种精神基本上都源自古希腊，并随着历史的发展在西方时显时隐，但却始终不曾被完全抛弃和否定。当然，所有这些精神都是古典意义的，基本上不具有典型的近代意义，而且它们在很大程度上还是要素性的、倾向性的，既不完善，甚至也不成型，缺乏理论上的充分论证，但是，它们却深刻地影响着近现代西方文化和德性思想的形成与发展，并深深地隐含在近现代西方文化和德性思想之中。黑格尔在谈到古希腊的影响时意味深长地说：“一提到希腊这个名字，在有教养的欧洲人心中，尤其在我们德国人心中，自然会引起一种家园之感。”②

显然，西方近现代德性思想的产生和发展离不开对这些文化传统基本精神的吸收、继承和弘扬。但是，这种吸收和继承是以适应市场经济客观要求为前提的，而且在吸收和继承的同时又作了与新的时代需要相一致的改造。

① ［德］黑格尔:《哲学史讲演录》第一卷，贺麟、土太庆译，商务印书馆 1959 年版，第 157—158 页。

② ［德］黑格尔:《哲学史讲演录》第一卷，贺麟、王太庆译，商务印书馆 1959 年版，第 157 页。

可以说，在近现代西方德性思想中，没有任何一种思想是原汁原味的传统德性思想，所有近现代西方德性思想都是以全新面目出现的，带有非常明显的市场化色彩。或者说，西方近现代市场经济发展的客观要求无疑是西方近现代德性思想形成和发展的真正动力源泉。正是在这种动力的强力推动下，西方传统的幸福主义、个人主义、自由主义、共和主义、法治主义、科学主义和理性主义精神才转换成近现代意义的德性思想，从而真正获得了近现代的意义。也因为如此，我们可以说西方近现代德性思想是一种市场经济取向的文化。市场经济的核心是资本，以市场经济为取向也就是以资本为取向。这种取向被看作是资本主义的，所以近现代西方德性思想从总体上看是具有资本主义性质的德性思想。

同时，近现代西方德性思想对西方古典德性思想的吸收和继承并不是单一与线性的，而是多源头的。西方近现代德性思想像所有其他西方近现代思想一样，是以与中世纪基督教思想及其教会思想作斗争的反叛者面目出现的，尽管在客观上吸收和继承了中世纪的思想，但却明确地否认这一点。相反，它更旗帜鲜明地宣称复兴古希腊和古罗马的思想。从实际的情况看，它既直接接受了基督教的精神遗产，并通过基督教接受了古希腊、古罗马和古希伯来的文化传统，同时它也确实绕过基督教直接从古希腊、古罗马吸收了更多的思想内容，而且就其基本精神而言也与古希腊罗马思想更具有内在一致性。从这种意义上看，古希腊罗马的德性思想的确是西方近现代德性思想更直接的传统渊源。

近现代西方德性思想更多地吸收古希腊罗马的基本精神是与近现代西方德性思想所关注的重点相关联的。近现代德性思想主要是关于社会德性的思想，而不是关于个人德性的思想。基督教德性思想特别是关于信仰、希望和爱（仁爱）的神学德性思想几乎都是就个人而言的，提出它们的初衷也是为了给个人提供德性原则。基督教德性思想家主张的幸福也是纯粹个人意义上的幸福，而不是社会意义上的幸福。这些德性思想显然与近现代德性思想家的旨趣大相径庭。近代西方社会也高扬过“博爱”这种个人德性，但直到今天“博爱”也仍然不过是一种对个人品质的期望，并没有成为西方社会公认的社会德性。与基督教德性思想不同，古希腊德性思想家推崇的幸福更侧重于社会意义的幸福，即城邦的共同幸福。他们推崇的“四主德”虽然也有个人德性的意义，但柏拉图等人也将其看作是社会德性，特别是其中的“公正”更被认为是一个好社会必备的美德。至于罗马思想家所推崇的“法治”

和“平等”更是社会意义的德性。这也就是说，在古希腊罗马那里，思想家们既注重个人德性，又重视社会德性，而中世纪的思想家只重视个人德性，而不重视社会德性。不言而喻，对于近现代德性思想家而言，关注社会德性的近现代思想在古希腊罗马那里有更多资源可学习和借鉴。

（三）规范论和社会德性论的转向及其旨趣

尽管西方古代有丰富的文化精神和德性思想，也为近代西方所吸收、继承和弘扬，但是所有这一切都不是完全与市场相适应的，它们零散地或断续地存在于西方两千多年的历史上，不可能拿来即用。在这种情况下，既需要对传统文化及其德性思想进行转换，同时也需要对其进行批判地整理，进而还需要将两者结合起来，在批判整理的过程中进行转换。

在西方，古代德性思想的主体主要是哲学家（包括具有哲学理论的神学家，特别是经院哲学家），而所属学科主要是伦理学。古代的伦理学主要关注的是个人德性问题，这种关注的重点自近代开始发生了两方面的转向：一是从注重个人德性问题转向关注社会规范问题，或者说关注社会规范问题而不关注个人德性问题。这是在伦理学范围内发生的。在 20 世纪 50 年代以前的几百年，西方伦理学不再关心德性问题，转而关注规范问题，即什么是善的什么是恶的，以及什么是正当的什么是不正当的。因此，这种转向可以说是伦理学与其传统主题德性问题的分离，研究德性问题已经不再是伦理学的重点。这种转向主要是由西方近现代伦理学家完成的。二是从注重个人德性转向注重社会德性，或者不如说主要关注社会德性问题，而忽视个人德性问题。这是在伦理学之外发生的。这种转向主要是由经济学家、科学家、政治学家、哲学家共同完成的。自近代以来，经济学、政治学、哲学等学科十分关心社会德性问题，它们试图从不同的角度提供理想社会模式及其实现方式的方案。

西方德性思想的重点从个人德性思想转向社会德性思想，大约从文艺复兴时期就已经开始，到 19 世纪基本完成。进入 20 世纪之后，伴随着西方市场经济的发展和完善，特别是伴随着社会主义的出现和全球一体化时代的到来，西方近代形成的社会德性思想又有所修正和完善。迄今为止，西方已经形成了系统、完整的社会德性思想。西方德性思想的近现代转换是由西方近现代思想家自觉地努力共同完成的。他们之所以要提出社会德性思想，构建社会德性思想体系，归根到底是要适应市场经济发展的要求，构建一种与之相适应的社会。市场经济的兴起，使西方人看到市场经济可以带来丰厚物质财富的巨大魅力，人们相信拥有财富就可以过上幸福的生活。当时的思想家注意到，要使市场经济充分发挥其优势，给社会带来更多的财富，首先必须掌握这种经济本身的规律，构建市场经济正常运行的经济模式，同时还必须认识市场经济正常运行所需要的社会条件，构建与市场经济相适应的社会。于是他们开始探讨市场经济本身的问题以及实行市场经济所需要的社会条件的问题。这两个问题综合起来，就是如何构建能使市场经济正常运行和快速发展的理想社会。如果我们将这种社会称之为"好社会"，那么近代以来西方思想家所关注和试图解决的就是这种"好社会"应具备什么样的品质，以及如何使社会具备这样的好品质的问题，简单地说，就是"好社会"及其实现的问题。自近代早期开始一直到今天，西方不同学科的思想家都在不断地研究和探索这一问题，力图给这一问题提供正确可行的答案。

从几百年的历史来看，西方近现代思想家为解决和回答"好社会"及其实现问题主要做了以下四个方面的工作。当然，这些工作是就总体而言，并非每一位思想家都做了所有这四个方面的工作。

第一，探讨什么样的社会是"好社会"。近现代思想家普遍对近代以前的中世纪社会持否定态度，认为中世纪是愚昧的、等级制的、专制的黑暗社会，对这种社会必须予以否定。但是，对于取代中世纪社会的新社会应该是什么样的社会，思想家们有种种不同的回答。例如，文艺复兴时期的人文主义者所希望构建的是一种个性充分解放、充满感性情趣的社会；马基雅维利推崇由能够建立统一国家的强有力的君主实行统治的专制主义社会；空想社会主义者所设想的是消失私有制、消灭剥削和压迫的社会主义或共产主义社会。在所有这些方案中，启蒙思想家所提供的以社会契约为前提，以自由平等为基础的民主法治社会方案最终成为西方社会接受的"好社会"理想模型。

第二，探讨"好社会"应具备什么样的规定性，或者说，"好社会"应具备什么样的品质。这种品质当然是好品质，即德性。社会德性从社会价值体系的角度看，也可以称为社会的核心价值理念，或者说，社会德性就是社会价值体系中的基本价值理念。社会是复杂的，不仅有许多不同的方面，还有诸多不同的层次，社会的德性也因而有不同的方面和不同的层次。而且，社会的德性可以从终极目的看，可以从基本目的看，还可以从实现基本目的的基本手段看。近现代思想家对于好社会应具备的德性可谓是见仁见智，不过，他们主要是从不同学科的角度提出“好社会”应具备的基本德性。就各个学科内部而言，不同思想家的意见分歧也很大。从近代以来为社会所普遍接受的角度看，思想家提出的社会德性主要有利益（主要表现为财富、金钱、资本）、市场、知识（后来主要表现为科技）、自由、平等、民主、法治、公正、环保、责任等。其中17—19世纪最为西方社会公众关注的是自由、平等、民主，20世纪以来则主要是公正、环保、责任。

第三，探讨如何构建“好社会”。思想家提出“好社会”及其德性的构想，不只是出于某种美好的愿望，而是为了使之实现。近现代西方思想家对于如何构建“好社会”的路径也进行了持续的探讨，并提供了种种不同的方案。例如，马基雅维利的方案是君主不择手段强有力地征服；自然法理论家主张通过订立社会契约的方式建立理想的社会。在这些方案中，有些是针对推翻封建专制和基督教教会统治的，也有的是针对资产阶级统治的。例如，马克思主义就主张通过无产阶级革命和无产阶级专政推翻资产阶级的统治，建立共产主义社会；修正主义则主张通过“议会道路”从资本主义和平过渡到社会主义。虽然自然法理论家的“社会契约论”为西方人普遍接受和认同，但资本主义社会实际上主要还是通过资产阶级革命建立的，当然建立的依据是“社会契约论”。

第四，探讨怎样确保“好社会”长治久安。“好社会”不仅要建立起来，而且要能够具有持续运行的稳定性和耐冲击力的坚韧性，这种稳定性和坚韧性本身也是“好社会”应具备的德性。近现代西方思想家对“好社会”及其德性的探讨和设计，在很大程度上是与此有关的。在这个问题上，不同的思想家有不尽相同的看法，但相对而言，他们的看法比较一致。不同的思想家从不同的角度得到了大致相同的基本结论，这就是：“好社会”必须是自由、民主和法治的公正社会。在他们看来，一个好的社会必须是每一个社会成员（个人和社会中的组织）是完全独立和充分自主的社会，只有这样的社会才会充满生机和活力，生活在这种社会中的成员也才能过上好生活。没有自由，社会成员不能过上好生活，社会也不会是好社会，社会也就失去了稳定的基础。一个好的社会还必须是主权掌握在社会成员的手中，社会成员是社会的主人，在这种社会中，社会成员能自己或通过能代表自己利益和体现自己意志的代表来管理社会。民主不仅是社会成员个体自由的保障，而且是使社会具有凝聚力、向心力，因而具有稳定性和坚韧性的前提。一个好的社会更必须是法律统治的社会，一切政治权力都在法律之下，所有人都平等地遵守法律，而法律充分体现作为社会主人的社会成员的意愿和意志，最大限度地维护社会成员的利益和权利。法律以民主为基础和前提，同时又是民主和自由及社会秩序的可靠保障。自由、民主和法治是近代思想家所力倡的基本社会德性，20 世纪以来，西方思想家又根据近现代西方社会日益突出的社会不公问题，特别强调社会公正的重要性。他们普遍认为，一个好的社会还必须是公正的社会。在这种社会中，其成员各得其所，都能享受公正的待遇。不过对于什么是公正，西方现代思想家存在着较大的分歧，其中新自由主义、保守自由主义、社群主义之间的分歧最为明显。尽管如此，大家都承认，一个好社会必须是公正的社会，公正的社会才能确保社会的稳定和发展。在近现代西方思想家看来，有了自由、民主、法治和公正，一个社会不仅会是一个好社会，而且这种好社会会是长治久安的。因此，在西方近现代社会德性思想中，这四种社会德性既具有目的的价值，同时又具有手段的价值，因而是他们关注最多、成果最多、创意最多的核心德性。

在对这些问题进行探讨的过程中，近现代思想家一方面要对他们的答案提供论证和进行宣传，使之为社会接受，另一方面在人们对他们的答案提出质疑和否定的时候，还要对他们的答案进行辩护，与不同观点展开争论。

西方近现代思想家的德性思想是各别的，但总体上看，特别是从实践后果上看，它又是成体系的。西方近现代各国资产阶级构建本国资本主义价值体系的依据是西方近现代思想家的德性思想，而且整个西方资本主义世界的主流价值文化也都是从西方近现代德性思想中吸取其内容的。西方近现代思想家提出的各别的德性思想正是在近现代西方社会构建社会价值体系和价值文化的过程中得以系统化。从这种意义上看，西方近现代社会德性思想与西方近现代主流价值观是一致的，甚至可以说是大体上同义。我们完全可以认定西方近现代的社会德性思想就是系统的社会及其构建理论，是他们共同提供的“好社会”的理想模式。这种理想模式也就是社会的价值观或社会的观念价值体系。这种观念价值体系的现实化就是资本主义社会现实的价值体系，就是资本主义价值文化。

西方思想家在为“好社会”及其实现提供方案的同时，也致力于从伦理学理论的角度构建社会秩序以及作为其基础的规则，这就是伦理学的规范论，或者说是规范伦理学。当近现代西方伦理学不再主要关注个人的品质，而主要关注应该怎样行动时，我们说它发生了规范论的转向。对规范问题的重视和研究本身既体现了市场经济的客观要求，也属于实现“好社会”方案中的一部分，因为“好社会”必须有良好的秩序，而要有良好的秩序必须有完善的规则及保障规则得以遵守的控制机制。

近现代伦理学的规范论转向和规范伦理学的兴起演进大致上经历了三个阶段：第一阶段是在承认人的本性具有利己的自然倾向这一前提下肯定利己的天然合理性，并且提出利己不能损人的道德原则（可简称为“无损于人”原则）。这一原则是西方近代早期思想提出并论证过的。第二阶段是在肯定“无损于人”的前提下，提出了“给行为所及的最大多数人最大幸福”的要求，可概括为“有益于人”原则。这一原则主要是功利主义提出并论证的。第三个阶段是在承认前两项原则的前提下，提出“通过他人利益的最好实现来实现自己的利益”要求，可概括为“服务他人”原则。这一原则是 20 世纪 50 年代伴随着市场营销观念而产生的新原则。这一原则后来又补充了对他人和社会负责的“社会责任”要求。在整个近现代西方，规范伦理学有两种主要伦理学主张，即功利主义和康德道义论①。大致上说，功利主义更反映了西方近现代市场经济的客观要求，因而其原则为西方近现代社会所实际奉行；康德道义论则因为否认道德与利益的相互关联性，强调为责任而责任，而并没有为西方近现代社会所接受，不过在西方学界的影响仍然很大。尽管这两种规范伦理学到 20 世纪 50 年代以后受到了在西方兴起的德性伦理学的挑战，但它们仍然是当代西方伦理学的主流观点。

西方近现代伦理学的规范论转向虽然也是市场经济发展的客观要求，但是今天看来确实存在着偏颇。这种偏颇在于，伦理学不能因为规范问题凸显和重要而忽视个人德性问题。在市场经济条件下，特别是根据市场经济构建起来的西方社会，从伦理学的角度提出社会基本道德原则，这是不可避免的，也是必要的。但是，伦理学作为哲学的分支不能完全屈于现实，相反要引导现实，使之走上健康的轨道。完全市场化和资本化的西方近现代社会的问题就在于只在意人们的行为是否符合市场经济的要求，而不关心人们成为什么样的人，不在意人们应该具有什么样的品质和人格。这是社会发展中的一种偏向。伦理学应该批判和纠正这种偏向，告诉人们在任何情况下都不能忽视人自身的品质要求，并指导人们修养品质和完善人格。如果伦理学也完全顺从社会发展的偏向，那么社会就会因为缺乏应有的批判而走上邪路。西

---

① 需要注意的是，康德伦理学的核心概念是“责任”而不是义务，因而他的伦理学应称为“责任论”，而不是“义务论”。不过，“责任”有道义的含义，所以这里我们将康德伦理学称为“道义论”。

方近现代现实问题的发生不能说与伦理学忽视个人德性没有关系。

德性问题是现实生活中客观存在的问题，不会因为伦理学不研究它而不存在。德性伦理学转向规范伦理学后，德性实际上也并没有被完全否定，功利主义伦理学家边沁、约翰·密尔，以及休谟、康德也都研究过德性问题。但是，德性在人生中再也没有古典德性伦理学中的地位。它已经成为从属于目的的附庸或实现目的的手段。除伦理学家外，还有其他学者也研究过德性问题，不过他们也大多在手段的层面上看待德性。例如，富兰克林（Benjamin Franklin，1706—1790）非常重视德性，还提出了著名的“十三德目”。不过，他也仅仅是将德性看作是实现富裕的手段，在他那里，德性与幸福没有内在的关联。

近代也有一些思想家还在传统的意义上讨论德性。例如，伽桑狄、17至18世纪的英国情感主义者、斯宾诺莎（Baruch Spinoza，1632—1677）、佛代斯（David Fordyce，1711—1751）等人都在古典的意义上对待德性。但是，他们的声音非常微弱，而且没有引起什么反响，其著作几乎也被人遗忘。他们的德性思想可以看作是古典德性思想的余音，与西方近现代社会显得格格不入。

二、西方近现代德性思想与西方近现代社会现实

西方近现代德性思想与西方近现代社会现实之间存在着复杂的内在相互作用关系。这种思想与现实的关系与古代有很大的不同。古代德性思想对社会现实的影响力十分有限，社会现实主要是政治家作为的结果，是政治家意图和意志的体现。德性思想家的思想虽然也是产生于社会现实，并对社会现实有一定的影响，但社会现实并不是根据思想家的德性思想构建的。西方近现代德性思想则对社会现实的构建具有指导和规范作用，是西方近现代资本主义文化和社会构建的依据。它虽然也是现实的反映，但自产生就开始强有力地作用于社会现实。西方近现代社会可以说就是思想家社会德性思想的现实化，或者说是政治家根据思想家的社会德性思想构建的。当然，活生生的现实会出现许多思想家所不曾设想到的问题，然而正是在解决这些问题的过程中，西方近现代社会德性思想得以不断发展，而社会德性思想的发展又促进了社会的改变甚至变革。这就是西方近现代德性思想与西方近现代社会现实的内在关联和互动关系。在这种关系中，德性思想对社会现实无疑具有先

导性作用。

（一）西方近现代德性思想的形成发展过程

西方近现代社会德性思想萌芽于文艺复兴时期，而文艺复兴运动大致上与商业革命和西方市场经济几乎同时发生和兴起。从文艺复兴运动至今已约700年。在这段漫长而复杂的历程中，不同学科的思想家从各自的角度和层面为西方近现代社会德性思想体系构建作出了卓越贡献。

西方近现代社会德性思想纷繁复杂，如果从整个社会德性思想体系的角度看，它的形成发展过程大致可以以第一次世界大战爆发为界划分为两个大的阶段：第一个阶段从文艺复兴到第一次世界大战爆发前，这是西方近现代德性思想体系的形成时期；第二个阶段从第一次世界大战爆发一直到今天，这是西方近现代德性思想体系的调整时期。

西方近现代德性思想在形成时期具有以下四个主要特点：第一，这是一个充满“血与火”的艰难的“破”与“立”并举的革命过程。从文艺复兴到第一次世界大战是西方历史上的一个深刻变革时期。在这个时期，思想家是社会变革的急先锋，他们以高度的社会责任感，不畏旧势力的强暴，不受旧观念的束缚，在批判旧世界中从思想理论上创造新世界。第二，这个时期构建的社会德性思想体系是与传统的德性思想体系乃至社会思想体系性质根本不同的全新德性思想体系。无论是所构想的社会理想，还是提出的社会德性理念，或是实践理想的路径都与古代社会有着根本的区别。总体说来它是与市场经济要求相适应的资本主义价值观和价值体系，而这在人类历史上是一个开创性的。第三，思想家探讨了社会德性思想体系所涉及的各个方面，但他们共同关注的焦点问题是自由和平等。在几百年的历程中，西方众多的思想家研究了社会德性的各种问题，而且都作出了各自的回答，但他们依然都关注自由和平等这个时代最重大的课题，并着眼这个问题展开研究。正因为如此，西方近代众多不尽相同的社会德性思想才得以汇聚成一种成体系的社会德性思想。第四，这个时期的思想家大多一身多任，因而他们中的许多人才得以可能构建完整的社会德性思想体系。西方近代许多思想家，特别是启蒙思想家，从今天的学科分类来看，既是哲学家，又是政治学家、经济学家。这种身份结构，为西方近现代社会德性思想体系的构建提供了十分有利的条件。

西方近现代德性思想的形成是一个长达600多年的漫长历程，而且它在西方各国的进程不一，情形很复杂。大致上说，西方近现代德性思想形成的过程又可以划分为四个阶段：观点萌芽时期（14—16世纪）；理论创新时期（16—17世纪）；观念阐扬时期（大约18世纪）；体系完善时期（大约19世纪）。

西方近现代德性思想是在文艺复兴时期和宗教改革时期孕育萌生的，这是一个几近三个世纪的漫长过程。说它是西方近现代社会德性思想的萌芽期，是因为它是在适应市场经济兴起需要所发生的商业革命、文艺复兴和宗教改革运动中，已经提出了近现代社会德性思想的一些基本观点，但没有形成理论化的社会德性思想，除马基雅维里（Niccolò Machiavell，1469—1527）之外，也没有真正的思想家。这时活跃的是重商主义经济学家、人文主义者和宗教改革家，他们的社会德性思想体现在他们的经济学著作、文艺作品或神学著作之中。除此之外，这时出现的科学家，也为近现代社会德性思想的孕育和萌生提供了背景和支持，其中著名的科学家有哥白尼（Nikolaj Kopernik，1473—1543）、伽利略（Galileo Galilei，1564—1642）、布鲁诺（Giordano Bruno，1548—1600）等。

与商业革命和市场经济直接联系的是重商主义的产生。重商主义产生和发展于欧洲原始资本积累时期，反映商业资本利益的经济学说，也是西方资产阶级最早的经济学说。早期重商主义（大约14世纪至16世纪上半叶）认为一切购买都会使货币减少，所有的销售都能使货币增加，因而主张少买多卖。以为这样才能多积累货币，使国家富强；反之货币离开自己的手，国家就随之贫困。晚期重商主义（大约16世纪下半叶至17世纪中叶）开始认识到必须把货币不断地投入流通，才能使货币财富不断地增加。所以，他们极力主张改变禁止货币输出的政策，要求国家允许货币输出，甚至采取有效措施鼓励货币输出，扩大从事外国商品的买卖，以获取大量货币财富。为了保证对外贸易顺利进行，获取利润，他们还进一步明确提出在对外贸易中必须保持顺差，主张增加人口，强调国家的作用。从重商主义理论可以看出，它以一国积累的金银越多就越富强为前提，反对古代社会和中世纪思想家维护自然经济、鄙视货币财富的观点，把获得财富看作是一切经济活动的目的，主张国家通过对经济的干预使自己致富。尽管他们将财富与货币、货币与金银混为一谈，但实际上已经把拥有财富即“富强”作为国家应具备的德性和应有的追求。

文艺复兴运动是于13世纪末开始在意大利各城市兴起，之后逐渐扩展到西欧各国，在16世纪达到鼎盛的一场思想文化运动。文艺复兴的表面意思是“希腊、罗马古典文化的再生”，但其实质是资产阶级在思想文化领域反教会统治、反封建主义的思想解放运动。与其说它是“古典文化的再生”，不如说它是“近代文化的开端”；与其说是“复兴”，不如说是“创新”。文艺复兴的核心思想是人文主义。人文主义者以“人性”反对“神性”，用“人权”反对“神权”。他们要求以人为中心，而不是以神为中心；歌颂人的智慧和力量，赞美人性的完美与崇高，反对基督教宣扬的自我否定；重视个性解放和自由，追求现世幸福和人间欢乐，藐视关于来世幸福或天堂的虚无缥缈的神话；提倡科学文化知识，否弃宗教神学和愚昧主义。总之，人文主义者讴歌了人的伟大，肯定了人的价值、自由和幸福，其集中体现就是“我是人，人的一切特性我无所不有”的口号。文艺复兴运动的历史意义是广泛而深远的。从西方近现代德性思想形成的角度看，它最深刻的意义在于冲破了西方中世纪基督教教会的专制统治和神学思想对人的束缚，奠定了西方近现代社会德性思想的个人主义、世俗主义、幸福主义的基调，唤醒了西方人自由、平等、尊严的个性意识和主体意识。最直接的意义是为启蒙运动做了思想准备。正是在文艺复兴的人文主义思想文化基础上，西欧爆发了启蒙运动这场旗帜更鲜明、作用更彻底、影响更深刻的空前的思想解放运动。

宗教改革是于16世纪在欧洲兴起的一次社会改革运动。这次运动直接反对的是教会的极端统治和压迫，而其实质是资产阶级反对宗教阻碍其发展而发动的一场大规模反封建的社会政治运动。德国宗教改革领袖马丁·路德（Martin Luther，1483—1546）提出的宗教改革内容包括：以圣经为信仰的最高权威，不承认教皇和教会有解释教义的绝对权力；强调信徒因信称义（得救），教皇和赦罪券均无赦罪效能；信徒能直接与上帝相通，无须由教会做中介；要求用民族语言举行宗教仪式，简化形式；主张教士可以婚娶等等。路德的主张得到市民上层和部分德国诸侯的支持。法国宗教改革领袖加尔文（Jean Chauvin，1509—1564）认为人得救与否全凭上帝预定，因而主张废除主教制，并且在日内瓦建立政教合一的共和政权。宗教改革运动的直接结果是产生了包括路德宗、加尔文宗和安立甘宗三大宗派的基督教新教，各种民族语言的《圣经》也相继出版。在宗教改革运动的影响下，欧洲各国世俗君主相继摆脱教皇控制，置本国教会于自己控制之下。宗教改革沉重打击了天主教教会势力及其对人们精神的束缚，促进了作为个体主义的民族主义意识觉醒和民族语言文化的发展，张扬了信仰自由和个性解放。

在宗教改革运动中，英国产生了一位重要的思想家理查德·胡克（Richard Hooker，1553—1600）。胡克反对加尔文派的圣经崇拜，认为《圣经》也要以自然法则和理性法则为前提而不可能取代这两种法则。在他看来，人是生而自由平等的，一个脱离社会的人只能是一种兽性的存在物，无法趋于完善，因而人总是自然地倾向于社会。社会生活基于这种自然倾向，也基于某种社会契约；而社会的维系需要政府机构，但政治权力属于人民，通过契约和同意被委托给政府。政府的目的并非简单地通过强制手段来维持社会的存在，还应关注对至善的追求。在教会与国家的关系这一问题上，他认为两者不能严格分开，宗教在国民和统治者履行各自职责的过程中给他们以帮助和勉励，它是公正与和谐的源泉。①

从 16 世纪至 17 世纪，发生在英、荷、法、意、德等西欧国家的早期启蒙运动，可以被看作是西方近代社会德性思想（特别是社会德性理论）的创新时期。这是因为西方近现代这些新的社会德性思想观点几乎都是在这个时期从理论上明确提出并得到论证的。这个时期的思想家们纷纷著书立说，阐述新的社会德性思想，其理论成果丰富而深刻。欧洲早期启蒙运动虽然没有 18 世纪法国启蒙运动那么轰轰烈烈，但其思想的广度和深度都超过了法国启蒙运动。这个时期的思想家系统地提出了西方近现代社会德性思想的总体框架和基本德目，为西方近现代社会德性思想体系奠定了坚实的理论基础。这个时期的思想家很多，其中最为著名的有：英国的弗兰西斯·培根、霍布斯、约翰·弥尔顿、约翰·洛克；荷兰的雨果·格老秀斯、斯宾诺莎；法国的让·博丹、勒内·笛卡尔；德国的莱布尼茨。除此之外，这个时期还有一些重商主义经济学家和早期古典经济学家，如威廉·配第；还有一大批科学家，如开卜勒、牛顿等；以及两位著名的空想共产主义思想家，即英国的托马斯·莫尔（Thomas More，1478—1535）和意大利的康帕内拉（Tommas Campanella，1568—1639）。

早期启蒙运动是西方近代思想家为构建新的社会德性思想自觉开展的思想革命运动，如果说文艺复兴运动更多地具有情绪化的特征，那么启蒙运动则具有鲜明的理智化的特点。早期启蒙运动对于西方近现代德性思想形成的意义主要在于从理论上构建了西方近现代德性思想体系。这种意义具体体现在以下几个方面：其一，为新的社会德性思想提供了哲学基础。一方面，这

① 参见［美］列奥·施特劳斯、［美］约瑟夫·克罗波西主编：《政治哲学史》（第三版），李洪润等译，法律出版社 2009 年版，第 349 页以后。

个时期的思想家建立了自然状态、自然权利、理性自然法、社会契约的系统理论，并在此基础上提出了国家权力分立和制衡的思想。另一方面，这个时期的思想家还为个体的独立、自由、平等，以及个体自主与整体和谐相统一提供了本体论的论证和支持。所有这些思想成为了西方近现代整个社会德性思想体系的基础和依据。尽管其后有所变化，有所发展与完善，但基本思路和基本观点是在这时确立的。其二，描绘了未来社会的总体图景。其中有的思想家将未来社会描绘成消灭了私有制、财产公有的共产主义社会（“乌托邦”或“太阳城”），但主流观点认为这是一种以私有制为基础的自由平等的理性王国。其终极价值目标是社会成员自由平等地追求自己的利益。换言之，它从理论上确定了社会成员追求自己利益的天然合理性，并将其作为人的自然权利。思想家们也强调国家的富强，但国家是以个体为本位的。它的核心价值理念主要是自由、平等、法治、和谐，以及勤俭、市场、资本、知识、竞争等。其基本价值原则包括：个体至上原则（个体原则），利己乃人的天性原则（利己原则），私有财产神圣不可侵犯原则（私产原则），天赋人权原则（人权原则，包括自由原则和平等原则），使用在法律下治理国家原则（法治原则），权力分立与制衡原则（分权原则），等等。这一切为西方资产阶级进行政治革命和建立资本主义社会提供了理论依据和体系构架。其三，突出了认识和真理的意义。针对中世纪教会的蒙昧主义和经院哲学的形式主义，这个时期的思想家张扬理性，重视经验，强调运用理性和经验探求真理，获得知识。这个时期的思想家虽然有理性主义和经验主义之分，但他们都强调理性的意义，只是对知识的来源和理性对于知识的意义的看法有所分歧。尤其是这个时期自然科学的迅速发展和巨大影响，更加给人们包括思想家对人的理性认识世界、获得真理的能力以充分的信心。因此，这个时代被称为理性主义时代。

18世纪法国启蒙运动，是思想革命以及政治革命的高峰时期。从思想内容来说，这个时期的创新并不多，但它大大地高扬和阐发了早期启蒙思想家的社会德性思想，并使之转化为社会理念。正是因为法国启蒙思想家的阐扬，早期启蒙思想家的社会德性思想在法国、欧洲乃至整个西方世界得到了广泛而深刻的传播。所以我们可以将这个时期称为西方近现代社会德性思想的观念阐扬时期。这个时期的法国启蒙思想家有先锋战士梅叶，领袖和导师伏尔泰，前期杰出思想家孟德斯鸠，激进民主主义思想家卢梭，百科全书派唯物主义哲学家（狄德罗、拉美特利、爱尔维修、霍尔巴赫）。其中最特别的是伏尔泰。伏尔泰是 18 世纪法国启蒙运动公认的领袖和导师。在这场影响深远的思想革命中，他积极活动了六十余年，几乎经历了法国启蒙运动的全过程，并担当了这场运动的领袖。他多才饱学，博闻强识，其成就遍及人文科学的所有领域，而且在所涉足的每一领域几乎都成为了才华横溢的巨匠。这个时期法国还有重农学派经济学家魁奈、杜尔阁等，以及空想社会主义思想家摩来理和马布利。从整个欧洲来看，18 世纪还有英国的情感主义哲学家沙夫茨伯里（Shaftesbury，1671—1713）、哈奇森（Francis Hutcheson，1694—1746）、约瑟夫·巴特勒（Joseph Butler，1692—1752）、休谟（1711—1776），荷兰的伦理学家曼德威尔（Benard Mandeville，1670—1733），英国著名古典经济学家亚当·斯密和功利主义伦理学家边沁（jeremy Bentham，1748—1832），德国著名哲学家康德。

法国启蒙运动是继文艺复兴运动和早期启蒙运动之后，在 18 世纪法国发生的又一场反封建、反教会的资产阶级思想解放运动。法国启蒙思想家将自己视为大无畏的思想文化先锋，认为启蒙运动的目的是要引导世界从专制的、等级制的、非理性的黑暗愚昧时期走向自由的、平等的、理性的人间天堂。他们以理性反对愚昧，用政治自由对抗专制暴政，用信仰自由对抗宗教压迫，用自然神论和无神论来摧毁基督教权威和宗教偶像，用“天赋人权”的口号来反对“君权神授”的观点，用“人人在法律面前平等”来反对贵族和僧侣的等级特权。法国启蒙思想家以自然状态说、自然权利说、社会契约说等理论为根据提出了一整套政治纲领和社会改革方案，要求建立一个以“理性”为基础的社会。法国启蒙运动对于西方近现代社会德性思想形成的意义主要在于，它从舆论上为西方近现代德性思想体系在全社会的确立作了充分的准备。大多数启蒙思想家不仅是思想理论家，而且是宣传鼓动家。他们一方面猛烈抨击基督教教会和神学以及专制制度，无情地揭露其腐败的行径和虚伪的面目，使社会公众普遍认清了它们的罪恶及腐朽没落性；另一方面又提出或阐发并大力宣扬自然状态说、天赋人权说、社会契约说、人民主权说、三权分立说、权力制衡说等，使自文艺复兴特别是 16—17 世纪以来形成的西方近代社会德性思想广泛深入人心，为社会公众普遍认同。这两方面的工作使得在全社会确立资本主义价值观势不可挡，并直接导致了美国独立战争和法国大革命。

除法国启蒙思想家之外，其他思想家也对西方近现代社会德性思想的深化和提升发挥了重要作用。其中特别值得提出的有意大利的维柯（Giovanni

Battista Vico，1668—1774）、亚当·斯密、边沁和康德。维柯的《新科学》一书出版标志着历史哲学的诞生，其中蕴含了历史哲学的所有问题。他认为，由于人类激情的自由发挥，历史才逐渐克服了野蛮，最终实现人道主义和文明。亚当·斯密进一步阐发市场经济的有效性，提出了“经济人”假设和“看不见的手”等理论，主张经济自由放任主义。他在经济领域的影响被称为“斯密革命”。边沁不仅进一步明确和论证了幸福和功利的关系，并将其作为人们行为的目的，而且阐发了著名的“最大多数最大幸福”的功利主义原则。康德为近代高扬的自由原则提供了本体论论证，他所提出的“人为自然立法”，“人为道德立法”的观点进一步彰显了理性的至上性，同时他提出的伦理学“责任论”（或译为“道义论”或“义务论”）在近代第一次阐发了道德责任原则，强调了责任对于行为的意义。

法国启蒙运动后至第一次世界大战爆发前，是近现代社会德性思想进一步走向成熟的完善时期。这个时期的思想家一方面进一步完善近代以来的社会德性思想，另一方面注意到近代以来逐步得到公认的社会德性思想的局限性和问题。这个时期的著名思想家众多。在经济学方面有：英国古典经济学家马尔萨斯、大卫·李嘉图、西尼尔，法国的萨伊、西斯蒙第等；英国的边际主义经济学家杰文斯，奥地利的门格尔，法国的瓦尔拉斯，意大利的帕累托等；以及实现两个经济学流派融合的英国的马歇尔和瑞典的威克塞尔。在哲学方面有德国古典哲学的集大成者黑格尔，以及对西方传统进行反思和批判的德国意志主义哲学家叔本华、尼采，还有德国生命哲学家狄尔泰、齐美尔以及后来法国的柏格森。对近现代西方主流社会德性思想持批判态度的有一大批空想社会主义者和空想思想家，以及科学社会主义者。这个时期还有一位非常特殊的思想家约翰·密尔。他既是著名的经济学家，被认为是西方古典经济学的综合和终结者；又是著名的伦理学和逻辑学家，被认为是近代功利主义的集大成者；还是自由主义政治哲学家，被认为是近代自由主义政治哲学的主要代表；同时他也是社会活动家和社会改良主义者。这个时期还有英国的伦理学家斯宾塞（H.Spencer，1820—1903）、西季威克（H. Sidgwick，1835—1900），英国的科学家达尔文等。

这个时期西方的思想家虽然很多，但对西方近代以来的主流社会德性思想的最终形成作出贡献的主要是经济学家、伦理学家，特别是边沁和约翰·密尔。这个时期的经济学家适应工业革命带来的许多新的社会变化，提出了如何建立社会充分市场化所需要的经济秩序和社会秩序的经济思想，从而使近代以来的市场、资本、竞争等社会价值理念进一步得以完善。边沁的功利主义伦理学，进一步明确提出快乐和痛苦是人类的两个主人的观点，从而将快乐作为人生追求的目的，同时又将快乐与功利的获得联系起来，并将功利与道德联系起来，使功利最大化成为一切行为的道德原则。这样，他不仅从伦理学上将作为社会终极价值目标的幸福快乐化，将快乐功利化，而且对功利以及功利最大化的原则作出了道义的论证和辩护。约翰·密尔对近现代西方社会德性思想的最终形成和完善发挥了关键性的作用。首先，他在经济学上适应当时的情况将古典经济学改造成折中综合的完善的古典市场经济理论体系。其次，他在伦理学上使边沁的粗糙的功利主义精致化，并克服了其中的不少矛盾，使之自圆其说。特别是他纠正了边沁对幸福理解的偏差，强调了德性对于幸福的意义，突出了个人利益与公共利益的相关性，并对功利原因与社会公正之间的矛盾提出了解决方案。再次，他在政治哲学上首次对自由作出了系统的阐述，他因而成为了近代自由主义政治和经济理论的重要代表人物。

西方近现代社会德性思想调整时期是从第一次世界大战以后开始的，至今约一百年的历史。导致这种调整的原因是复杂的，归结起来主要有以下四个方面：首先是两次世界大战和社会主义国家的崛起。两次世界大战使西方人觉察到现代科学技术的滥用可能会导致灾难性后果。社会主义国家的出现以及二战后出现的“冷战”使西方思想家意识到加强国家力量的必要性。其次是西方世界周期性的经济危机及其诱发的尖锐社会矛盾。19 世纪以来西方世界周期性的经济危机，使西方思想家意识到经济自由放任主义灾难性的经济和社会后果。第三是西方现代化所导致的消极后果。到 20 世纪初西方已经基本实现了现代化，这种现代化的结果并非像启蒙思想家所设想的人间天堂，而是伴随着诸多难以解决的社会问题，其中最突出的是贫富两极分化、环境污染和生态失衡。这一切严重威胁着西方资本主义世界的安全和稳定。第四是各种反对西方近现代主流价值观的理论观点的批判和冲击。针对世界大战和现代文明暴露出来的各种问题及导致的严重后果，西方世界内外出现了各种批判资本主义文化和制度的思潮。这些思潮也是促使西方思想家调整西方主流价值观的推动力。以上这些原因的综合作用，促使西方思想家痛定思痛，自觉地反思西方近代社会德性思想本身存在的偏颇，并根据变化的社会条件对西方近代以来的社会德性思想进行重大的调整。

从被纳入当代西方资本主义价值体系的情况看，西方近现代社会德性思想调整的内容主要包括两个大的方面：其一，根据时代的变化对社会的价值理念或社会德性进行了补充。具体地说，思想家们在近代社会德目的基础上主要增加或者突出强调了四个德目，即享受、公正、环保和责任。为了刺激市场经济的发展，防止经济过剩危机的发生，思想家们倡导扩大消费，主张实现高工资、高福利、高就业、高消费政策，鼓励人们超前消费，尽情享受。面对自由与平等之间的矛盾日益突出和社会贫富两极分化日益严重的问题，思想家们力倡社会公正，主张通过社会资源的公平分配给予解决，为社会贫困人口提供最低生活保障。为了阻止环境污染和生态平衡破坏日益严重，思想家们强烈要求保护环境，摒弃近代以来盛行的人类中心主义和理性至上主义，实现人类与自然的和解与和谐。针对厂商为谋求利润最大化所导致的对消费者的损害和对环境的破坏，以及导致的代际不公，思想家们特别强调厂商的社会责任，赋予责任更强烈的伦理意义。其二，为了实现所倡导的社会价值理念，思想家们主张改变近代以来西方国家奉行的自由放任主义政策，加大国家对经济和社会的干预力度，通过国家的力量来解决市场经济和现代问题已经导致和可能导致的各种问题。当然，在这方面西方还存在着主张国家干预主义的新自由主义者与坚持自由放任主义的保守自由主义者之间的分歧。近一个世纪以来，新自由主义占据着主导地位，但从目前西方世界所采取的政策看，已经出现了两者融合的趋向。

这里有四点是需要注意的：一是20世纪以来西方学者的社会德性思想内容远远不止这两个方面。例如，自20世纪50年代起西方一大批思想家复兴西方德性传统，重视个人德性意义的主张，到目前为止尚未为西方国家所采纳。二是这些调整是一种改良性调整，而不是革命性变革。从上述调整的内容看，调整后的社会德性思想与调整前在性质上完全一致。正是在这种意义上，我们说这个时期是西方近现代德性思想的调整时期。三是这个时期思想家关注的重点和焦点与此前有明显的变化。如果说20世纪以前西方思想家最关心的社会德性是自由和平等，那么20世纪以来思想家最关注的社会德性是公正和责任。四是这个时期的科学划分更明确，社会德性问题日益成为政治哲学家、伦理学家和部分经济学家研究的主要问题。以上这四点也是20世纪以来西方社会德性思想不同于此前的主要特点。

这短短的一百多年，西方社会德性思想演进的过程也可以划分为三个小的阶段：

第一阶段是两次世界大战期间，这是西方近代形成的社会德性思想面临严峻挑战的时期。20 世纪上半叶，在不到半个世纪的时间内，爆发了两次世界大战，而且西方许多国家被卷入；在两次世界大战期间和之后，社会主义阵营崛起；1929 年爆发的经济大危机。这一切都是对近代以来西方主流价值观的严峻挑战，不少人认为资本主义已经到了穷途末路，列宁就断言资本主义到了腐朽、没落、垂死的帝国主义阶段。这个时期哲学领域主要盛行非理性主义的生命哲学、存在主义，这些哲学对现代文明充满了悲观的情绪。这个时期的伦理学为受分析哲学影响的元伦理学所主宰。但正是在这个时期，经济领域出现了凯恩斯主义，主张国家采用扩张性的经济政策，通过增加需求促进经济增长。凯恩斯主义的出现无疑为西方各国提供了一副济世良方。为了缓解社会矛盾，刺激经济增长，西方各国推行高消费政策，于是消费主义盛行，大大促进了人们的享受欲望。虽然没有思想家将享受作为一种社会德性加以提倡，但经济学家刺激消费的主张，事实上隐含着鼓励人们享受的主张。

第二阶段是战后复兴和繁荣的阶段，时间大约从 20 世纪 40 年代末到 70 年代。这是西方世界战后的一个恢复调整时期。在这个时期，西方各国普遍采纳凯恩斯主义理论，采取国家干预经济和社会生活的政策。这一政策的采用，大大缓和了西方资本主义国家国内的矛盾，促进了经济的迅速发展，出现了西方资本主义的高度繁荣。与此同时，现代文明的弊端也日益突出。在这种情况下，19 世纪以来的非理性主义渗透到了文化和社会生活的各个领域，出现了具有强烈反理性主义的后现代主义的社会思潮。伦理学领域也出现了对近代以来盛行的规范伦理学不满的端倪，与此同时，环境问题也受到伦理学家的关注。而在经济领域，凯恩斯主义几乎一统天下，出现了所谓“凯恩斯时代”。

第三阶段是 20 世纪 70 年代以来西方近现代德性思想走向完善的时期。以 20 世纪 70 年代初期爆发的两次石油危机为导火线，导致整个资本主义世界陷入了“滞胀”的困境，凯恩斯主义政策束手无策。新自由主义者将其归结为国家干预过度、政府开支过大、人们的理性预期导致政府政策失灵。也正是在这种情况下，多年受冷落的新自由主义适应这一需要并伴随美国总统里根和英国首相撒切尔夫人的上台，在否定凯恩斯主义的声浪中，占据了美、英等国主流经济学地位。新自由主义把反对国家干预上升到了一个新的系统化和理论化高度，是对凯恩斯革命的反动。正是在这个意义上，西方学者又称新自由主义为新保守主义。20 世纪 80 年代以来，伴随着新凯恩斯主义的出现，新自由主义与凯恩斯主义出现了某种融合的趋势。不过，对于自20世纪末以来频发的金融危机，特别是对自2008年爆发、至今仍在持续的世界金融危机，西方经济学家似乎无计可施。

20世纪70年代以来，除了经济思想发生了新变化以外，哲学领域也发生了重大变化，西方近现代德性思想的许多变化都是在这个时期发生的。最引人注目的是美国政治哲学家罗尔斯1971年出版的《公正论》。这一著作的出版，一方面引起了西方学界对社会公正问题的普遍关注，同时也引起了许多学术争论。在争论中形成了关于社会德性思想的三大流派，即以罗尔斯为代表的新自由主义，以诺齐克为主要代表的保守主义和以桑代尔等人为代表的社群主义。另一引人注目的是德性伦理学的复兴和德性问题引起西方学界的广泛注意。德性伦理学自20世纪70年代末开始复兴，美国伦理学家麦金太尔1982年出版的《德性之后》将德性问题的研究推向了高潮，同时，对德性问题的研究还渗透到了许多领域。第三个引人注目的现象是应用伦理学的复兴。自20世纪70年代初开始，应用伦理学开始兴旺，引起了伦理学家对当代人类许多重大问题的关注和研究，特别是重视环境问题、动物权利的保护问题、战争和恐怖主义问题、贫困和饥馑问题、安乐死问题，以及堕胎、死刑问题等等。正是在这一过程中，环保、责任等社会德性得以在思想理论中突显出来。

总体上看，20世纪70年代以来，西方的德性思想正在进一步完善。这主要体现在，一方面它在原来的社会德性思想体系中增添了一些新时代所要求的德目，如公正、环保、责任等；另一方面，西方思想家开始重视个人德性，出现了德性传统的复兴和对个人德性关注的趋势，这意味着当代西方思想家不仅重视社会德性，也开始重视个人德性。当代西方德性思想的这种新走向值得我们特别关注。

（二）西方近现代德性思想与社会现实的互动关系

西方古典德性思想主要是关于个人的德性思想，它与社会现实的关系主要是与社会的个人德性现实的关系，而西方近现代德性思想是关于社会的德性的思想，它与社会现实的关系就是与整个社会现实的关系。西方古典德性思想虽然对西方古代社会德性现实具有优化和提升的积极作用，但并没有完全改变西方古代社会的德性现实，更没有由此完全改变西方古代社会的现实，而西方近现代社会德性思想对社会现实的影响则更为深远。一般来说，德性思想与社会现实都存在着相互作用的互动关系，在这种互动关系中存在着主要的方面或主动者。在西方古代德性思想与社会现实的互动关系中，社会现实始终都是主动者，它主导着德性思想的形成和发展。但是，在西方近现代社会德性思想与社会现实的互动关系中，主动者是变化的。从总体上看，在启蒙运动以前，社会现实是主动者，而社会德性思想是被动者，但自启蒙运动开始（具体地说从尼德兰革命开始），情况开始发生变化，社会德性思想逐渐成为主动者，社会现实则成为被动者。也就是说，自启蒙运动开始，西方社会现实是根据德性思想构建的。当然，这种主动与被动的关系并不是绝对的，它们之间主动中有被动，被动中也有主动，我们以上所说的主动者和被动者都只是就其总体而言。

大致上说，西方自商业革命开始到 17 世纪以前，西方近现代社会德性思想处于萌芽时期。这个时期的社会德性思想还不成型，其表现形式是一些观点或观念，基本上还没有理论化。这样一些形式的社会德性思想是当时市场经济兴起和最初发展过程中的一些客观要求在重商主义者、人文主义者和宗教改革者头脑中的反映。市场经济的这些要求与当时的社会环境不相适应，要使市场经济获得发展，必须改变这种与之不适应的社会环境。重商主义者、人文主义者和宗教改革者感受到了市场经济的这种要求，并代表这种经济要求向教会和封建势力展开斗争。我们看到，重商主义者提出的把获得财富看作是一切经济活动的目的、作为国家的追求，直接反映了市场经济利益最大化本性的客观要求。人文主义者极力宣扬个性解放和自由，宗教改革者致力于使个人获得信仰自由的宗教改革，所体现的也是市场经济发展对社会环境的一种诉求。在当时，市场经济发展受到了社会环境的巨大阻碍，在这种情况下，市场经济发展要求把人从各种束缚中解放出来，成为自主的市场主体，使社会成为充分自由、平等的社会。

这些重商主义者、人文主义者和宗教改革者在当时尚未形成系统的新的社会德性思想或价值观，同时他们的力量也不够强大。因此，他们只能通过利用统治者发财致富的愿望（重商主义者），或者利用各种文艺形式（人文主义者），或者利用宗教改革的形式（宗教改革者）表达和宣传新的社会德性思想的观点。他们的这些努力对人们的意识觉醒起到了重要促进作用，使人们开始具有自由、平等意识和摆脱束缚、获得解放的愿望。这种情况表明，重商主义者、人文主义者和宗教改革者的一些新的社会德性思想观点对当时的社会现实已经发生了重要的作用。但是，这种作用是十分有限的，不能完全改变当时的现实，没有从根本上动摇天主教教会和封建主义的统治，更谈不上按他们的情绪性的新思想重构新社会。因此，这个时期这些先进社会人士的社会德性思想在与社会现实的互动关系中，尚处于被动的从属的地位。

自 17 世纪开始，西方新的社会德性思想如雨后春笋般地迅速产生，不仅内容日益丰富，涉及社会生活的方方面面，而且都以理论的形式体现出来，更便于传播和理解。在这种情况下，社会德性思想对社会现实的作用与日俱增，逐渐改变了过去的从属被动地位，成为破坏旧世界、建设新世界的主导者。西方真正意义的近现代社会完全是根据近现代社会德性思想构建起来的。西方近现代社会德性思想在发展的过程中逐渐形成了完整的体系，这种体系实际上就是近现代西方资本主义社会的主流价值体系。因此，它对西方近现代社会的主导作用是全方位的、系统的，它主导着西方资本主义社会的经济、政治、文化、社会以及后来的生态文明等各个方面的建设。

首先从政治的角度看，西方资产阶级革命以及革命后建立的政治制度都是西方社会德性思想直接影响的结果，特别是西方资本主义制度几乎都是启蒙思想家社会德性思想的制度化翻版。

近代西方爆发了四次著名的资产阶级革命，通过这四次革命资产阶级取得了对西方世界的统治权。第一次是 1566 年尼德兰爆发了历史上第一次成功的资产阶级革命。这次革命是通过民族解放战争的形式完成的，革命后建立了资产阶级共和国。在欧洲还普遍处于封建专制统治的时期，荷兰共和国的出现具有重要意义，它为资本主义在欧洲北部的发展开辟了广阔的道路，也使人类历史的前景出现一抹灿烂的曙光。继尼德兰革命之后，英国爆发了资产阶级革命。这次革命从 1640 年查理一世召开新议会开始到 1688 年詹姆斯二世退位结束，以新贵族阶级为代表推翻了封建君主专制，确立了自己的统治地位，君主立宪制的资产阶级统治开始确立起来。英国资产阶级革命是人类历史上资本主义制度反对封建制度的一次重大胜利，不仅为英国资本主义迅速发展扫清了障碍，而且揭开了欧洲和北美资产阶级革命运动的序幕，推动了世界历史发展的进程，被认为是世界近代史的开端。1775 年由莱克星顿枪声打响的美国独立战争，是世界史上第一次大规模的殖民地争取民族独立的战争，给大英帝国的殖民体系打开了一个缺口，为殖民地民族解放战争树立了范例。它推翻了英国的殖民统治，创造了美利坚合众国，确立了资产阶级民主政治体制，为美国资本主义的发展扫除了障碍，同时也有力地推动了 18 世纪的欧洲革命。1789 年爆发的法国大革命更是一次广泛而深刻的政治革命和社会革命，它摧毁了法国的封建专制制度，建立起资产阶级的政治统治，促进了资本主义经济的发展。它也是一次欧洲范围的革命，震撼了整个欧洲大陆的封建秩序，推动了欧洲的反封建专制的斗争，传播了资产阶级自由民主的进步思想，促进了欧美资产阶级政治统治的建立。

这四次资产阶级革命几乎都是在近代启蒙思想家的思想影响下发生的，更重要的是革命成功后这些国家先后按照启蒙思想家的理论建立了资本主义国家政权，确立了资本主义价值体系的主导地位。其集中体现就是在这些革命过程中颁布了后来西方资本主义制度和法律体系所体现其精神和内容的著名文件，如《权利法案》、《美国独立宣言》、《人权宣言》等。英国资产阶级革命期间颁布的《权利法案》（全称为《国民权利与自由和王位继承宣言》）以法律形式对国王的权力进行制约，确立了议会高于王权的政治原则，并由此逐步建立了“君主立宪制”和“议会制”。它标志着人类社会由专制转向民主，由人治转向法治。作为美国立国文书的《美国独立宣言》宣称：“我们认为下面这些真理是不言而喻的：造物者创造了平等的个人，并赋予他们若干不可剥夺的权利，其中包括生命权、自由权和追求幸福的权利。为了保障这些权利，人们才在他们之间建立政府，而政府之正当权力，则来自被统治者的同意。任何形式的政府，只要破坏上述目的，人民就有权利改变或废除它，并建立新政府；新政府赖以奠基的原则，得以组织权力的方式，都要最大可能地增进民众的安全和幸福。”法国大革命期间颁布的《人权宣言》（全称为《人权与公民权宣言》），以《美国独立宣言》为蓝本，确定“社会的目的就是共同的幸福”，提出“主权在民”，宣布自由、财产、安全和反抗压迫是不可剥夺的天赋人权，肯定言论、信仰、著作和出版自由，确立司法、行政、立法三权分立、法律面前人人平等、私有财产神圣不可侵犯等原则，并且表示如果政府压迫或侵犯人民的权利，人民就有反抗和起义的权利。这些在资产阶级革命期间颁布的著名文件，虽然不一定是以法律形式出现的，但所确立的终极价值目标、核心价值理念和基本价值原则，后来都被写进了所在国家的宪法或法律，而且得到了所在国家公众的普遍认同。这些文件虽然诞生于不同的国家，但都具有共同的思想基础和理论依据，它们一脉相承，前后相继，相互支持，相互补充，从而共同构成了完整的西方资本主义价值体系。

其次从经济的角度看，无论是西方经济生活还是经济制度都离不开思想家的理念。西方资本主义经济制度完全是根据经济学家的经济思想建立起来的。大约从16世纪起，西方的市场经济就开始受到思想家的影响，如今，离开了经济学家的理论指导，市场经济根本无法运行。西方近现代社会德性思想对西方市场经济的影响可以通过西方经济学的三次革命来说明。这三次革命是分别发生在18世纪的亚当·斯密革命，19世纪的边际革命和20世纪的凯恩斯革命。

斯密革命是对重商主义的革命，其要点是对国民财富的性质和原因提出了一整套不同于重商主义的观点。亚当·斯密认为财富不是金银货币，而是由生产性劳动者所生产出来的有用物品；促使国民财富增长的原因是资本积累基础上的生产性劳动者人数的增加，他们之间的分工，以及生产性劳动者生产出来的商品能够在市场上按自然价格出售，而这就需要减少政府对经济的干预。为了说明自然价格的决定和衡量性，他提出了价值论和分配论。同时，他还提出了“经济人”假设和“看不见的手”以说明市场机制的有效性。斯密革命创立了以经济自由为中心、以富国裕民为目标的古典政治经济学体系，实现了西方经济学的自由主义革命，他所论证的自由放任经济政策，不仅对于西欧，而且对于北美乃至整个资本主义世界的经济和社会发展都起到过重大的推动作用，并且直到当代仍然适用。①

边际革命是19世纪70年代开始发生的又一次经济学革命。1871年奥地利的经济学家卡尔门格尔和英国的经济学家杰文斯、1873年瑞士洛桑的法国经济学家瓦尔拉斯在并无联系的情况下，几乎同时提出了边际效用价值论的基本原理，由此拉开了边际革命的序幕。边际主义者与李嘉图及其以后的古典经济学家虽然都研究价值论和分配，也研究价值的决定因素，但更注重研究价值机制的经济功能，即稀缺资源的配置机制，研究经济主体（消费者和厂商）目标最大化的条件，以及经济主体追求目标函数最大化的行为与稀缺资源有效配置之间的关系。在政策主张方面，他们虽然也像古典主义者一样主张自由竞争，反对垄断，但不赞同古典主义者在收入分配和济贫政策方面的无为而治的主张。他们从货币收入的边际效用递减这一论点出发，论证收入由富人手中转移到穷人手中将增加社会的总效用，因此主张政府通过收入积累税等再分配措施来干预分配。边际革命不仅有力地论证了亚当·斯密的“看不见的手”，清楚说明了经济主体的自利行为如何实现稀缺资源的

① 参见张旭昆：《经济思想史》，中国人民大学出版社2012年版，第6页以后和第84页以后。

有效配置，而且为后来出现的用救济工程消除失业、克服由失业引起的贫困现象的主张开了先河。因此，边际革命不只是一次理论上的革命，同时也是一次政策上的革命——收入分配政策和济贫政策的革命，为凯恩斯革命作了铺垫。①

1929年至1933年西方世界的经济大危机使西方的经济制度处于十字路口，或者走苏联之路，彻底消灭私人企业和市场交易制度，代之以由统一计划管理全部经济的公有经济；或者在经济系统的宏观调节层次上抛弃自由放任原则，实行政府干预，同时保留私人企业制度。以《就业、利息和货币通论》为标志的凯恩斯经济学革命就发生在此时。这次革命既是经济学理论上的，也是经济政策上的。凯恩斯经济学理论的革命性内容非常丰富，如：开创了经济学研究的新领域——宏观经济学；提出了有效需求决定收入水平和就业水平，就业和收入都是有效需求的函数，以及消费可以致富，节俭反而致贫的观点；建立了将收入水平作为决定消费的主要自变量的消费函数，建立了新就业理论、新利息理论、新物价理论等等。在经济政策方面，凯恩斯的革命性意义主要不在于主张国家干预，而在于主张干预的手段不应当以货币政策为主，而应当以财政政策为主；主张扩大政府开支，实行赤字预算。同时，他还认为国家干预的方向是指导投资，以消除私人投资造成的波动性；推进收入均等化，增加消费需求。凯恩斯革命对西方经济理论，尤其是对西方经济生活以至政治生活的影响极为重大而深刻。从此，国家干预被看作是私人企业制度继续存在所不可缺少的支柱，它不再仅仅是作为一种临时性的应急措施，而是成为了政府的自觉行为。②

由以上简要分析可以看出，西方近现代经济思想对西方近现代社会生活特别是市场经济的深远影响。西方市场经济早已不是自然天成的自发市场经济，而是自觉构建的市场经济，其构建的依据则是近现代西方思想家的社会德性思想和经济理论。西方的市场经济由于受到相关经济思想的影响，尤其是三次经济学革命的深刻而广泛影响而发生了质变，成为了有丰富思想含量、有充分理论依据的理性的、自觉的市场经济。当前西方的市场经济面临着严重的困境和难题，我们期待着西方经济学第四次革命的到来。

第三从文化的角度看，西方资本主义文化是西方社会德性思想的现实化，西方社会德性思想所提供的价值观是其灵魂和精髓，所提供的价值体系

① 参见张旭昆：《经济思想史》，中国人民大学出版社2012年版，第180页以后。

② 参见张旭昆：《经济思想史》，中国人民大学出版社2012年版，第347页以后。

是其深层结构。

西方近现代主流文化是资本主义文化。它与西方传统文化虽然在基本精神上有继承关系，但两者之间存在着本质的差别，西方近现代文化的构建是对西方传统文化特别是中世纪基督教文化的革命。其间，代表西方近现代价值文化的资产阶级与代表中世纪教会文化和封建文化的中世纪教会势力和封建势力进行了殊死的斗争，经历了一个“血与火”的艰难过程。经过一系列革命斗争，资产阶级最终构建起了资本主义文化，建立了资本主义社会。在资本主义文化构建方面，资产阶级思想家作出了特殊的贡献，资产阶级政治家发挥了关键作用。前者提出和设计了资本主义文化的理论蓝图和实施方案，后者按照这种实施方案将蓝图变为现实。资本主义文化虽然总体上说是有其独特性质和特征的文化形态，但在它的构建完成之后，由于20世纪上半叶以来社会历史条件的巨大变化，特别是面临着科学技术迅猛发展、现代文明高度繁荣以及社会主义价值文化挑战的新情况，因而它还在发生着显著的变化。

尽管早在古希腊就已经形成了个人主义和理性主义传统，但在中世纪，这两种传统都发生了异化。在基督教教会统治之下，个人主义异化成了教会一统天下的教会整体主义，理性主义也异化成了基督教信仰主义。同时，古代希腊罗马的奴隶与自由民之间的不平等演化成了封建的等级制、教会内部僧侣等级制、教会之内与教会之外的不平等以及正统与异端、天主教与异教之间的不平等。基督教教会成了当时封建社会的最高统治者，它建立了一套严格的等级制度，把上帝当作绝对的权威。哲学、文学、艺术乃至一切学问都得遵照基督教经典《圣经》的教义，谁都不可违背，否则，宗教法庭就要对他予以制裁，甚至处以死刑。科学家布鲁诺被烧死在罗马鲜花广场就是一个典型的案例。这样，社会当然也就是不民主的社会，而是专制的社会。这种专制社会也有法律，但这种法律名义上来自上帝，实际上却是来自教会，体现的是统治者的意志，维护的是统治者的利益。对于被统治者来说，特别是对于异端、异教徒和反天主教者来说，这些法律实际上是枷锁和镇压反抗的工具。西方近现代主流价值文化就是在这样的现实社会条件下作为天主教文化的对立物并在同天主教教会和封建主阶级的统治作斗争的过程中走上历史舞台的。

从西方近现代历史看，资本主义文化并不是资产阶级与天主教教会和封建统治者作斗争的一个意外结果，而是他们自觉地构建起来的。这个构建过程是一个新生资产阶级与代表占统治地位的基督教文化的僧侣阶级和封建主阶级反复较量、生死搏斗的持久而残酷的过程，正是在这个过程中，资产阶级构建起了西方近现代的资本主义文化。如果我们从西方文艺复兴算起一直到第二次世界大战结束，西方近现代主流价值文化的构建前后经历了约六百年的时间。其间，经历了文艺复兴、宗教改革、海外殖民、启蒙运动、资产阶级（政治）革命、产业革命、科技革命、哲学革命以及两次世界大战等血雨腥风的过程。正是在这一系列的革命、变革和重大历史事件中，西方思想家提出、论证、阐述和宣扬他们的社会德性思想，其中得到社会认同的内容被确定为社会的主流价值观。这种主流价值观的构建到 19 世纪就已经基本完成，而其现实化为资本主义文化大约在第二次世界大战前后基本完成。但是，这种价值观在其现实化的过程中就已经暴露出了不少的问题。这些问题早在 19 世纪中叶就为西方思想家所注意和揭露，但只是到第二次世界大战前后才为政治家所重视。这些问题的出现与西方经济社会发展，特别是现代文明的繁荣直接相关，因而基本上是近现代西方思想家由于时代局限而未曾预料到的。自第二次世界大战以来，西方的思想家和政治家一直都在致力于根据新的社会历史条件解决这些问题。他们的这种努力并不是对西方近代主流价值观的完全否定，而是对它的改革、修正、补充和完善。这个过程虽然通常被认为是西方现代文化向后现代文化的转换，但并不是一种新的文化形态的构建，在一定意义上可以说是西方近代开始的资本主义文化构建在新的时代条件下的继续。尽管西方资本主义文化还在完善的过程之中，但有一点是可以肯定的，它是西方近现代思想家所构建的主流价值观的现实化。

从以上分析可以看出，西方近现代德性思想与社会现实都是构建的结果。社会德性思想是思想家构建的，社会现实主要是由政治家构建，而社会现实构建的依据是社会德性思想，而这种思想的构建又是以社会实践提出的诉求和社会现实出现的问题为前提的。这就是西方近现代社会德性思想与社会现实的互动关系，其中社会德性思想的构建处于先导性的地位。

（三）西方近现代德性思想的先导性作用

从西方近现代德性思想与西方近现代社会现实的互动关系可以看出，德性思想具有先导性的作用。这种先导性作用具体表现在，自从这种德性思想被系统化之后，就成为西方社会现实变化的指导思想和行动指南，成为资本主义社会建设和发展的蓝图。资本主义社会不是自发形成的，而是自觉构建的。这种构建的根据不是来自政治家个人的意志，而是思想家理论化的思想。因此，近现代西方资本主义社会的构建是思想家和政治家共同作用的结果。思想家从事理论的构建，政治家从事实践的构建，政治家的实践构建是以思想家的理论构建为依据的。在这两种作为中，思想家的作为是前提，其理论具有先导性；而政治家的作为是关键，其实践具有决定性。这两者缺一不可，否则资本主义社会就不能构成。从西方近现代历史事实看，自从近代社会德性思想初步形成之后，社会德性思想的这种先导作用就十分明显。正是有了启蒙运动和启蒙思想，才有了美国的独立战争以及法国大革命；也正是有了亚当·斯密的《国富论》，才有了自由放任主义的市场经济；更是因为有了凯恩斯的《就业、利息和货币通论》，才有了国家干预主义的市场经济。

西方近现代德性思想之所以能对社会现实的变化起到先导性作用，成为社会的主流价值观，有很多经验值得深刻反思和探讨。

首先，一种社会德性思想要能够引领社会现实发展，它必须是正确的。这里所谓的正确，又首先指科学，即符合事物发展的规律；其次要合理，即与实际情况相适应；最后还得可行，即有付诸实施的可能性。一种正确的社会德性思想，必须反映社会现实的要求，代表社会发展的方向。西方近现代德性思想之所以能引领西方近现代社会现实的变化，就是因为它不仅反映了近现代西方社会市场经济发展的客观要求，预示了这种要求的变化规律，而且根据这种规律设计了满足这种要求的科学、合理、可行的正确方案。自商业革命开始兴起的市场经济是西方社会的一种具有生命力的新经济形态，它代表了社会发展的未来方向。能否正确认识这种经济的客观要求，能否在此基础上设计与之相适应并为之服务的社会价值体系，直接关系到一种社会德性思想是否正确、合理、可行。西方近现代主流的社会德性思想就是在正确认识市场经济客观要求基础上构想的与之相适应并为之服务的社会德性思想，因而它才是正确的，才具有强大的生命力，在几百年来一直充满着生机和活力。实际上，文艺复兴之后，不同思想家提出了不同的社会德性思想，描绘了不同的社会蓝图，但并不是所有的思想和蓝图都是正确、合理和可行的。有的合理正确，但不一定可行；有的可行，但不一定正确合理。例如，英国托马斯·莫尔构想的“乌托邦”，康帕内拉构想的“太阳城”也许合理，但却不可行。那些正确的社会德性思想通常是得到社会普遍公认的思想，特别是得到社会实践证明检验的思想。

其次，思想家要能够为理想社会的构建提供科学、合理、可行的正确方案，必须具备两个条件：一是思想家有批判精神、创新精神和献身精神，而其前提是有独立的人格；二是社会环境允许思想家具有这样的精神和人格。西方近现代的实际情况表明，思想家在大多数情况下具备这两个条件。

西方近现代思想家都具有独立人格。他们不依附权势，不屈从压力，始终保持自己的独立、自主，维护自己的基本权利。他们从不人云亦云，不看统治者的眼色行事，更不为统治者的政治主张作论证和辩护，他们尊重事实，尊重学术，尊重真理，尊重研究的结论。在一些特殊情况下，他们可能不直接与权势对抗，讲究理论策略，但也决不会趋炎附势。例如，在当时德国封建势力还十分强大的情况下，德国古典哲学家虽然不像 18 世纪法国启蒙思想家那样与封建专制势力直接对抗，但他们的思想仍然是非常革命的，只是将这种革命的思想隐藏在晦涩的哲学语言之中。

这种独立的人格是为理想社会构建提供科学、合理、可行的正确方案的前提，但仅此还不够，还需要有学术精神。学术精神主要体现为三种精神，即批判精神、创新精神和献身精神。西方近现代思想家在任何情况下都注重批判，这是他们突出的学术个性。他们的批判包括三个方面：一是对现实的批判。现实在任何情况下都不是尽善尽美的，特别是在社会转型的条件下，社会现实的问题和缺陷更是突出和明显。这就需要思想家对社会现实进行批判，通过批判发现和指出现实存在的弊端。西方近现代思想家始终对社会现实保持这种批判的态度，因而他们能够及时发现社会存在的问题。例如，早在资本主义如日中天的 19 世纪，意志主义哲学家就通过批判指出了作为整个现代西方文明基础的理性主义的缺陷及其导致的问题。二是对流行观念的批判。许多得到社会公认的价值理念或社会德性实际上是有局限的，这也需要思想家以批判的眼光提醒社会和政治家给予注意。例如，在自由、平等、博爱口号被喊得震天价响的西方 19 世纪，马克思、恩格斯就以批判的眼光发现了这些观念的形式性、虚伪性一面。三是对以前理论的批判。不囿于已有的，即使是已经非常成熟的理论也持批判态度，从而发现已有理论本身的局限和缺陷，然后改进它们。西方近现代有作为的思想家几乎都是如此，这也就是牛顿所说的“站在巨人的臂膀上”。显然，不批判前人的理论，就不可能超越前人。批判不是为了破坏，而是为了创新，为了超越。西方近现代思想家将理论创新看作是学术研究的生命，他们不仅为了创新而批判，而是将批判和创新有机地结合在一起，在批判的过程中通过批判创新。没有对专制主义的批判就不会有自由主义和共和主义，没有对自由放任主义的批判就不会有国家干预主义。无论是批判也好，还是创新也好，都需要有大无畏的勇气，都需要潜心的学术研究，这就需要有献身精神。西方近现代思想家大多都具有为学术和真理献身的精神。他们中一些人为探索真理而淡泊名利，甚至终身不娶；另一些人为宣扬真理甚至付出个人自由和生命的代价。正是有了这种学术献身精神，他们才敢于批判，勇于创新，才获得了他们的独立人格和学术个性，最终也获得了社会的广泛尊重。

生活在社会中的思想家勇于批判和创新，具有献身精神固然重要，但社会也必须给他们的批判和创新提供环境。这种环境就是思想家有思想的自由和表达的自由，至少是书面表达的自由。如果一个社会的环境完全不允许思想家自由思想，思考结果也不能记录，思想家就不能批判和创新，实际上也就不再有思想家了。西方近现代社会总体上看为思想家提供了这样的环境，思想家不仅可以自由地思想，而且可以自由地表达，这一点应该是不争的事实。即使是在西方近代早期教会势力和专制势力还很强大的情况下，思想家在绝大多数情况下也在相当大的程度上享有思想和言论自由，虽然这种自由不能得到充分保障。只是在与当权者直接对抗的情况下，当权者才对思想家采取极端措施。否则，我们很难想象在文艺复兴时期人文主义者能发表那么多与教会势力格格不入的作品，也很难想象在专制主义统治达到顶点的 18 世纪，法国竟有那么多启蒙思想家的著作问世。当然，保障思想自由也许是西方文化的一种优良传统，这种传统即使在中世纪也程度不同地保持着，只是在近现代得到了发扬光大。西方历史告诉我们，一个社会可以专制，但不能思想奴化，特别是不能让思想家也奴化，否则这个社会就没有任何发展的希望。

最后，即使思想家有了构建好的社会德性思想或理论的社会价值体系，还必须有政治家的智慧。政治家的智慧包括三个方面，即慧眼、胆识和能力。政治家有慧眼，才能对思想家提供的各种价值观作出正确的判断和选择，才能从各种方案中挑选最佳的方案。这里所说的最佳就是既合理又切实可行。政治家有胆识，才能在适当的条件下，有勇于付诸实践的气魄，不畏艰难困苦，敢作敢为。政治家有能力，才能将挑选的最佳方案如愿如期圆满地完成。就此而言，西方近现代各国政治家基本上达到了这三方面的要求。正因为如此，西方近现代社会德性思想的精华或者说所提供的最佳方案才被各国政治家所选择，并根据各国的历史和现实情况创造性地付诸实践。我们看到，西方各国虽然都是资本主义国家，但各国的制度相对不同，如美国实行总统制，英国实行君主立宪制，但这些制度都是适合本国情况的。西方近现代思想家提供了各种不同的社会方案，选择其中哪一种则取决于政治家，选择得恰当与否则又取决于政治家的智慧。英国实行的单一制政治制度，而从英联邦独立出来的美国却实行的是联邦制。这就是美国开国政治家们智慧的选择。“美国的居民分散各地，美洲大陆广阔无垠、变化多端，并且远离‘本土’——这一切都孕育着一种对联邦制度进行实验的思想。”①

社会要产生具有智慧的政治家，既要有良好的培育、选择这种政治家的机制，更必须有完善的政治制度。西方近代各国虽然制度不尽相同，但政治家大体上都是具有政治智慧的，其原因就是西方各国近代以来大体上建立了这样健全的制度和机制。有了这样的制度和机制，即使在选择政治家的过程中发生了错误，也容易得到纠正。

由以上分析可以看出，西方近现代社会德性思想能够在西方发挥先导作用，关键是政治家，而其前提又在于政治制度和机制。当然，这里存在着一个两难的选择，即要有好的社会德性思想，并要让好的社会德性思想真正指导社会实践，就需要有好的政治家；要有好的政治家又需要好的制度，而好的制度又是由好的政治家根据好的社会德性思想制定的。那么，这里究竟应该先有好的政治家，还是应该先有好的社会德性思想呢？从理论上看，有其中任何一方面，都可以成为突破口。从西方历史来看，实际上是先有好的德性思想。有了好的德性思想之后，思想家有力地宣传和大声疾呼，唤起民众对好的德性思想的认同和拥护。在这种情况下，就会形成民心所向的力量和社会压力，从而在好的思想指导下产生卓越的政治家，并形成完善的制度。

三、西方近现代主流德性思想的内容、性质及启示

自文艺复兴以来，西方思想家经过一代又一代不懈的艰难探索，形成了极其丰富的社会德性思想和理论，其中的主流思想构成了完整系统的资本主义价值观，或资本主义的观念价值体系。这种西方近现代的主流价值观已经现实化为资本主义价值文化。这里我们着重从西方近现代主流价值文化的角

---

① ［美］丹尼尔·布尔廷斯：《美国人：建国历程》，中国对外翻译出版公司译，三联书店1993年版，第493页。

度讨论西方近现代德性思想的内容、性质和特征，以及主流价值文化构建的经验教训启示。

（一）西方近现代主流德性思想的结构及要素

西方近代以来的主流价值文化就是西方资本主义价值观的现实化。就其核心结构而言，大致上可以划分为三个层次，即终极目标、核心理念和基本原则。其中核心理念和基本原则各自又是成体系的，有不同的构成要素。它们与终极价值目标一起构成了西方资本主义价值观的基本要素，西方资本主义价值观就是由这些基本要素构成的体系。

社会价值观中通常包含着终极价值目标，西方资本主义价值观的终极目标是个人幸福。这种价值目标首先肯定幸福是每个人的，个人是幸福的主体，个人对自己负责，个人的幸福主要靠个人去追求和实现。社会在个人追求和实现幸福的过程中，只能为之提供安全稳定的社会环境，制定防止人们在追求幸福的过程中相互妨碍和伤害的规则，并确保这种规则得到遵守。社会不承担为个人提供幸福的责任，这即是所谓"人人为自己，上帝为大家"、"各人自扫门前雪，休管他人瓦上霜"。不过，后来的资本主义社会给自己增加了一项职能，就是为那些不能自食其力的社会成员提供基本生活保障。这种价值目标所确定的幸福内容经历了一个变化过程。近代西方主要将幸福理解为利益，认为只要获得了利益，人们就可以过上幸福生活，因此鼓励人们追求自己的利益，"白手起家"，发财致富。于是在近代西方利己主义幸福观盛行。20 世纪后为了刺激经济增长，又将享受纳入幸福范围，不仅鼓励人们追求自己的利益，而且鼓励人们消费享受，从而消费主义、享乐主义幸福观又流行开来。实际上，这两者并不是分离和矛盾的，相反是相互关联的。追求利益、占有资源归根到底是为了满足欲望，享受生活。只是在不同时期社会有不同的需要。近代资本主义社会经济尚不发达，因而鼓励人们节制欲望，积累财富，将积累用于扩大再生产，以增加社会财富的总量，使社会走向富裕；而到了 20 世纪以后，经济走向发达，因而鼓励人们大量消费，则是为了通过高消费刺激经济增长。无论哪一种情况，经济增长都是内在的驱动力，这也许就是资本主义价值体系的本质。

"核心价值理念则是终极目标的具体体现，它们本身具有目的性，同时又是体现着终极价值目标的要求并服务于终极目标实现的，因此，它们在价值观中具有核心的地位。”[①]西方资本主义价值体系的核心理念近代以来有了一些变化，但没有实质性的改变，有些核心理念还处于变化之中，但未完全确定。就已得到公认的而言，西方资本主义价值体系有以下十个核心理念，即：利益、市场、科技、环保、责任、自由、平等、公正、民主和法治。其中，前五个理念与经济生活直接关联，而后五个理念则是对政治生活的追求，它们一起构成了资本主义核心价值理念体系。

西方资本主义价值体系以市场经济为其基础，整个价值体系的出发点和目的都是利益。这里所说的利益最初主要是指经济利益，在经济生活中体现为资本，如金钱、土地、财富、人力资源以及其他经济资源，但后来进一步扩展到能获取经济利益的其他资源，如政治权力、教育机会、社会地位和名望等。这些非经济资源在市场经济条件下也都可以转化为资本。资本是可以增值的，即可以带来利润，这样，对利益的追求在市场经济条件下就转变为对资本增值的追求。资本主义价值体系和价值文化以获取利益尤其以资本增值为终极目标，整个资本主义社会的运行也是以资本的增值为追求和驱动力的。资本主义价值文化因其推崇资本和追求资本增殖而具有了资本主义的性质。

资本主义价值体系所追求的利益不像以前社会那样靠自给自足或战争掠夺获得，而是靠在市场经济中通过自由竞争获取。市场是人们获取利益的主要战场，而市场经济则是这种战场运行的机制。市场经济是以追求利润为目的、以商品生产和交换为主要内容、以市场为主要经济调节手段的经济。在资本主义价值体系中，它成为社会经济的唯一形式，成为整个价值体系的基础和支柱。资本主义价值体系是在市场经济兴起和发展的条件下催生的，西方资产阶级在构建其价值体系的过程中不仅认可了市场经济，而且以市场经济发展为取向构建价值体系，使之成为自己的基本价值理念。

科学技术与市场经济不一样，西方资产阶级一开始就有意谋求其发展。不过这种谋求最初并不是为了发展市场经济的需要，而主要是针对中世纪的蒙昧主义。当资产阶级发现以实验为基础的科学与以科学为基础的技术两者有机结合的科学技术，可以极其有力地促进市场经济发展时，他们就致力于科学技术的研发，使科学技术成为促进市场经济发展和改变社会面貌的主要力量。可以说，市场经济发展必然会要求科学技术发展，而科学技术发展又

① 江畅：《我国主流价值文化构建的三个问题》，《光明日报》2012 年 6 月 21 日第 11 版。

成为市场经济发展的加速器，两者最终在资本主义价值体系中、在资本主义实践中有机地结合了起来，并大大增强了社会及其价值体系的物质基础。

市场经济与科学技术的相互促进一方面使西方社会经济繁荣，另一方面也导致了环境和生态危机。为了解决日益严重的环境问题，西方人的保护环境意识普遍增强，因此，环境保护也就逐渐成了当代资本主义价值体系的一个重要价值理念。在当代西方，环境保护理念的含义已经从最初单纯的防止自然环境的恶化，对青山、绿水、蓝天、大海的保护，包括不能私采（矿）滥伐（树）、不能乱排（污水）乱放（污气）、不能过度放牧、不能过度开荒、不能过度开发自然资源、不能破坏自然界的生态平衡等等，逐渐扩展成了保全物种、养护植物植被、保护生物多样性、让动物回归、尊重动物的权利，以及为了保证社会发展而扩大有用自然资源的再生产等等。今天，环保已经作为一种重要的价值要求渗透到当代西方社会生活的各个方面。

实行环境保护，是西方人对自然也是对人类生存环境负责的一种重要体现，但西方当代的责任理念不只是涉及对自然环境负责的问题，还扩展到了人类生活的各个方面。自 20 世纪 50 年代以来逐渐纳入西方价值体系的责任理念，是一个含义十分广泛的概念。就其主体而言，不仅是指个人，而且指企业、政府，乃至其他各种社会组织，特别是强调企业对客户和社会的责任。就责任对象而言，不仅指对自然环境负责，而且指对社会环境、对他人负责；不仅对当代人负责，而且对子孙后代负责。就责任范围和程度而言，不仅指直接责任，而且指间接责任；不仅指显性责任，而且指隐性责任；不仅指当前的责任，而且指长远的责任。对于当代西方来说，责任不只是指与相对于权利而言的责任，也指并不与权利相对应、相匹配的一些责任；不只是指与社会角色相应的责任，也指具体角色之外作为一般人特别是作为人类成员应承担的责任；不只是指责任主体应承担的责任，也指对责任主体自己的行为负有的一切责任。西方责任理念的确立归根到底是人类社会日益一体化的必然要求。

自由是资本主义价值文化最推崇的核心价值理念，这不仅因为自由是专制的对头，只有用自由才能取代专制，而且因为人们普遍认可自由是市场经济得以存在和运行的条件。人们对自由有种种不同的理解，作为资本主义核心价值理念的自由，其含义是确定的，这就是每一个人都能按自己的意愿行事。要如此，不仅需要每一个人有自由意识，而且要有允许人们自由的环境，特别是社会环境。资本主义社会就是根据这种自由的要求建立起来的。

对于生活在资本主义社会中的人来说，除了法律之外，人们可以不受任何其他东西的约束，而法律本身至少在名义上是每个社会成员意志的体现。

资本主义是以人们自由地追求利益为动力机制的。由于人们各方面的条件不尽相同，追求所获得的利益自然就不相同，因而在结果上或事实上是不平等的。从这种意义上看，资本主义是不平等的社会。但是，资本主义的价值文化又确实是肯定人人平等的，而且在实际生活中贯彻了这种平等的要求，只是这种平等不是结果的、事实上的平等，而是马克思所说的“形式上的”平等。这种平等就是：人格的平等，即不论出身、种族、贫富、强弱、老幼、男女都有平等的人格尊严；权利的平等，即所有人都享有相同的社会权利；机会的平等，社会的一切机会向所有人开放；规则的平等，即像在法律面前人人平等那样的规则适用于所有人。这种平等虽然是形式上的，但并不是虚假的，而是实在的。如果没有这种平等，整个资本主义社会就无法运行。

普遍自由与社会结果或事实上的不平等是资本主义价值文化的内在的深刻矛盾。在资本主义早期，这种矛盾并不明显，但随着资本主义的发展，这种矛盾日益突出。正是为了解决这个问题，社会公正得到了重视。社会公正的一般含义是使社会成员各得其所，对于资本主义价值体系而言，其公正只能是这样的，即：在肯定和维持自由竞争导致的社会事实上的不平等前提下，使自由与事实上的不平等控制在一定的范围之内，使这两者之间的矛盾不至于导致严重的社会冲突。其实际的处理方法就是给社会的弱者提供适当的社会保障，使他们能正常生活下去，尽管不富有。因此，资本主义的公正实际上就是自由竞争加上必要的社会保障。这即是资本主义意义的社会成员各得其所。

当每一个社会成员都成为自由主体的时候，社会就是民主的。民主实际蕴涵在自由之中。在当代资本主义社会，民主不仅意味着每个人是社会的主体，更意味着各种社会利益集团（常常以组织的形式存在）是社会的主体。社会利益集团，特别是政党，取代公民而成为了社会真正的主人。资本主义社会早期的“主权在于民”演变成了“主权在利益集团”，社会的政治权力最终落到了在政治竞争中取胜的政党手中。资本主义的议会政治或代议政治，实际上是利益集团政治或政党政治。相对于传统的专制社会而言，当代西方社会确实是民主政治，但社会的主权不在民，而在掌握着政治权力的利益集团。一个利益集团能否掌握政治权力，虽然主要取决于所代表的阶级或阶层的经济实力，但也取决于它能否兼顾全体社会成员的利益。

法治是与民主相伴的，一个社会要成为真正自由、民主的社会，必须有法治作保障。资本主义价值体系之所以推崇法治就是因为只有法治才能维护资本主义自由和民主。资本主义法治的基本内涵在于，政治权力在法律的范围内行使。在法律范围内行使的权力不但不能侵犯个体的自由和权利，而且要维护和扩大他们的自由和权利，并确保社会秩序的正常。只有这样，社会成员才能自由，才能成为社会的主人，他们自由竞争而不造成社会秩序的破坏。要使法律具有这种限制权力的作用，其本身必须是社会成员意愿和意志的体现。

"基本价值原则是终极价值目标和核心价值理念的实践要求。"①资本主义价值体系作为一种完备的社会价值体系，包含着一系列体现其终极价值目标和核心价值理念的价值原则。其中基本的原则我们可以列出以下八条：（1）个体至上原则（个体原则）。这是资本主义价值体系的根本原则，它要求在个体与整体特别是个体与国家的关系上以个体为本位、为实体，国家服从个体并为个体服务，在两者发生冲突时以个体利益为重。在所有个体中，个人又是终极的实体。（2）利己乃人的天性原则（利己原则）。这一原则承认个体追求自己的利益是本性使然，是天然合理的，也是道德的，因而要求国家的制度和管理只能顺应这种本性，为这种本性的实现服务，而不能违背这种本性。（3）天赋人权原则（人权原则）。这一原则肯定个人的基本权利与生俱来，任何人都不可剥夺，个人自己也不可转让，法律和政府必须维护人的基本权利。人权原则中又有两条最重要的原则，即自由原则和平等原则。自由原则即按自己的意愿行事原则，这一原则将自由看作是人最重要的天赋权利，法律和政府都要确保公民和其他个体的这种权利。平等原则即人格、机会、权利、义务平等原则，这一原则以平等是人的基本权利为前提，要求政府在不影响自由竞争的前提下在所有可能的方面实现人人平等，使所有社会成员普遍平等。（4）私有财产神圣不可侵犯原则（私产原则）。这一原则以承认个人享有私有财产权是人的自然权利为前提，把保护私有财产看作是政府首要的、不可推卸的职责，政府也不能以任何理由侵犯私有财产。（5）个体主权原则（民主原则）。这一原则要求所有的社会个体都应该成为社会的主体和主人，社会管理者是个体自主选择的并且是为个体服务的。（6）在法

① 江畅：《我国主流价值文化构建的三个问题》，《光明日报》2012 年 6 月 21 日第 11 版。

律下治理国家原则（法治原则）。这条原则也是法律至上原则，它要求一切公共权力必须在法律范围内运行，并必须依据和服从法律。（7）权力分立与制衡原则（分权原则）。这一原则要求国家的权力分设，由不同部门来掌管，使权力不仅受到法律的制约，而且受到权力之间的相互制约。（8）国家适度干预经济社会生活原则（干预原则）。它要求政府适度干预经济社会生活来维护社会公正和社会秩序，但这种干预必须在法律的范围内并通过法律的途径实现。

（二）西方近现代主流德性思想的性质

近现代西方价值文化虽然看起来是个体主义、自由主义的，但其根本性质是资本主义的。或者更确切地说，它的出发点和目的是个人解放、自由和幸福，但这种价值体系在使人获得解放和自由的过程中却发生了异化，最终走向了以资本增殖为轴心，资本渗透它的整个结构和功能，资本控制一切。其结果，个人虽然从专制之下获得了解放，也获得了自由，但根据这种价值体系构建的社会整个地被资本所控制，个人也因此被新的奴役力量即资本所奴役，而没有真正获得解放、自由和幸福。正因为如此，我们不能简单地说它是个体主义价值文化，而应该说它是资本主义价值文化。

资本主义价值体系的资本主义性质使它不同于封建主义价值体系，也不同于社会主义价值体系。就它与封建主义价值体系的区别而言，它不再像封建主义价值体系那样追求统治者的长治久安，而追求个体的自由和平等。它肯定个体至上，给个体以充分的自由和平等，创造条件特别是建立完善的法律制度让他们自由竞争，使他们在竞争中优胜劣汰。这样一方面可以使社会充满生机活力，使社会文明繁荣；另一方面也能维持社会的正常秩序。显然，资本主义价值体系更与人性相适应，更适应人类生存，因而它不仅战胜了封建主义，而且经历几百年至今仍然生机勃勃，长盛不衰。资本主义价值体系与社会主义价值体系的区别不在于追求社会成员个人的自由平等，而在于前者的终极价值目标最终异化成了资本增殖，而后者的终极目标则是普遍幸福，包括个人的自由和平等。资本主义价值体系的终极目标是利益，在市场经济条件下只有资本增殖才能带来利益，因此，资本增殖实际上就成了资本主义价值体系的终极价值目标。社会主义价值体系力图克服资本主义价值体系资本化的缺陷及其导致的异化，使整个价值体系立足于全体社会成员的普遍自由和幸福，而不是立足于单个社会成员的自由平等权利。社会主义价值体系尚处于构建的过程之中，它能否战胜资本主义价值体系，关键在于它能否克服资本主义价值体系的异化，特别是社会的两极分化和资本化。

近现代西方主流价值文化从个人主义异化为资本主义，或者说，它是资本主义价值文化，这是近现代西方主流价值文化的本质特征。除此之外，它还有几个区别于封建主义价值文化和到目前为止的社会主义价值文化的特征。了解这些特征对于我们全面正确地理解资本主义价值文化以至西方近现代文化并借鉴其合理内容，对于构建我国社会主义主流价值文化都具有重要价值。

个体至上——以个体为本位是近现代西方主流价值文化的一个根本特征，也是西方近现代文化的共同特征。西方近现代价值文化产生的缘由就是为了反对封建和基督教教会的专制主义，而按马克思的说法，专制主义的本质在于把人不当人看。反对专制主义就是要使人成为独立自主的主体，成为社会的实体，国家要服从和服务于个体。这里所说的个体最初既指个人也指民族国家，后来进一步包括各种社会组织。在个人与国家及各种组织的关系中，个人又被看作是终极实体，在社会中具有至高无上的地位。从这个意义上看，个体至上，实质上是个人至上，公民至上。这种观点的主要依据不仅在于人具有与生俱来的自然权利，而且在于个人被看作是社会的主人，国家的主权在于公民。西方的个人至上所强调的是个人利益至上。个人至上的基本含义和根本要求就在于要把个人的利益作为个人和社会的终极目标加以追求。个人利益是一个含义广泛的概念，个人权利被认为是个人利益中的基本方面，在个人的权利中，自由权在近代又被看作是最重要的，因而个人权利特别是自由权在西方近现代价值体系中受到了高度重视。正是因为上述原因，西方近现代主流价值文化被看作个体主义的、个人主义的、自由主义的。在西方与自由主义同时存在的还有共和主义，共和主义的渊源比自由主义更早。共和主义更强调平等、公民政治参与和公共精神，共和主义也肯定个人的至上性，认为政治权力必须来源于人民的同意。20世纪西方兴起了共同体主义（社群主义），它力图克服自由主义过分强调个人自由的偏颇，而强调共同体对于人生存发展的意义，也不否认个人的至上性。但无论是共和主义还是共同体主义，它们都不是西方的主流价值观。应该说，个体至上是西方主流文化和非主流文化共同认同的价值理念和原则。

推崇理性——西方近现代主流价值文化主张个人至上，就社会而言，主张个人的权利至上；就个体自身而言，则主张个人的理性至上。推崇理性是近现代西方主流价值文化的一个突出特征。西方近现代思想家最初是为了反对中世纪教会实行的蒙昧主义而推崇理性，因为理性可以使人获得知识和真理，而知识和真理能使人心明眼亮。同时，他们还发现诉诸理性可以解决因倡导自由而可能导致的社会秩序混乱，因为理性可以使人意识到他人和社会秩序对于人生存和利益的重要性，并出于自己更好生存和获取更大利益而制定和遵守规则（道德的和法律的），为此，他们极力倡扬理性、诉求理性。后来的社会实践不仅表明这些思想家的想法是正确的，而且还显示了理性更多的作用，特别是对于科学技术的作用，以及科学技术对生产力和经济发展的重要作用。于是理性至上、理性万能的观点曾一度十分流行。尽管自19世纪中叶开始在西方出现了非理性主义和反理性主义的思潮，但理性主义至今仍然是西方的主流价值观。

法律统治——西方推崇理性主义产生的一个重要积极后果是意识到法律对于现代社会的极端重要性，并且形成了在法律之下治理国家的法律至上理念和实践。法律自古以来就存在，但长期以来，法律不过是统治者进行统治的手段，统治者运用法律来对付老百姓，防止他们犯上作乱和破坏社会秩序。近现代西方思想家发现，统治者是人，而人既有理性、理智的一面，同时又有感性、情感的一面，如果统治者自己不受法律的约束，他们就有可能不按理性的规则行事，而一旦他们出于情感行事就会出现暴政、庸政、失职之类的问题。另一方面，社会是其成员通过订立契约建立的，社会成员才是社会的主体，由谁来掌握政治权力也得通过法定的程序来确定，而不能由强者说了算。因此，他们所构建的价值体系确立了法律在国家中的最高权威，社会管理者必须在法律范围内依法进行管理，而法律所体现的不是社会管理者的意志，而是全体社会成员的意志。不仅社会管理者必须在法律范围内依法进行管理，而且社会成员也必须遵守法律，以法律作为自己行为的基本准则。这样，在近现代西方价值体系中，法律就由以往的统治者的工具变成了统治者本身，社会的管理者（官员）不再是统治者，而是法律这一最高统治者的执行者。由于法律是全体社会成员意志的体现，因而社会的最高统治者实际上是社会成员的共同意志，是他们的理性的产物。社会成员的共同意志法律化，法律统治整个社会，社会管理者在法律范围内依法行事，社会成员自觉遵守法律，这就是西方法律统治的实质内涵，也是近现代西方主流价值文化的一个突出特点。

宽容异己——主流价值文化是相对于非主流价值文化而言的，没有非主流价值文化就无所谓主流价值文化。西方主流价值文化之所以能称为主流价值文化，是因为它允许非主流文化存在。在此前的人类社会，要么文化一统，要么文化多元。前一种情形是统治者在推行自己主张的价值文化时压制甚至扼杀其他的价值文化；后一种情形是社会存在着多种价值文化而没有形成主流的价值文化。与这两种情形不同，近现代西方的价值文化是一种主流的价值文化与非主流价值文化并存，而且主流文化对非主流文化起引领和规范作用。近现代西方文化能够形成这种局面，是因为近现代西方主流价值文化对其他各种非主流价值文化采取宽容的态度，不仅允许它们存在，而且给它们的存在和发展提供必要的条件。我们知道，近现代西方主流价值文化是在批判基督教文化的过程中建立起来的，然而当这种文化建立起来之后，并没有全盘否定基督教文化，相反承认其合法地位，并利用它为主流价值文化服务。近代以来的西方社会一直都是学派林立、学说纷纭，其中不少观点与主流价值观不一致甚至对立，如与个人主义对立的社群主义、与自由主义对立的共和主义、与理性主义对立的非理性主义等。所有这些观点不仅允许存在和宣传，而且从法律上保证提出者和拥护者的言论自由。对于不少与主流价值观相冲突的非主流价值观因其更具有合理性而被主流价值观所吸收，或用以取代主流价值观中不合理的内容，如国家干预主义取代自由放任主义、消费主义取代禁欲主义等。宽容异己不仅使西方资本主义价值文化成为真正意义的主流价值文化，而且使它能经受风吹雨打，始终充满生机和活力。

（三）西方近现代主流德性思想的经验教训及启示

西方近现代主流价值文化是人类历史上第一次通过自觉构建形成的主流价值文化，尽管这种主流价值文化存在着资本化并导致了一些难以克服的问题，但总体上看这种自觉的构建是成功的，所构建的主流价值文化是有生命力的，并且至今充满着生机和活力。今天看来，西方近现代主流价值文化的构建既有经验，也有教训。当前，我国也在致力于主流价值文化建设，西方近现代构建主流价值文化的经验和教训值得我们借鉴，对于我国主流文化的构建具有重要启示意义。

第一，社会价值观设计至关重要。

一个社会的面貌、性质取决于占统治地位的价值文化，而占统治地位的价值文化是其核心价值观特别是其价值观的体现。因此，价值观设计得是否正确合理，是这种价值体系能否现实化为正确合理文化的前提，也是它能否成为社会主流价值文化的前提。西方资本主义价值文化能够成为西方社会的主流文化，重要的原因之一就是西方资本主义价值观是经过长期精心设计形成的，有其合理性；而它又存在着诸多问题，为许多思想家所批判，并为许多国家所抵制，则是因为它的设计存在着根本性缺陷和诸多问题。这种根本性缺陷集中体现为它从个体主义异化为资本主义，并导致社会的全面异化。

西方近现代主流价值文化从个体主义异化为资本主义经历了一个演化过程。资本主义价值体系在最初设计时其目的是要把人从一切束缚中解放出来，使之获得自由、平等和幸福。但这种最初的设计存在着以下问题：首先，在当时普遍贫穷的社会条件下，设计者只考虑到了让人们自由地、平等地获得财富（利益），由穷变富，而没有考虑到在自由平等的社会，其终极价值目标不能仅仅定位于利益。在市场经济条件下，资本才能带来利益，以利益为终极价值目标实际上就意味着以资本为终极价值目标。以资本为终极价值目标就会使整个价值体系的运行都指向资本及其增殖，这样就会使整个价值体系的结构和功能资本化。在这种资本化的价值体系中，资本统治着人，人为了追求占有资本和实现资本增殖而生存，人成了资本占有和资本增殖的手段，于是异化就发生了。其次，设计者们只考虑到了让每一单个的人获得解放、自由和平等，没有考虑到人们之间存在的那些不可能完全克服的差异，后来的事实证明，在每一个人都能自由平等追求自己利益的情况下，这些差异导致了人们之间事实上的严重不平等。由于缺乏对这种可能导致的不平等的意识，在价值体系设计时就没有考虑到如何避免这种不平等或将其控制在一定的限度内。再次，设计者们只看到市场经济的积极方面，特别是过于看重市场经济使社会富裕的作用，没有考虑到不受控制的市场经济可能导致自然资源迅速消耗、环境污染，以及导致整个社会和个人生活市场化和资本化，因而没有提供如何避免和克服市场经济负面作用和影响问题的对策。

存在这三方面缺陷的价值体系设计所造成的现实是：人们的自由平等身份与利益追求、市场竞争三者相结合所导致的社会两极分化和整个社会的资本化。一方面，在资本主义社会，人们在竞争中被分为富人和穷人，富人占有大量的社会财富和资源，而穷人则只能获得最低的生活保障。那些在自由竞争中取胜的人形成不同的利益集团，这些利益集团之间为维护和扩大自身的利益而竞争政治上的权力。其中经济实力雄厚的利益集团往往在竞争中取胜并控制着政治上的权力，而那些在自由竞争中失败的或处于劣势的普通社会成员则通常与政治权力无缘。在这种政治权力分配的格局中，他们没有成为真正的社会主人，相反成了被统治者，虽然他们仍然具有人身自由和平等的机会。另一方面，社会经济和政治机会对所有社会成员都是开放的，所有的社会成员包括那些在自由竞争中取胜的人都得不断地追求实力的增强，追求占有更多的资本，以便跻身于富人的行列，获得更高的社会地位。他们都会被经济利益所驱动，为获取更多的利益而生存，人的自由、幸福和全面发展因而被丧失。富人与穷人的划分伴随着竞争不断地进行，富人也需要不断地赚钱，不断地争取政治权力。这样，社会生活和所有人的个人生活实际上都资本化了，不仅普通人没有真正的自由和幸福，那些富人、那些掌握着政治权力的强者实际上也没有自由和幸福。因此整个社会就发生了全面的异化。如前所述，资本主义价值体系最初设计所暴露出来的问题，为后来人所注意并加以改进，如为克服严重两极分化而建立的社会保障制度等等。但是，由于这一体系设计上的问题是根本性的，因而今天的西方资本主义价值体系和文化仍然是有缺陷和问题的，而且它们很难在这个体系的框架内加以克服和解决。

西方价值体系设计的问题所导致的社会全面异化的教训告诉我们，要高度重视社会主义价值观的理论设计，使之具有充分的科学性、正确性和合理性。设计上差之毫厘，实践上会谬之千里，甚至导致南辕北辙。当然，社会主义价值观的理论设计不是一蹴而就的，而是一个不断总结实践经验教训、不断深化理论探讨的过程。只有在这个过程中，社会主义价值观才会逐渐达到完备、圆熟。设计社会价值观要涉及方方面面，所有这些方面都需要精心设计，尤其要高度重视正确道路的选择和规划。在党的十八大报告中，胡锦涛在总结我党的历史经验时深刻地指出："道路关乎党的命脉，关乎国家前途、民族命运，关乎人民幸福。"① 中国特色社会主义道路是中国共产党为中国社会选择的实现民族振兴、国家富强和人民幸福的正确道路。我国在设计和构建社会主义价值观的过程中，要认真汲取近现代西方国家的教训，不仅要坚定不移地走中国特色社会主义道路，而且要在设计上防范各种可能发生的偏差，努力实现中国特色社会主义事业的全面进步和科学发展。

第二，顺应人的本性。

西方近现代所构建的主流价值文化之所以能得到西方世界的广泛认同，

---

① 胡锦涛：《坚定不移沿着中国特色社会主义道路前进为全面建成小康社会而奋斗——在中国共产党第十八次全国代表大会上的报告》，《光明日报》2012 年 11 月 18 日第 3 版。

具有很强的社会感召力、渗透力和影响力，并成为当今世界的强势价值文化，从其内容上看，是因为这种价值文化顺应了人的本性，它是根据人的本性的要求并致力于满足人的本性的要求设计和构建起来的。

对于人的本性是什么，自古以来思想家有不同的看法，但有一点是大家比较公认的，这就是：人的本性具有利己的自然倾向，要求自己生活（存）得更好；另一方面人又具有理性的本性，人会利用自己的理性来谋求自己的利益，实现自己生活得更好的要求。西方近现代思想家清醒地意识到人的这种本性，并且在尊重和顺应人的这种本性的前提下构建整个社会的价值体系和价值文化。

近现代西方思想家首先论证人的利己的自然倾向天然合理，因而也是道德的。对于人的利己本性，西方近现代思想家有不同的表达，有的称之为“自私”（马基雅维利），有的称之为“自然权利”（霍布斯），有的称之为“自爱”（如爱尔维修）。但是，他们并不因为这种本性的利己性而否定它，而是在肯定和尊重它的前提下探讨如何使它更好地得以实现。他们通过探讨发现，如果每个人都任由自己的利己本性行事，就必然导致人与人之间的相互妨碍和相互伤害，必然导致“弱肉强食”，这样人间就会成为战场，就会出现“人对人是狼”的可怕战争状态。假如这样，不仅人的利己的本性和生活得更好的要求根本不可能得以实现，而且人的生存都会受到严重的威胁。为了避免这种情况发生，人就需要运用自己的理性。人的理性具有反躬自省的能力，它能使人意识到人们既追求自己利益的实现又不相互伤害的重要性，并且会要求人们如此。同时，理性也会告诉人们，要追求自己利益的实现又不相互伤害，就需要制定一些大家共同遵守的规则。当有人违反规则时，则需要有保证规则实行的机构，这就是国家。国家是大家通过订立契约建立的、保证人人都应遵守所定规则的社会管理机构。国家的主人是社会成员，这种规则是社会成员自己制定的法律，作为国家管理机构的政府在法律的范围内依法管理社会事务，使社会成员更好地实现自己的利益。他们同时承认，道德在社会生活中也有重要作用，它不仅要求个人利己不能损害他人（无损于人），而且要求有益于人，服务他人，从而实现大家的利益共进。西方近现代主流价值体系大致上是按照这个思路设计的，西方近现代主流价值文化也是以此为根据构建的。

从以上简要分析来看，西方近现代主流价值体系完全是以肯定人的利己本性为出发点，顺应这种本性，并诉诸人的理性而设计和构建的。这种设计和构建一方面基于人的利己本性，引导人们从利己走向利他、从爱自己走向爱他人，从而使人们更好地实现自己的利益；另一方面，也根据人利己本性更好实现的要求处理个人与国家、政府的关系，使国家和政府服务于社会成员的利益共进。正是因为这种价值体系具有人性化、人道化的性质，所以它更容易为人们所认同和接受。这种价值文化虽然看起来世俗而不圣洁、现实而不理想，但它便于普通百姓理解和接受，非常有亲和力。西方近代以来几百年的实践表明，尽管这种主流价值文化受到过一些冲击，也因为这些冲击和社会变化而不断地被改进，但它的基本性质和核心内容并没有面临严重危机和挑战，没有被否定。西方近现代主流价值文化及其构建给我们的重要启示在于，我们所构建的价值体系，必须尊重和顺应人的本性，然后在此基础上构建能使人的本性得以更好实现的政治结构和社会结构。

第三，既要大力发展市场经济又要有效防范其负面作用。

西方近现代主流价值文化是适应市场经济兴起和发展构建的。市场经济发展与这种价值文化的构建是一种良性互动的关系。一方面，市场经济既是它生长的土壤，又是它发展的动力；另一方面，它的形成和完善大大促进了市场经济的发展，而市场经济的发展又促进了这种价值文化的形成和完善。在这种关系中，尤其值得注意的是市场经济发展对西方近现代主流价值文化构建的意义。

首先，市场经济客观上要求与之相适应的价值文化，西方近现代主流价值文化正是适应这种要求建立起来的。资本是市场经济的命脉，市场经济运行的目的就是资本的增殖。市场经济的这种性质要求与之相适应的价值文化必须为资本的增殖服务，使一切资源（包括物质资源和人力资源）都资本化，并能带来更多的资本。这样的价值文化就是一种资本化的价值文化。西方近代主流价值文化是资本主义价值文化，而资本主义价值文化的根本性质和基本特征是这种价值文化的资本化。它是围绕着如何使资本增殖构建起来并运行的。西方近现代主流价值文化中备受推崇的自由、平等、民主、法治等，无不是服务于市场经济所追求的资本增殖。显然，没有市场经济就不会有西方近现代主流价值文化的萌生，没有市场经济的发展就不会有西方近现代主流价值文化的繁荣。市场经济是西方近现代主流价值文化的根基和动力。

其次，市场经济以其自身的优势最终打败了中世纪一切与之不相适应的价值文化，从而为西方资本主义价值文化成为主流文化扫清了障碍。基督教价值文化在西方统治长达千年之久，有着强大的教会势力和世俗的政治权力作支撑，而且它已渗入到西方社会生活的方方面面和社会成员的灵魂。西方近代为推翻这种价值文化的统治进行了不懈的努力，如文艺复兴运动、宗教改革、启蒙运动等等。这些努力对于推翻基督教价值文化的统治和构建资本主义价值文化无疑具有重要作用，但需要注意的是，最终从根本上动摇基督教价值文化统治并使之退出历史舞台的是市场经济的发展。而且上述的革命运动本身也是适应市场经济发展的要求爆发的。因此可以说，市场经济是一种生命力强大的经济，具有击败一切与之不相适应的价值文化的革命性力量。

最后，西方的市场经济为与之相适应的西方近现代主流价值文化充满生命力和扩张性奠定了基础并提供了保证。市场经济是一种充满生机和活力的经济，它为了资本的增殖而永不满足现状，不断开拓进取，不断向内挖潜和向外扩张。与之相适应的西方近现代价值文化也具有同样的性质，这种价值文化是一种充满生命力的价值文化，也是一种扩张性的价值文化。今天西方国家在全世界范围推行他们的价值文化，其根源就在于作为这种文化基础的市场经济的扩张本性。

然而，市场经济又是一种有缺陷的经济。这主要表现在：它会导致社会不公。市场经济实质上是只讲经济效率，不讲社会公平，如果没有政府的干预，必然导致富者愈富、贫者愈贫的两极分化和社会不公问题。市场经济还会产生负面效应。由于市场经济本质上是一种唯利是图，只要可能就会不择手段的经济，因而当这种经济充分发展时，其负面效应就会特别突出而且相当严重。如在市场经济条件下人们的那些不正常的、病态的需求不仅得不到遏制，相反被刺激、强化；市场经济引导和开发需求的结果会改变人们的需求结构，那些更有钱可赚的需求就会被放大，使之恶性膨胀，其结果会使人的需求结构畸形化；拼命地利用和开发无主的、无偿的自然资源，而不管其他人和子孙后代；厂商只要有钱可赚，在有可能逃避限制和处罚的情况下，就会不顾污染环境、破坏生态的严重后果。不受控制的市场经济也会导致人性异化。在市场机制的作用下，利益逐渐成为了人们一切活动的唯一动机，谋利是为了活着，活着就是为了谋利。金钱是利益的货币表现，于是金钱成为人追求的终极目标，成为人生价值的尺度，成为人一切行为的指挥棒。人的一切都被还原为金钱。人为金钱而生，为金钱而死。金钱至上、金钱万能成为了人们生活的信条。所有这些市场经济的问题在近现代西方社会一直不同程度地存在，没有得到根本的克服和有效的防范。

西方的经验告诉我们，虽然市场经济是一种有缺陷的经济，但在人类有史以来的经济形式中，市场经济仍然是一种最先进的经济形式。只有以市场经济为基础并适应市场经济的要求构建的价值体系才可能是先进的价值体系，也只有借助市场经济的力量才能冲破一切旧的价值文化的束缚，战胜旧的价值文化，清除一切旧价值文化的消极影响。西方的经验也告诉我们，我们要战胜旧的价值文化，肃清其消极影响，必须借助市场经济的力量，必须大力发展市场经济。另一方面，我们也要吸取西方近现代的教训，不能仅仅以市场经济为基础构建价值文化，否则所构建的价值文化就会是资本化的，而资本化的价值文化并不能最大范围地使社会成员普遍幸福。

第四，思想家享有充分的思想自由。

资产阶级是在批判和反对旧的价值文化中提出和确立新的价值文化的，同时又用新的价值文化批判和反对旧的价值文化。在这种破旧立新的过程中，资产阶级政治家发挥了决定性的作用，是他们的政治实践建立了资本主义社会，并最终用资本主义价值文化取代了基督教价值文化。他们的政治实践是以新的思想理论为依据的。新的思想理论又是通过艰苦的理论创新创立的。思想理论的创新，是西方近现代价值文化构建的前提和先导。只有从理论上创立了有生命力、感召力、战斗力的新价值文化，才能通过斗争打败旧价值文化，建立新价值文化。在西方近现代，从理论上创立这种新价值文化的并不是政治家，而是思想家，尽管政治家适时地选择了这种理论并使之付诸实践。近现代西方涌现出了一大批思想巨子，他们从不同角度对西方近现代主流价值文化及其构建作出了首要的贡献。

西方近现代价值文化的构建过程大致上说是这样的：首先由思想家提出各种不同的价值观；然后政治家在各种价值观中进行挑选，并设计方案；最后政治家将设计方案制度化、法律化，并贯彻到社会生活的各个方面。在这个过程中，思想家提出的价值观是前提性的，没有他们提出的关于价值观的各种观点，不可能有随后的方案设计，也就不可能使价值观转变为社会的价值文化。虽然西方近现代思想家提出的价值观不尽相同，如有的是自由主义的，有的是共和主义的，但这些观点给政治家构建价值体系提供了素材和智慧，政治家可以在其中进行挑选和提炼，并进一步设计自己需要的价值体系方案。我们所说的西方近现代价值文化是一个统称，实际上西方各国的价值文化并不完全相同。它们之所以不同，就是因为它们所依据的价值观不同，所设计的价值体系不同。对于西方各国近现代主流价值文化构建来说，思想家的贡献无疑是首要的。

西方近现代思想家之所以能够提出各种价值观，是因为思想家享有充分的思想自由。从西方近现代历史看，除法国启蒙时期之外，西方各国虽然处于社会转型时期，基督教教会势力和封建势力仍然十分强大，但一系列革命运动给思想家营造了思想和言论自由的环境。在西方至今流传着伏尔泰的一句名言："我可以不同意你的观点，但我誓死捍卫你说话的权利。"这句名言深刻表达了西方近现代对思想和言论自由的充分尊重。正因为有了这样的自由环境，思想家才能够自由地思想，自由地发表言论。我们可以设想，如果思想家不享有充分的思想自由，像霍布斯的《利维坦》、洛克的《政府论》、亚当·斯密的《国富论》、约翰·密尔的《论自由》等具有反叛性的西方近现代价值观的经典著作是不可能问世的。即使是在封建专制主义势力十分强大的法国启蒙运动时期，孟德斯鸠的《论法的精神》、卢梭的《论不平等的起源》和《社会契约论》等革命性的著作还得以出版。自近代以后，西方资产阶级在构建资本主义价值文化的过程中，仍然十分重视社会环境的自由，确保思想家思想和言论自由的权利，应该说，思想家的思想和言论自由成为了这种价值文化的一个组成部分，成为了一种文化传统。正是在这种思想和言论自由的环境之中，20 世纪以来西方思想家提出了更多的关于价值观的观点，出版了不计其数的相关著作。这一切又为西方主流价值文化从近现代到当代的转换提供了依据。

要构建一种先进的价值文化就必须有先进的价值观，但先进的价值观并不是一个人能够提供的，而必须集中大量思想家的智慧。这就要求，首先必须有思想的自由，周围的环境允许他们自由地思想，最好还能给他们自由思想提供条件。当然，思想家也要有追求真理、探索真理、捍卫真理的精神。西方近现代主流价值文化的经验告诉了我们这个道理。有了思想自由，才可能有好的价值观，才可能构建好的价值文化，也才能建设社会主义文化强国。党的十八大报告指出："建设社会主义文化强国，关键是增强全民族文化创造活力。要深化文化体制改革，解放和发展文化生产力，发扬学术民主、艺术民主，为人民提供广阔文化舞台，让一切文化创造源泉充分涌流，开创民族文化创造力持续迸发、社会文化生活更加丰富多彩、人民基本文化权益得到更好保障、人民思想道德素质和科学文化素质全面提高、中国文化国际影响力不断增强的新局面。”① 全民族文化创造活力产生和持续迸发的一个必要前提，就是思想家和文化工作者享有充分的思想自由和创作自由。

第五，政治家履行好自己的职责。

前面我们已经提到了政治家在西方近现代主流价值文化构建中的作用。这种作用可以概括为四个方面：第一，熟悉当时各种价值观的基本观点。西方近现代政治家都比较了解当时思想家的思想，甚至非常推崇他们的思想。据说法国大革命时期的罗伯斯庇尔就是卢梭的忠实信徒，被称为“行走中的卢梭”。第二，对这些观点进行挑选，并在此基础上根据国情设计价值体系。这既是一个择优的过程，也是一个集中思想家智慧的过程。例如，英国选择了君主立宪制，而法国、美国选择了总统制。它们都是根据启蒙思想家的思想及本国的实际情况做出选择，并设计价值体系方案的。其中最典型的是美国。美国的开国政治家们就是根据启蒙思想家孟德斯鸠的“三权分立”思想设计美国的政治体制的。第三，将这种价值体系的终极目标、核心理念和基本原则制度化、法律化。我们看到，近代西方政治家在基本完成价值体系的设计之后，就将其文本化为制度和法律。英国的《权利法案》、美国的《独立宣言》及随后的《美国宪法》、法国的《人权宣言》及随后的宪法，都是这样产生的。第四，根据法律治理国家。自近代开始，西方各国都实行宪政和法治，它们将价值体系制度化和法律化后按照法律管理国家，通过国家的行政管理，使制度和法律得以贯彻落实，从而使所选择的价值观和所设计的价值体系现实化，成为价值文化。

从以上分析可以看出，政治家在构建西方近现代主流价值文化中的主要作用，是在思想家提出的各种观点中进行选择，设计价值体系方案并使之法制化、现实化，而不是提出有关价值观的思想理论观点。在这里，思想家提出各种观点在先，政治家进行选择和构建活动在后。西方政治家一般不做思想家所做的事情，更不是首先由政治家提出观点，然后由思想家再对政治家的观点进行阐释和论证。政治家并不是不能提出有关价值观的观点，实际上每个人都有自己的价值观，但政治家根据自己的价值观来进行社会价值体系的设计有很大的局限。首先，如果这样，他们就不会在各种思想观点中选择最正确、最先进的。当然，他们自己的思想观点有可能是最正确、最先进的，但更有可能不是这样。政治家成天忙于政治事务，没有精力从理论上研

① 胡锦涛:《坚定不移沿着中国特色社会主义道路前进为全面建成小康社会而奋斗——在中国共产党第十八次全国代表大会上的报告》,《光明日报》2012 年 11 月 18 日第 3 版。

究价值观问题从而获得真理性的知识，而且他们通常也不具备从事这方面理论研究的专业能力。他们的价值观大多像普通人一样是通过学习和经验形成的，不系统、不完整，也没有经过理论的论证，基本上是常识性的价值观。显然，以这样的价值观为根据设计的社会价值体系很难是科学、正确和先进的。其次，政治家有自己的利益，并且代表着一定的利益集团，因而他们的价值观很难摆脱这种利害关系而具备真正的公正。如果以他们自己的价值观设计社会价值体系，这种价值体系就有可能是偏私的，不能代表全体社会成员的利益。西方近现代以至当代的政治家清醒地意识到上述问题，从而将提出价值观的任务交给思想家，自己则将精力放在集中思想家的智慧上，有选择地根据他们的思想观点构建方案并付诸实施，这是十分开明和明智的。

西方近现代政治家在构建价值文化的过程中给思想家以自由，让他们自由地研究和提出思想观点，并尊重和采用他们的思想观点。这些做法给我们的重要启示在于，政治家要开明、明智，要意识到就价值文化构建而言自己不是思想家，而是设计师，尤其是工程师；要意识到自己有自己的职责、自己的优势，也有自己的局限；不能因为自己的位高权重，就认为自己的观点、看法正确，是真理；不能唯我独尊，不去了解和吸取思想家的观点，相反要思想家来为自己的观点作阐释、作辩护或唱颂歌，甚至对与自己观点不一致的观点大加讨伐。当然，我们也要借鉴西方近现代的做法，从制度上保证思想家的思想自由，防止政治家以自己的价值观作为社会价值体系的依据。在社会主义文化强国的建设过程中，政治家要像党的十八大报告所要求的，一方面，“必须走中国特色社会主义文化发展道路，坚持为人民服务、为社会主义服务的方向”，另一方面，必须“坚持百花齐放、百家争鸣的方针，坚持贴近实际、贴近生活、贴近群众的原则”。[①]

第六，制度化和法律化是关键。

近现代西方政治家在构建其主流价值文化的过程中，采取的一个关键步骤是使所设计的价值体系制度化、法律化，其重要体现就是实行宪政。所谓宪政，一般地说，是指以宪法为中心的民主政治。它是民主与法治的结合，它通过民主的途径形成全社会的共同意志并建立宪法，同时又通过宪法规范整个社会生活，包括政权的组织形式和运行模式。从主流价值文化构建的角

① 胡锦涛：《坚定不移沿着中国特色社会主义道路前进为全面建成小康社会而奋斗——在中国共产党第十八次全国代表大会上的报告》，《光明日报》2012 年 11 月 18 日第 3 版。

度看，宪政就是将所设计的价值体系方案通过一定的程序转变成具有最高权威的宪法，通过宪法的权威性使价值体系及其要求贯彻到政治生活以及其他社会生活的各个方面，任何人包括政治家都不能改变价值体系的内容，不能违背价值体系的原则。西方近现代价值体系得以在西方社会现实化为主流价值文化，一个重要的原因就是西方各国实行宪政，使价值体系制度化和法律化。在一定意义上可以说，西方国家的宪法就是它们的价值体系制度化和法律化的集中体现。美国在《独立宣言》发布之后，很快就根据其内容和精神制定了美国宪法，法国在《人权宣言》发布之后，也紧接着制定了法国宪法，西方其他国家也都仿效美国和法国走宪政之路，以美国宪法为范例制定本国宪法。正是在实行宪政的过程中，西方近现代主流价值体系，特别是其中的最终目标、核心理念和基本原则得以制度化和法律化，它们在民主与法治的结合中成为了一种文化，即资本主义文化。

使价值体系制度化、法律化，尤其是实行宪政，对于将其现实化为社会的主流价值文化具有非常重要的作用。首先，制度化、法律化的过程，特别是立宪的过程，是一个民主参与的过程，在这个过程中，为了使所设计的价值体系广为人知，需要让广大的社会成员参与讨论，在讨论的过程中形成共识，进一步完善价值体系，并使之得到公认。这样，其设计的价值体系就具有了广泛的群众基础和权威性。其次，当社会价值体系的基本精神和原则转变为宪法条文之后，它们就上升为了国家意志，具有最高的权威性，必须在政治和社会生活中得以贯彻，任何人和任何机构包括政治家和政府都不能违背它，否则就会受到追究和惩罚。当社会价值体系的现实化获得了强有力的保障，也就会形成与价值体系相一致的社会价值文化。最后，法律，特别是宪法具有稳定性、连贯性，当社会的价值体系法律化之后，就可以保证它的稳定性、连贯性。一种价值体系的具体内容是可以根据时代的变化而改变的，只有这样价值体系才能与时俱进，充满生机和活力，但是它的终极目标、核心理念和基本原则总体上不能变，否则它就不是它自身，而是其他的价值体系。要保持价值体系的稳定性和连贯性，就必须通过法律特别是宪法的形式将其中的核心内容确定下来。宪法是保持社会价值体系稳定性、连续性的主要方式。美国宪法 1787 年制定、1789 年生效以来，两百多年除了后来制定的 27 条修正案之外，基本上没有什么大的变化。美国宪法的稳定性保证了美国主流价值观的稳定性，正因为有这种稳定性才逐渐形成了美国的主流价值文化。

西方近现代将主流价值体系制度化、法律化的经验告诉我们，在构建我国主流价值文化的过程中，关键是要进一步明确地走宪政之路，将民主与法治结合起来，将主流价值体系方案的制订与宪法的修订结合起来。一方面，要将宪法修订的过程变成全民对主流价值体系方案形成共识的过程，变成集中全社会智慧完善主流价值体系方案的过程；另一方面，要将主流价值体系的主要内容（终极目标、核心理念和基本原则）制度化和法律化，使之成为国家意志，成为具有权威性和约束力的政治规范。与此同时，还要进一步提高宪法在国家中的地位，使之真正成为国家的最高权威，成为我国主流价值体系得以有效贯彻的可靠保证和我国主流价值文化构建的坚强有力的保障。党的十八大报告指出："人民民主是我们党始终高扬的光辉旗帜。""法治是治国理政的基本方式。"[①]我们要按照党的十八大报告的要求，在构建我国主流价值文化的过程中，不断推进民主制度和机制建设，不断推进宪政和法治建设，使制度化和法律化有机结合起来，为我国主流价值文化构建提供牢固基础和可靠保证。

① 胡锦涛：《坚定不移沿着中国特色社会主义道路前进为全面建成小康社会而奋斗——在中国共产党第十八次全国代表大会上的报告》，《光明日报》2012 年 11 月 18 日，第 3 版。

第四章　现代文明问题与社会德性思想

20世纪以来的西方现代德性思想是与西方近代德性思想一脉相承的，但社会德性问题研究与个人德性问题研究比近代分离得更为明显。这个时期除伦理学家以外的西方大多数思想家关注的问题是社会德性问题，特别是伴随着西方近现代文明繁荣和在西方世界以外流布所出现的各种社会德性问题。在这一历史时期的不同阶段有不同的突出社会德性问题，因而不同阶段的思想家所研究的重点社会德性问题也不尽相同。这一历史时期的学科分类更为分明，不同学科的思想家通常侧重于从自己学科的角度研究不同的社会德性问题，当然也存在着不少从不同学科的角度研究同一社会德性问题的情形。到目前为止的西方现代虽然时间的跨度没有近代长，但这个时期思想家社会德性思想的理论成果更丰富，更有针对性和现实操作性。如果说西方近代思想家的德性思想理论成果更具有开创性的话，那么可以说西方现代思想家的德性思想理论成果更具有诊疗性。这些理论成果一方面通过深化、拓展和修正西方近代形成的主流社会德性思想体系使之成为更适应时代的更完善的主流社会德性思想体系；另一方面也对西方近代以来的主流社会德性思想体系乃至整个西方文明进行了严厉的批判，尽管似乎并不像近代一些思想家那样在批判的同时提出各自不同的社会德性思想体系。现代也是西方近代以来社会德性思想向西方以外世界迅速流布的时期，西方近代以来的社会德性思想通过著作译介、学者讲学、学术交流以及留学生等途径在世界各地得到了相当广泛的传播，并对世界大多数国家产生了广泛而深刻的影响。至少可以说在整个20世纪西方主流社会德性思想是全世界主导性的社会德性思想。当然，这种流布以及各民族国家的民族意识觉醒和本土思想文化的自觉，也反过来程度不同地影响了西方现代社会德性思想。从这种意义上看，现代西方社会德性思想史也是它与非西方社会德性对撞、交融的过程，这一过程还在不断加深着。

一、西方社会德性思想从近代到现代的发展

西方近代与现代的划分并没有一个公认的界线。从西方历史发展的内在逻辑看，这个界线应该划分在第二次世界大战结束后的20世纪50年代。其理由是，从商业革命爆发到第二次世界大战结束的650年，是西方市场经济体系从兴起到基本完善的过程，也是与市场经济相适应的意识形态、政治制度、价值体系（文化）从兴起到基本完善的过程。而自20世纪50年代开始，西方社会整个进入到了一个繁荣的稳定发展历史时期。不过，本书还是遵从我国学术界的惯例大致上把这一界线划分在第一次世界大战前的20世纪初。当然这样划分也有助于我们了解西方现代德性思想复杂的社会现实根基。这个时期是西方近代主流社会德性思想在西方普遍现实化并占据主导地位的时期，也是西方现代社会德性思想与西方现代社会直接交互作用的时期。正是在这种交互作用中西方社会德性思想实现了从近代到现代的历史演进。

（一）西方现代文明的繁荣与问题

奠基于近代的现代西方文明有四大基本构成要素，即市场经济、现代科技、民主政治和现代法治。这四种基本要素在20世纪以前已经基本具备，但直到20世纪才逐步达到完善。

西方的市场经济肇始于14世纪西欧发生的商业革命，经过了约500年的曲折发展，到20世纪30年代后走向完善，其标志是基于凯恩斯主义的国家干预主义。在这个过程中，西方市场经济经历了三次重大的革命性变革，而这三次革命是与经济学理论的革命直接关联的：第一次经济学革命是亚当·斯密所实现的“自由主义革命”。在这次革命前的西方市场经济基本上处于自发、混乱和被鄙视的状态，虽然其间出现过重商主义和重农主义，但它们没能给市场经济发展提供坚实的理论基础，更没能为其提供有力的辩护，自由主义革命最重要的意义在于，它为市场经济提供了理论基础和强有力的辩护，从而一方面使市场经济从自发走向自觉、从混乱走向有序，另一方面使市场经济作为社会的基本经济形式得到了广泛的认同。第二次经济学革命是发生在19世纪的“边际革命”。这次革命使经济学从古典经济学强

调生产、供给和成本，转向现代经济学关注的消费、需求和效用。这次革命的重要实践后果是使市场经济更注重消费者需求的满足和开发，从而给市场经济提供了更广泛的空间和更大的动力，市场经济从此步入发展的快车道。第三次经济学革命是 20 世纪的凯恩斯革命。凯恩斯主义否定此前西方市场经济的自由放任原则，提倡国家干预原则。认为政府应该成为社会经济秩序的积极干预者，而不应该只是社会经济秩序的消极保护者。这次革命的最重要意义在于调整了政府与市场经济的关系，为克服和避免市场经济的一系列消极后果、使之走向健康有序提供了强有力的保障。三次经济学理论的革命，为西方市场经济发展扫清了主要障碍，使西方市场经济在经济学理论的指导下不仅成为西方社会占绝对统治地位的经济形式，甚至是唯一的经济形式，而且在第二次世界大战后它迅速走向繁荣，为西方现代文明的发展奠定了坚实的物质基础。

西方现代科技直接源于近代早期弗兰西斯·培根确立的"知识就是力量"的观念，启蒙运动以后的西方哲学对理性的高度推崇为现代科技奠定了坚实基础。西方现代科学的发达也是通过三次科技革命实现的。如同西方的市场经济以经济学理论为先导一样，西方现代技术以现代科学为先导。第一次科技革命是近代早期以现代天文学和经典力学的产生为标志的科学革命；以瓦特蒸汽机的广泛应用为标志的技术革命；以及由此带来的以机器大工业兴起为标志的产业革命。第二次科技革命是 18 世纪下半叶到 19 世纪下半叶发生的包括天文学、地质学、物理学、化学、生物学在内的科学革命；以电力技术发展、电机发明与完善为主要标志的技术革命；以及由此产生的以电力为标志的产业革命。第三次科技革命是 20 世纪 50 年代发生的。它以原子能技术、航天技术以及微电子技术应用为代表，包括人工合成材料、分子生物学和遗传工程等高新科学技术。这次科技革命具有科学技术直接转化为生产力的速度加快、科学与技术密切结合并相互促进、科学技术在各个领域相互渗透等突出特点。这三次科技革命不仅极大地推动了社会生产力的发展和劳动生产率的提高，促进了社会经济结构和生活结构的变化，推动了国际经济格局的调整，更重要的是为市场经济提供了强有力的支持和动力，它们相互作用锻造了现代西方的物质文明。市场经济插上了科学技术的翅膀获得了迅猛的进步，而科学技术在市场经济利益最大化动机的驱使下得到了飞速的发展。如果说市场经济是现代西方文明的根本动力，那么可以说现代科技是现代文明发展的主要手段。

市场经济是一种主体多元化的经济，也是一种主体自主化的经济，与这种经济相适应的政治只能是以社会成员个体（包括个人、企业及其他社会组织）自由、平等为基础的民主政治。西方各国在市场经济经过了近三个世纪后开始逐渐建立起民主政治制度。这种民主政治不同于古希腊的直接民主，它是以近代形成的自由主义政治理论为依据、通过资产阶级革命建立起来的代议制民主，即间接民主。代议制民主理论由创始人洛克，经孟德斯鸠、潘恩等人，到约翰·密尔那里达到成熟。洛克是西方第一位系统阐述“天赋人权”、“宪政民主”、“三权分立”的思想家，其政治哲学奠定了西方近代个人主义和自由主义价值观的理论基础。孟德斯鸠则不仅在洛克分权思想的基础上明确提出立法权、行政权和司法权“三权分立”和以权力制约权力的学说，而且论证了实行法治的必要性、可行性，并提供了实行法治的现实路径。约翰·密尔则进一步从自由主义政治哲学的角度阐发了人的社会自由，尤其是第一次对代议制民主作了系统的阐述。“‘代议制’民主理论的突出特点是以个人的自由权利至高无上为前提，强调政府的权力不仅是公民赋予的有限权力，而且在任何情况下都不得干涉公民在法律范围内的自由。”[①]西方近代各国先后发生的资产阶级革命，将这一理论各具特色地变成了本国的现实。经过近长达300年的反复、斗争的复杂过程，到第二次世界大战结束，以希特勒政权垮台和墨索里尼上绞刑架为标志，民主制度不仅在西方取得全面胜利，而且开始走向健全和完善。

西方近代思想家特别是自由主义思想家在提出代议制民主理论的过程中，几乎一致强调，必须确立法律在国家治理和社会生活中的最高权威地位，必须将一切政治权力置于法律之下，以法律确保公民的自由权利。在他们看来，个人的自由权力的最大危险是政治权力，而且不受制约的权力必然腐败，因此权力必须受制约。权力不仅要用权力制约，更要用法律制约，确立法律的至上权威。法治观念在西方自古以来就存在，但传统法治观念只是将法律作为政治权力治理国家的手段。对于这种观念来说，权力高于法律。与这种传统法治观念不同，现代法治观念将政治权力作为实现国家法律治理的手段，法律不仅高于权力，而且权力只能在法律的范围内并依据法律实行社会管理，即所谓“法无授权不可为”。另一方面，法律又最大限度地保护社会成员个体的自由权利，为了个体的自由权最大限度地得以普遍实现，法

① 江畅：《在借鉴与更新中完善中国民主观念——西方民主理论的启示与警示》，《中国政法大学学报》2014年第5期。

律禁止一切伤害其他社会成员自由权利的行为，即是所谓“法无禁止即可为”。这就是西方的现代法治观念。显然，这种法治观念是与民主观念、人权观念相辅相成的。它们一起构成了近现代西方的“宪政”观念。可以说，西方现代法治发展完善过程大致上是与西方民主政治发展完善过程同步的，只是到 20 世纪后西方法治面临的问题更多，因而法治思想更丰富，争论也更激烈。

以上西方现代文明的四大要素，也是西方现代文明繁荣的四大标志。西方现代文明与西方近代文明是一脉相承、性质相同的，可以通称为西方资本主义文明。西方现代文明走向成熟和繁荣意味着西方资本主义文明走向成熟和繁荣。西方资本主义文明在走向成熟和繁荣的过程中，暴露出许多问题，特别是进入 20 世纪以后，这种文明的问题暴露得十分充分。而在所有这些问题中，有些问题得到了比较好的解决，如环境污染和生态破坏问题、饥饿问题、劳动强度大和工作时间长等问题，但也有一些问题是属于资本主义文明本身固有的，难以得到彻底解决，充其量只能使之缓和。

西方现代文明所暴露出来的突出而又难以解决的问题，归纳起来有以下八个方面：

第一，贫富两极分化。整个资本主义文明是完全建立在市场经济基础之上的，而市场经济是一种以市场主体利益最大化为驱动力、以凭实力自由竞争的经济。这种竞争的结果必然会导致社会成员的贫富两极化，最严重的情况就是有一部分社会成员陷入马克思所说的“绝对贫困化”，即缺乏起码的生活保障。20 世纪西方实行高福利政策以后，基本解决了社会最弱者起码的生活保障问题，但并没有因此解决社会的贫富两极分化问题。例如，美国从本世纪初开始，社会出现两极分化仍在加速。目前，400 个最富的美国人占有的财富超过 1.5 亿底层美国人占有的财富总和。2002 年至 2007 年间，65% 的收入落入了最上层纳税者的腰包。虽然美国的劳动生产率自新千年以来得到了巨大提高，但大多数美国人没有从中受益，民众的平均年收入减少了 10% 以上。①

第二，周期性经济危机。自 1825 年英国第一次发生普遍生产过剩的经济危机以后，西方资本主义世界于 1836 年、1847 年、1857 年、1866 年、1873 年、1882 年、1890 年、1900 年、1907 年、1914 年和 1921 年，差不多

① 参见《美国：“1% 大国”贫富差距史无前例分化加速》，新华网 2011 年 10 月 31 日，http://news.xinhuanet.com/world/2011-10/31/c_122216588_2.htm。

每隔十年左右就要发生一次这样的经济危机。1929—1933 年又爆发了规模更大、影响更深刻的世界性经济危机。这一次危机是资本主义有史以来最严重的一次危机，与以往历次危机相比，它有以下新的特点：首先，这次危机持续时间长达五年，实际上造成了经济长期萧条的局面，而以往的危机持续时间不过几个月或十几个月。其次，这次危机所造成的生产下降，失业增加，都是以往的危机难以相比的。1932 年，整个资本主义世界的工业生产相比 1920 年下降了三分之一以上。在五年时间里，整个资本主义世界总失业人数由一千万增加到三千万，加上半失业者共达四千万至五千万人。其中美国失业人数由 150 万增加到 1300 多万，失业率接近 25%。这次危机使整个资本主义世界的工业生产倒退到 1900—1908 年的水平，英国甚至倒退到 1897 年。而以往的经济危机，生产水平通常只是倒退一两年。第三，这场危机不仅是一场生产危机，同时也是一场金融危机。它的开端便是纽约股票市场于 1929 年 10 月爆发行情暴跌，之后不少国家的股票交易宣告破产。美国的股票价格平均下跌了 79%。整个资本主义世界的许多银行由于猛烈而持续地爆发挤提存款、抢购黄金的风潮而破产倒闭。更为严重的是，在以往的危机中时常采用的旨在摆脱危机的金融货币政策完全失灵。原来以为实行了国家干预政策之后，能够克服周期性的经济危机，然而，情形并非如此。自 1933 年以后，差不多每隔七八年经济危机就会发生一次，2008 年更是爆发了世界性的金融危机。这一系列事实表明，经济危机是以市场经济为基础的西方资本主义文明的痼疾。

第三，社会资本化和物化。近代建立起来的资本主义文明虽然看起来是个体主义、自由主义的，但其根本性质是资本主义的，或者更确切地说，它的出发点和目的是个人解放、自由和幸福，但这种价值体系在使人解放和自由的过程中却发生了异化，经济领域的利益最大化原则逐渐渗透到了整个社会生活，社会最终走向了以资本增值为轴心，资本渗透它的整个结构和功能，资本控制一切。其结果，个人虽然从专制之下获得了解放，也获得了自由，但整个社会被资本所控制，个人也因此而成为新的奴役力量即被资本所奴役，并没有真正获得解放、自由和幸福。整个社会生活资本化的直接后果是社会生活的物化，用马克思的话说，就是“资产阶级在它已经取得了统治的地方把一切封建的、宗法的和田园诗般的关系都破坏了。它无情地斩断了把人们束缚于天然尊长的形形色色的封建羁绊，它使人和人之间除了赤裸裸的利害关系，除了冷酷无情的‘现金交易’，就再也没有任何别的联系了。

它把宗教虔诚、骑士热忱、小市民伤感这些情感的神圣发作，淹没在利己主义打算的冰水之中。它把人的尊严变成了交换价值，用一种没有良心的贸易自由代替了无数特许的和自力挣得的自由。”[①]这就是资本的逻辑。不受制约的资本逻辑的力量足以使整个社会和人的心灵彻底物化和奴化。用桑德尔的话说，就是现代社会使得我们从“拥有一种市场经济”最终滑入了“成为一个市场社会”。[②]20世纪以来，资本主义文明的资本化、物化问题并没有得到根本的克服。

第四，社会成员政治参与。西方近代建立起来的“代议制”民主，虽然具有直接民主所不具备的优势，但这种民主也有明显的缺陷。“代议制”是通过选民代表来管理国家的，公民作为国家主人的统治权力（主权）仅仅体现在他对“代表”的选举上，一旦选举完成，公民的统治权力就被移交给“代表”。这样一种间接民主的最大弊端在于，社会成员没有真正成为社会的主人，没有真正参与政治和社会管理。除了这一问题之外，“代议制”还存在着“代表”偏离“被代表”意志立法和决策的危险。这些问题早在“代议制”的设计者约翰·密尔那里就已经意识到，但到目前为止，西方国家尚未找到解决这一问题的有效办法。

第五，“寡头统治”。西方的“代议制”民主政治同时也是政党政治。政党以及政党政治是与市场经济相伴随的社会利益分化的结果。从其产生的实质看，政党政治是以存在着不同的政党为前提条件、以获取政治权力为目的的。[③]西方大多数国家的“代议制”民主政治采取的就是这种多党竞争执政的政治形式。这种政治形式的问题是十分明显的。政党总是为某一或某些利益集团支持的，得到支持的政党执政不能不考虑所代表的利益集团的特殊利益，尽管它们总是打着国家利益的旗号，但只要一有机会就会首先考虑集团的利益。因而政党政治很有可能发生偏私。同时，一些大的利益集团一旦形成就相当稳定，作为它们代表的政党总是具有更强的实力，那些代表中小集团利益的政党常常不能与之抗衡。这样，政党政治就会沦为少数人的利益集团操纵国家的工具。这一问题在美国就十分明显。19世纪30年代以来，美

---

① ［德］马克思、恩格斯：《共产党宣言》，见中共中央编辑局编译：《马克思恩格斯文集》2，人民出版社2009年版，第33—34页。

② 参见［美］桑德尔：《金钱不能买什么——金钱与公正的正面交锋》，邓正来译，中信出版社2012年版，引言XV。

③ 关于政党政治的意义和问题，可参见江畅：《理论伦理学》，湖北人民出版社2000年版，第235页以后。

国政治实际沦为了民主党和共和党两大党竞争的“寡头政治”。

第六，多数“暴政”。无论是直接民主还是间接民主，其决策的方式只能采取“多数裁决”的方式，因而“多数裁定”成为了民主的一条基本原则。对于民主来说，实行这一原则具有不可避免性，但在实行这一原则的过程中会出现诸多的问题，其中一个最突出并会引起严重社会后果的问题是少数人利益受到保护的问题。在民主决策的过程中，多数人作出的决策代表的是多数人的利益，而被否决的少数人意见所代表的利益是少数人的利益。也就是说，民主决策总会牺牲少数人的利益。问题还在于，当参与决策的大多数逐渐形成为一种利益共同体之后，它就会成为一种对于少数人利益而言的“暴政”。多数暴政问题实质上就是在民主决策过程中多数人持续损害少数人利益的问题。如何防止多数暴政问题是西方民主实践过程中面临的一个非常棘手的政治难题。

第七，“极权主义”。马尔库塞认为，资本主义这种单向度的社会是新型的极权主义社会。这种社会是在压倒一切的效率和日益提高的生活水准的双重基础上的，利用技术力量而不是恐怖力量去压服那些离心的社会力量。资本主义社会由于广告、宣传通过电视、电台、网络等传媒无孔不入地侵入了人们的闲暇时间，闲暇时间成了被商业和政治所控制的非自由时间，私人空间因而被完全占领。当代资本主义社会的物质富裕使人们只满足于眼前的物质需要。他们的物质需要满足了，但心灵却被物化和奴化，他们不再追求自由了，而自由是幸福的前提。更为重要的是，资本主义社会成功地实现了对大众心理意识的操纵，使人们再也没有了否定和批判现实的想法，丧失了想象和实现与现状相反的生活形式的能力。人们内心批判向度的丧失，导致各个领域的一体化，同时又使西方社会的不民主表现为舒舒服服的民主。正是因为实现了对内心意识的操纵和控制，当代资本主义社会的极权主义状态在广度和深度方面都超过了以往的极权主义社会。马尔库塞的上述看法深刻揭示了现代西方文明的极权主义特征。

第八，恐怖主义。西方国家为了本国或西方世界的利益，对外进行经济、政治、军事、文化的扩张和渗透，由此导致了战争和恐怖主义。20 世纪的两次世界大战都是西方国家发动的，第二次世界大战以后，美国还发动了不少局部战争，至今海外还有不少其军事基地。而更令西方国家和全世界头痛的是今天频发的恐怖主义。自“9・11 事件”发生以来，恐怖主义已经成为困扰西方乃至全人类的恶魔，生活在今天世界的人类，特别是西方人，很难预测什么时候、什么地方会发生恐怖活动，自己在什么时候、什么地方会成为恐怖活动的牺牲品。这样一种全人类性的人人自危状况是人类前所未有的。导致恐怖主义滋生的原因十分复杂，但可以肯定的是，恐怖主义的猖獗与西方现代化过程中的对外扩张，特别是与发达资本主义国家对其他国家经济上的掠夺、政治和军事上的干预、文化上的渗透有着深刻的关联。

（二）全球化的加快及其挑战

人类的全球化始于西方近代海外探险和殖民，经过 400 多年后，到 20 世纪其速度大大加快。托马斯·弗里德曼在《世界是平的：21 世纪简史》一书中提出，全球化经历了三个伟大的时代。①

第一个时代从 1492 年持续到 1800 年。这个阶段肇始于哥伦布远航开启新世界间的贸易。在这一时期，受到宗教影响或帝国主义影响（或两者的结合），国家和政府利用暴力推倒壁垒，将世界的各个部分合并为一。其主要的问题是：我的国家在全球竞争中处于何种地位？我如何走出国门，利用我的国家的力量和其他人合作。

第二个时代从 1800 年左右开始一直持续到 2000 年，这中间曾被大萧条和两次世界大战打断。在这一时期，推动全球化的主要力量是跨国公司，这些公司到国外去的目的就是要寻找市场和劳动力。正是在这个时代让我们看到了全球经济的诞生和成熟，各国之间有着充足的商品和信息的流动，出现了真正的全球市场，商品和劳动力可以在全球范围内实现套利。这一时期全球化的进程取决于硬件的突破——从早期的蒸汽船和铁路到后来的电话和大型计算机。这个时期的主要问题是：我的公司在全球竞争中处于何种地位，它有哪些机遇可以利用？我怎样通过我的公司同他人开展合作？

2000 年左右我们进入了一个新的纪元，全球化让世界进一步缩小到了微型，同时平坦了我们的竞争场地。如果说全球化第一个时期的主要动力是国家，第二时期的主要动力是公司，那么第三个时期的独特动力就是个人在全球范围内的合作和竞争，而这也赋予了它与众不同的新特征。弗里德曼把这种使个人和小团体在全球范围内亲密无间合作的现象称为“平坦的世界”。平坦的世界是个人电脑（允许每一个人以电子的方式书写他自己的东西）、光缆（允许大家能够接触到世界上越来越多的电子内容）、工作流程

① 参见［美］托马斯·弗里德曼：《世界是平的：21 世纪简史》，湖南科学技术出版社 2006 年版，第 8—9 页。

软件（使得全世界所有人无论处于何地，无论距离有多远都能共同编写同样的电子内容）的综合产物。这一整合在 2000 年左右发生后，全世界的人们马上开始觉醒，意识到他们拥有了前所未有的力量，可以作为一个个人走向全球；他们要与这个地球上其他的个人进行竞争，同时有更多的机会与之进行合作。结果就是，每个人现在都会知道：在当今全球竞争机会中我究竟处在什么位置？我可以如何与他们进行合作。

弗里德曼对全球化进程的划分主要是着眼于经济，如果着眼于整个世界文明，我们大致上可以以 1900 年为界将全球化的历史进程划分为两个时期，即 1900 年以前的缓慢生长期和 1900 年至今的快速演进期。经过大约 400 年的缓慢积累和扩展，自第一次世界大战开始，全球化进程逐步加快。在整个全球化的过程中，西方世界扮演了最重要的角色。

在 20 世纪以前，全球化的缘起和推进的主要动力是西方国家海外探险，以及与之伴随的海外殖民和海外扩张。在近代早期，西方人在资本原始积累强有力的推动下到海外冒险，寻找和掠夺财富，从而开辟了新航路，这为随后发生的海外殖民和海外扩张奠定了基础。从 16 世纪开始到 19 世纪末，西方列强进行了大规模殖民扩张，完成了对殖民地的瓜分。与此同时西方的商品、宗教和文化开始渗透到世界各地。正如马克思、恩格斯所指出的，“不断扩大产品销路的需要，驱使资产阶级奔走于全球各地。它必须到处落户，到处开发，到处建立联系”。西方的殖民扩张，使世界市场初步形成。“资产阶级，由于开拓了世界市场，使一切国家的生产和消费都成为世界性的了。”① 与此同时，西方殖民扩张对殖民地的经济掠夺和政治控制，又导致了殖民地国家意识的觉醒和国家独立的要求，引发了殖民地的普遍反抗和争取国家独立的斗争运动。这种反抗和斗争最有意义的后果就是使民族国家获得了独立。到 20 世纪上半叶，人类的国家化最后完成。世界的市场化和国家化是人类全球化的重要标志，它对加速全球化具有决定性的意义，而西方的殖民扩张在推进世界市场化和国家化方面起到了关键作用。“人类从国家化走向世界化具有不可避免性，但是自 14 世纪开始的近代西方社会革命以及与之伴随的西方国家的殖民扩张大大加快了这一进程，而且对今天人类世界化进程产生了深刻的影响。不仅今天的世界一体化是这一事件的直接后果，

---

① ［德］马克思、恩格斯:《共产党宣言》，中共中央编辑局编译，见《马克思恩格斯文集》2，人民出版社 2009 年版，第 35 页。

人类以现在这种方式走向世界化也是由这一事件所造成的。”①

在知名社会学家孙伟平看来，今日全球化发展到如此广度和深度，有其深刻的时代背景和社会文化背景。其中最为关键的有三个方面：其一，全球化是开放性和竞争性的商品流通、特别是市场经济高度发展的产物；其二，全球化是现代科学技术日新月异的发展及其普及与广泛应用的结果；其三，全球化是当代社会面临的一系列决定人类前途和命运的全球性问题凸显的必然结果。② 除以上这些原因之外，全球化进程的加快也与发生在20世纪的两次世界大战、社会主义国家的出现以及“两大阵营”的划分、“苏东剧变”、中国实行的改革开放等重大历史事件都有十分密切的关系。从20世纪直到今天，推动全球化进程加快的原因比近代复杂得多，但不可否认的是，西方世界在这一进程中仍然扮演着主要角色。从上面所指出的全球化加速的原因不难看出这一点：20世纪以来西方世界的市场经济是世界上最发达的市场经济；人类的三次科技革命均发生在西方国家；人类的全球性问题也是最初在西方世界凸显出来的；两次世界大战的发动国和参与国也主要在西方；“冷战”的出现、社会主义阵营解体乃至中国的对外开放都与西方世界有着密切的关联。

20世纪的全球化快速发展深刻改变了人类社会的面貌和整个世界的格局，已经并正在影响整个人类生活方式，包括思维方式、行为方式、交往方式等等。弗里德曼将这种改变和影响称为“从垂直的价值创造模式到水平的价值创造模式的转变”，这种改变是人类的一次“大整顿”，将对人类社会产生重大影响。他说：“当世界开始从垂直的价值创造模式（命令和控制）向日益水平的价值创造模式（联合和合作）转变，当我们同时驱散那一道道‘围墙、天花板和地板’，人们立刻发现他们面临着许多纷纭复杂的变化。但这些变化不只是影响商业运作的方式。变化会影响下列许多方面：个人、团体和公司的组织方式，公司和团体的兴亡，个人如何扮演好其作为消费者、雇员、股东和市民的不同角色，人们如何看待自己的政治地位，以及政府在这一变迁中发挥何种管理作用。这一切不会在一夜之间发生，但随着时间推移，我们对在圆形的世界所习惯了的各种角色、习惯、政治地位和管

① 江畅：《理论伦理学》，湖北人民出版社2000年版，第366页。

② 参见孙伟平：《价值差异与社会和谐——全球化与东亚价值观》，湖南师范大学出版社2008年版，第5—8页。

理实践不得不进行深入调整，以适应平坦的时代。”[①]

需要特别注意的是，无论是缓慢生长期还是快速演进期，全球化都不是人类自觉而为的，而是人类文明发展的自发后果，因而全球化的快速演进给人类带来了许多过去未曾遇到甚至未曾想到的问题，这些问题对人类传统文明，也对西方近代文明提出了严峻的挑战。

快速演进的全球化提出了以下六个需要人类面对和解决的重大问题：

第一，经济技术一体化与政治文化多元（极）化的冲突。人类正在加速地全球化，这是举世公认的事实。但是，到目前为止的全球化主要还是经济技术方面的全球化，而在政治文化方面却远非如此。目前人类的世界呈现出明显的经济全球化与政治全球化对峙和冲突的局面。关于经济的全球化，学者们有种种描述。拉尔夫·达伦多夫描述说：“从金融市场通向商业、服务业和生产市场的道路不再遥远。一个在牛津订购飞机票的人，可能是与孟买的一个电脑中心联系的。有人服用一种使头脑保持清醒的药丸，药盒上贴的是本国的标签，但是药品却是在新加坡生产的。甚至就连中小企业也毫不犹豫地把眼界延伸到本国国界以外，而在国内保留一个小小的办事处。民族国家的经济统计几乎完全丧失了意义。”[②]他认为，经济发展在20世纪90年代就已不再是少数几个国家的事情。它实际上已经成为全球的事业；世界市场不再是一个欧洲共同体的市场，也不再是一个经济合作与发展组织的市场，而是一个几乎包括整个世界的市场。[③]关于科技的全球化，托马斯·弗里德曼认为，碾平世界的10大因素的汇合已经创造了一个全新的平台。这是一个全球性的、以网络为基础的竞争平台，在该平台上存在着多种形式的合作。这一平台能够使得世界上任何地方的个人、群体、公司和大学，出于创新、生产、教育、研究、娱乐（唉，还有战争）等目的进行合作，这是前所未有的创造性平台。这个平台的运作目前已经不再受到地理、空间、时间的限制，在不久的将来甚至不再受到语言的限制。[④]在政治文化方面，塞谬

① ［美］托马斯·弗里德曼：《世界是平的：21世纪简史》，湖南科学技术出版社2006年版，第180页。

② ［德］拉尔夫·达伦多夫：《论全球化》，［德］哈贝马斯等：《全球化与政治》，中央编译出版社2000年版，第202—203页。

③ 参见［德］拉尔夫·达伦多夫：《论全球化》，［德］哈贝马斯等：《全球化与政治》，中央编译出版社2000年版，第205页。

④ 参见［美］托马斯·弗里德曼：《世界是平的：21世纪简史》，湖南科学技术出版社2006年版，第158—159页。

尔·亨廷顿认为在冷战结束后，全球政治在历史上第一次成为多极的和多文化的。在他看来，当代世界仍然存在着中国文明、日本文明、印度文明、伊斯兰文明和西方文明，而且这些文明存在着冲突。实际上，我们从国家的角度看，20世纪以来的世界存在着100多个国家，它们都是具有主权和国格的实体。不言而喻，世界的这种经济技术一体化与文化政治多极化的格局是不可能长期存在下去的。如果经济技术一体化不可改变，那么政治文化可能走向一体化吗？如果可以，那么在当今世界各国都强调国家至上并守卫和弘扬本国本民族文化的情况下，怎样才能走向一体化呢？这一问题是当代最突出、最棘手的问题。

第二，西方文化的渗透与反渗透斗争。西方文化从近代早期就开始向西方以外的世界流布。最初是商品和宗教，后来是技术和价值观念。从20世纪以来到今天，西方的商品、基督教、市场经济模式、现代技术和价值观已经扩散到全世界，对整个世界发生着深刻影响。第二次世界大战后，伴随着非西方世界国家的民族觉醒，世界上的许多非西方国家对西方文化采取抵制态度，试图找到一种不同于西方的社会发展道路并构建本土文化，其中最典型的是社会主义国家和伊斯兰世界国家。20世纪资本主义与社会主义两大阵营的对立，今天伊斯兰文化与西方文化的冲突都是反对西方文化的突出表现。客观地说，无论非西方国家对西方文化采取什么态度，今天世界的整个社会物质基础、思想文化和生活方式都在很大程度上来自西方。今天世界的绝大多数非西方国家通行的市场经济，采用的各种现代技术，政治和法律模式，自由、平等、人权等现代观念，要么直接从西方拿来，要么是西方的某种变体。当非西方国家有了自己的民族意识、民族自觉和民族自信的时候，追求民族自强和民族个性这是必然的，也是有意义的。但是，从实际情况看，那些试图在西方道路和文化之外找到一条完全属于自己的道路、建立一种完全本土的文化的努力，似乎都不那么成功。在这样一种情况下，非西方国家是要继续坚持它们对西方的敌对态度，摒弃西方道路和文化，还是应该在西方道路和文化的基础上利用其长处而超越它？换言之，对于非西方国家来说，在构建自己国家的文化时，西方文化是必须否定的吗？而且，假如西方所发明的市场经济、现代科技、民主政治和现代法治是当代人类社会发展的必由之路，非西方国家全盘否定它们对本国的必不可少性，其后果会怎样？这些问题归结起来，就是这样一个问题：非西方国家如果要实现现代化能找到一种不是以市场经济、现代科技、民主政治和现代法治为核心内容的现代化吗？这个问题涉及一个更深层次的值得思考的问题，即源自于某一个国家或地区的文化是否可能就是那个历史时期世界的最先进文化，因而也是一种有竞争力、影响力、渗透力的强势文化。假若如此，在全球化的背景下，它必然会成为世界的主流文化，而要超越它，就必须结合本土实际引进它、利用它。

第三，世界性经济危机问题。历史事实已经证明，市场经济是人类所发现的最有利于社会经济和科技发展的一种经济形式，也是人类走向物质文明繁荣昌盛的必由之路。人类历史上已存在过的自然经济、产品经济和计划经济等经济形式，在推进生产力发展方面根本不能与市场经济相提并论。但是，市场经济的一个最直接的问题就是周期性经济危机。在 20 世纪以前，由于世界市场还没有完全形成，经济危机主要影响到一个国家或一个地区。而当世界市场逐步形成、全球走向一体化之后，经济危机就开始从局部蔓延到全世界的范围。比如，1929 年至 1933 年发生的世界性经济危机，当时由于许多国家没有进入世界市场，因而其范围主要是在西方世界。又如 1997 年的亚洲金融危机。其影响都是局部性的。当人类一进入 21 世纪的时候，2007—2009 年就爆发了一次全球性金融危机。这次危机是由次级房屋信贷危机所引发的，后来发展成全面金融危机，而且向实体经济渗透，向全球蔓延，给世界经济带来了极其严重的影响。这次金融危机发生后，无论美国还是世界其他国家，金融市场都是一片混乱；各国货币汇率剧烈波动，给国际经营和外汇兑换带来重大影响；部分国家经济因对外依存度高、外汇储备不足而受到严重冲击。为了应对此次金融危机，各国政府不得不为银行大量注资或收归国有，但即便如此仍然难以避免大批金融机构倒闭和经济衰退。由于世界经济的一体化，金融系统的问题已经渗透到世界经济体系中。受金融危机的影响，世界经济持续处于衰退低迷状态：订单与消费急剧下降，众多经济实体面临经营困境；裁员加剧，失业率大幅上升；原材料价格大幅下跌等等。自这次金融危机发生以来，世界各国的经济学家、政治家绞尽脑汁，最终也没有找到有效的应对之策。这次金融危机是第二次世界大战以来世界市场完全形成后的一次最严重的涉及世界各国的经济危机。按照马克思和许多经济学家的看法，在市场经济条件下，经济危机是不可完全根除的周期性危机。如果这样，那么应该如何应对周期性的世界性经济危机，就会成为人类始终面临的一个严峻问题。

第四，社会生活市场化问题。事实证明，利益最大化这一市场经济的根本原则对经济领域以外的社会生活具有极强的穿透力，如果没有有效的制度控制就会使整个社会日益市场化。对于人类生活而言，经济生活只是其中的一个领域，但是这个领域是整个人类生活领域的基础。经济价值（表现为金钱、财富等）虽然相对于许多其他价值而言是层次最低的，但它却是强度最大的价值。当一个人处于极度贫穷的情况下，他就不可能去追求其他价值。这就是人本主义心理学家马斯洛所说的，当人的基本需要得不到满足时，自我实现的需要就不会出现。正因为经济价值具有很大的价值强度，所以，它也会使人们即使在物质需要得到很好满足的情况下还会去贪占更多的经济价值，甚至将其他价值（权利、名誉、地位、美色，甚至人格、良心等）转化为经济价值。这样一来，无论是在贫穷社会还是在富裕社会，最大利益化原则都有可能成为社会普遍通行的原则；无论是个人物质生活是否有保障，他们都有可能将最大利益化原则作为自己行为的基本准则。而当最大利益化原则成为了一个社会的基本原则，这个社会就会将价值取向定位于GDP的增长，而当最大利益化原则成为了个人的基本行为准则时，他就只会追求物质资源的占有。如果这样，一个社会就会发生物化和异化，其结果是人不仅没有经济以外的其他生活，如文化生活、精神生活、情感生活等等，而且必然导致不可再生资源迅速消耗，自然环境和生态平衡遭到破坏；必然导致个人被贪欲奴役甚至发生心理疾病。现在的问题是，如果市场经济因其不可替代的特有作用使人类不得不选择它，那么我们就面临着应当如何防止市场经济的最大利益化这一本应限于经济领域的原则泛化为社会一般原则的问题，面临着应当怎样利用市场经济的积极作用同时防止其消极作用的问题。

第五，世界公正问题。世界各国是通过不同的道路走到今天的，其结果是今天的世界只有少数国家成为拥有实力的强盛国家，即所谓发达国家，而大多数国家则是缺乏实力的落后国家，即所谓发展中国家。世界各国强弱呈两极分化，而且这种两极分化有日渐增大的趋势。这种两极分化的格局，隐含着贫富国之间的矛盾、对立和冲突，隐含着世界的不公正，隐含着国际竞争和合作的不平等，因而不仅会影响世界的和谐，影响整个人类的普遍幸福，而且最终会影响发达国家的可持续发展。当代世界的不公正体现在经济、政治、文化、教育、社会保障、环境等各个方面，但最明显的在于经济不公正，而且经济不公正是其他所有不公正的主要原因之所在。当代世界经济不公正主要体现为经济不平等，而这种经济不平等尤其体现为当今世界富人与穷人、富国与穷国、富裕地区与贫穷地区两极分化十分严重。导致今天世界经济不公正的原因很复杂，其中最重要的原因有：其一，富裕国家和地区基本上是现代化先行并已实现的国家，而贫穷的国家主要是没有实现现代化或现代化尚未完成的国家。其二，富裕国家和地区都是社会政治稳定的国家和地区，而贫穷的国家和地区大多长期处于动荡和战乱的状态。其三，富裕国家对贫穷国家经济上以及军事上、政治上、文化上的掠夺和渗透。今天世界经济的严重不平等，其根源主要就在于以上三个方面。要消除世界经济的极度不平等，建立经济公正的世界，必须找出导致世界经济极度不平等的根源，建立经济相对平等的国际秩序。因此，如何消除世界各国之间经济极度不平等，如何缩小发达国家与发展中国家实力之间的差距，使各国普遍强盛起来，这是全球化背景下世界各国而不只是发展中国家面临的重大难题。

第六，全球化未来走向特别是是否需要世界政府的问题。在全球化的今天，在世界联系成为一个整体的同时，世界的结构变得越来越复杂，全球性的问题变得越来越多，国家之间的矛盾和冲突越来越容易产生。而且，今天任何一个个人、任何一个国家都不可能离开人类和世界而获得真正的幸福。更为值得注意的是，今天的人类局部（国家或地区）有政府而人类整体无政府的格局，比整体无政府而局部也无政府的格局对整个人类的危害要大得多。今天世界的许多问题就是这种格局导致的。在这种情况下，要彻底根除极端民族（国家）利己主义，要使世界能作为一个有机整体长期存在下去而不致因人类自身的争斗和破坏遭到毁灭，而且使人类的世界更和谐、更美好，必须有一个世界权力机构对世界进行统一管理。只有这样才能使世界结构有序化，使地球的资源得到合理的利用，保护作为人类共同家园的地球，使全球性问题得到妥善而有效的解决，使各国之间的矛盾和冲突得到及时调解。早在 20 世纪 40 年代就有有识之士鉴于世界大战的教训提出要建立世界政府的设想，今天仍有更多学者持有这种主张，而且建立世界政府所需要的客观条件业已成熟。然而，建立世界政府面临着许多难题，如：需不需要建立世界立法机构（类似于国家的议会）？如果需要，其代表如何组成？要不要建立世界军队，如果不建立世界军队，世界政府的权威来自何方？如果建立军队，那么它与各国现有的军队是什么关系？它要不要取代各国的军队？建立了世界政府后，各国还需要各国的国防吗？如果不需要，怎样才能使各国废除自己的国防？它是最高的权威还是各个国家政府是最高权威？也就是说，世界政府与各国政府是什么关系，世界政府是不是最高的权威，它们两者之间是联邦制的，还是单一制的？如何面对和解决这些问题直接关系到全球化的未来走向，也事关人类的未来和前途。

（三）西方现代社会德性理论在问题求解过程中演进

从与社会现实关系的角度看，西方现代社会德性思想（理论）与近代有很大的不同。西方近代思想家们基本上都是根据西方社会发展的趋势提出自己的社会德性理论，而不是对社会现实中存在着的各种问题作出解释和回答，尽管其中的主流社会德性思想后来变成了社会现实。西方现代社会德性思想则基本上都是直接面对西方现代文明暴露出来的问题以及全球化快速演进中出现的问题进行探讨的。如果说西方近代社会德性思想是预言性的，那么可以说西方现代社会德性思想是应对性的，它是在力图从理论上解释和回答现实问题的过程中演进的。而这种现实问题主要是近代主流社会德性思想的现实化过程中暴露出来的问题，其中有些是原来的理论设计本身存在着局限和偏颇导致的，也有不少是原来未曾料想到的，还有些是西方文化在向西方以外世界流布过程中出现的新问题。我们前面谈到的西方现代文明的各种问题以及全球化过程中已出现的和可能出现的问题，大多数为西方现代思想家所注意到，并作出了自己的解释或回答，也有一些并未涉及，也许还有一些至今尚未意识到。不过，总体上来说，这些问题构成了他们的宏观背景问题域，他们的思想是在对这些问题的求解过程中演进的。

从 20 世纪初到今天的整个西方现代社会德性思想历程，大致上可以划分为三个阶段：第一阶段是 20 世纪上半叶，即从 20 世纪初到第二次世界大战结束；第二阶段是 20 世纪 50—70 年代，即从第二次世界大战结束后到 1971 年罗尔斯的《公正论》出版；第三阶段从 20 世纪 70 年代至今的近半个世纪。显然，社会德性思想演进的这三个阶段是与西方现代社会演进的轨迹相应的：第一阶段是西方现代问题暴露充分且西方各国政府由于两次世界大战而无暇顾及的社会混乱时期。第二阶段是战后西方社会发展的黄金时期。这个时期西方经济高速发展，西方现代文明迅速走向繁荣，同时由于西方各国政府普遍实行所谓“三高”（高工资、高消费、高福利）政策，社会矛盾冲突缓和。第三阶段则是西方社会开始暴露出福利政策的负面作用和现代西方文明达到鼎盛显现出各种问题的时期。

20 世纪上半叶是西方社会灾难深重的时代。在这一历史阶段，至少有三个大的社会问题也许是西方人至今刻骨铭心的。第一个问题是西方社会的两极分化达到了空前的程度，社会中有相当一部分人处于吃不饱穿不暖的

“绝对贫困”状态。在19世纪西方的一些主要国家都先后爆发过工人罢工甚至武装斗争。第一次世界大战和战后的第一次世界性经济危机更加剧了社会底层贫困化的程度。如果说在20世纪以前，西方世界大多数国家资产阶级在政治上尚未站稳脚跟，资本主义政治制度亦尚未完全建立起来，因而“绝对贫困”问题存在具有某种不可避免性的话，那么进入新世纪后，在西方各国资产阶级均取得了全面胜利、资本主义制度完全建立起来的情况下，如不解决“绝对贫困”的社会问题就有违启蒙精神的承诺，执政者也无法为自己辩护。第二个问题是原本发生在西方各国国内的周期性经济危机第一次演变成为1929年至1933年的资本主义世界的规模空前的经济大危机。这次经济危机不仅加剧了西方各国已经十分尖锐的各种社会矛盾，而且充分显现了作为西方现代文明基础的市场经济自身的局限和弊端，同时也给以“斯密信条”（“一只看不见的手”的理论）和“萨伊定律”（“供给自动创造需求”的理论）为核心的市场机制自动调节理论以致命一击，它们无法解释经济危机爆发的原因，也无法将面临生死存亡的资本主义制度从危机泥潭中拯救出来。这次经济大危机引起了西方社会的普遍恐慌和反思。第三个问题是两次世界大战。在不到半个世纪的时间内主要在西方世界爆发了两次世界大战，这两次世界大战无疑是西方世界和整个人类的空前浩劫，问题在于它们都发生在启蒙思想家所理想的资本主义的自由民主制度之下，这不得不引起西方思想家的深刻忧虑和反思。

正是针对这些问题，一些西方德性思想家积极地提出了自己的应对之策，其中最有影响的是凯恩斯。他在《就业、利息和货币通论》（1936）一书中提出了一整套应对就业、贫困和经济危机的宏观经济学理论和政策方案，主张国家采用扩张性的经济政策，通过增加需求促进经济增长。凯恩斯主义的核心观点是与古典经济学主张的自由放任主义不同甚至对立的国家干预主义。其实，主张国家干预主义的思想家在《通论》出版前的美国已经存在，而且从1933年开始，罗斯福和希特勒事实上都已经开始对经济进行国家干预，但只有凯恩斯给国家干预主义提供了完整的理论体系和有力的理论论证。另一类思想家则从政治理论的角度批判资本主义的“代议制”民主，并提出了各种民主理论和法治理论。其中比较有影响的思想家有熊彼特的民主方法论、柯尔的职能民主论、分析法学学派，等等。另外还有更多的思想家则对西方资本主义社会制度乃至整个西方文明进行了深刻的反思和批判。其中比较有影响的有非理性主义派别生命哲学、现象学、存在主义、精神分析主义，他们主要将西方现代文明的各种问题归结为过分推崇理性的恶果，因而主张返还人的非理性本性的本来面目。除了非理性主义思想家外，还有一些历史学家及其他社会批判家，如施宾格勒、汤因比、阿伦特、贝尔等人，他们或者从人类文明历史演进的角度，或者从资本主义文明自身内在矛盾的角度反思和批判西方现代文明。当然，在这期间也有一些思想家反对国家干预主义，坚持古典自由主义，其重要代表人物是诺贝尔经济学奖得主哈耶克。

20 世纪 50 年代到 70 年代初，这是西方资本主义文明高度发达的时期。经过第二次世界大战后短暂的恢复期，进入 50 年代后，市场经济在国家干预之下克服了自由放任时期的诸多问题，西方各国普遍实行的“三高”（高工资、高消费、高福利）政策及由此兴盛的消费主义，强有力地推动了西方各国的经济快速发展。与此同时，资本主义民主和法治制度走向健全和完善，为经济的快速发展和文化的繁荣提供了有力的保障。但是，即使在这一资本主义文明高度发达的时期，这种文明仍然存在着诸多问题，除了经济危机周期性的爆发之外，还有由社会整体的力量（包括政治的、经济的、技术的力量等）导致的对于个人奴役的所谓“极权主义”问题，由过分刺激消费所导致的享乐主义盛行（包括性解放）的问题，由高福利政策导致的社会发展缺乏动力的问题，以及由过度追求经济增长所导致的环境破坏的问题，等等。这些问题的存在引起了西方青年学生对西方文明的反感以至反叛。50 年代在英国出现了所谓“愤怒青年”，英国的一些青年作家和评论家在其作品中表现出愤世嫉俗情绪，他们对于当时西方社会的种种现象感到不满，进而进行批判，而他们的言论对于社会主流而言相对极端，甚至于带有无政府主义倾向。60 年代在美国出现了“嬉皮士”运动。这一运动在短短的四五年时间里就迅速地蔓延到整个西方世界，至今仍有余波。①1968 年在西欧各国更是爆发了规模宏大的学生反抗运动。当时的

① 这一运动最初源于一些青年人不满足于已有现实的“美国梦”，要求摒弃现存社会价值，特别是摆脱无休止的竞争，而去谋求一种更加自由自在、无忧无虑的生活。于是，他们远离舒适的家庭，抛弃豪华奢侈的生活，搬到农村或城市中比较破旧的廉租区居住，而且排斥美国整齐光洁的形象，留长发，穿奇装异服，每天抽大麻，使用麻醉药物及其他迷幻药物。“嬉皮士”运动变成了颓废运动。到了这一运动的后期，青年人的理想主义和进取心完全消失，越来越多地强调个人，关心自己的幸福、享受和所需要的东西，不做自己不需要做的事，于是颓废主义变成了绝对的自我中心主义。（参见江畅、戴茂堂：《西方价值观念与当代中国》，湖北人民出版社 1997 年版，第 209—210 页。）

法国大学生深受萨特的存在主义和马尔库塞的新马克思主义的影响，他们把自身的恶劣处境同法国的政治经济制度相联系，而当时如火如荼的越南战争和中国“文化大革命”对学生的影响也非常巨大，青年人将其中的反抗行为高度理想化并仿效着付诸实施。这个时期的西方虽然经济走向繁荣、政治走向稳定，但社会生活甚至比20世纪上半叶更混乱、更糟糕。以性解放、同性恋、色情、毒品为主要标志的享乐主义普遍流行，以“用完即扔”为主要特点的消费主义四处泛滥，西方近代社会生活的那种以节俭和节制为主要内容的禁欲主义被彻底抛弃。西方社会生活走向了彻底世俗化、情欲化和庸俗化。

对这一时期西方社会现实和问题乃至整个近代以来西方文明的反思和批判，产生了在西方影响巨大的法兰克福学派，并兴起了后现代主义。法兰克福学派虽然形成于20世纪20—30年代，但其代表人物（如霍克海默、阿多诺、马尔库塞等）的主要著作大多出版在五六十年代以后，而且其影响也主要在这个时期。法兰克福学派被视为西方“新马克思主义”的典型，并以从理论上和方法论上反实证主义而著称。它借用马克思早期著作中的异化概念和卢卡奇的“物化”思想，提出和建构了一套独特的对资产阶级的意识形态进行“彻底批判”的批判社会理论。法兰克福学派把批判理论置于一切哲学之上，并与每一种哲学对立起来，认为这种批判否定一切事物，同时又把关于一切事物的真理包含在自身之中。在他们看来，自启蒙运动以来整个西方的理性进步过程已堕入实证主义思维模式的深渊，在现代工业社会中理性已经变为奴役而非为自由服务的工具。他们断定，西方的文化，无论是高级文化还是通俗文化，都在执行着同样的意识形态功能。于是，法兰克福学派又把资产阶级意识形态的批判扩展到了对整个“意识形态的批判”。在这个时期被称为法兰克福学派第二代旗手的哈贝马斯也开始崭露头角，他对晚期资本主义合法化的危机进行了深刻的揭露。后现代主义的思想渊源可追溯到19世纪到20世纪上半叶的非理性主义，但作为一种文化思潮最早才出现在20世纪60年代的文学、建筑学和哲学领域，到70年代开始向全世界蔓延，成为一种广泛的文化思潮。属于后现代主义思潮的思想家纷纭杂呈，因而很难给后现代主义作出一个明确的界定。不过，有研究者认为，后现代主义思想均有一种大致相同的后现代思维方式，即所谓“流浪者的思维”。流浪者流浪的过程是不断突破、摧毁界线的过程，而后现代思维方式恰恰就是以持续的否定、摧毁为特征的，它强调否定性、非中心性、破碎性、反正统性、不确定性、非连续性以及多元性。①

这个时期除了结构主义和后现代主义对资本主义文明持批判性态度的学派或思潮之外，还有对近代以来占主导地位的价值观和文化持建设性态度的一位重要思想家，即罗尔斯。罗尔斯在1971年出版的《公正论》(中译为《正义论》)中对经济学家凯恩斯提出的国家干预主义理论及其实践作出了系统总结并将其提升为一种政治哲学的基本原则，即"作为公平公正"的原则。如同凯恩斯在经济学上提出的国家干预主义原则修正了古典经济学的自由放任主义原则一样，罗尔斯政治哲学的作为公平的公正原则修正了近代古典自由主义的功利主义原则。自20世纪50年代以来，罗尔斯发表了一系列论文阐述他的社会公正论思想，而《公正论》不过是他对这些论文所表达的思想的进一步充实、加强和完善。显然，罗尔斯的公正思想是对古典自由主义的一个重大修正，但其基本立场仍然是自由主义的，只不过是一种不同于古典自由主义的新自由主义。罗尔斯《公正论》的出版标志着自20世纪30年代以来成为西方国家主导原则的国家干预主义在哲学上得到了充分论证和有力辩护。但是，当罗尔斯这样做的时候，立刻引起了坚守古典自由主义的保守自由主义思想家的强烈反对，而这种反对又是与经济上更早出现的反国家干预主义的经济学理论相呼应的。这种理论上的争论使西方现代社会德性思想转向了下一个阶段，即20世纪70年代至今的阶段。

进入70年代，资本主义国家结束了战后发展的"黄金时期"，陷入了"滞胀"的泥潭。流行了近半个世纪的凯恩斯主义在挽救资本主义制度的生命、缓和资本主义内部的种种矛盾、恢复和促进资本主义经济发展等方面发挥了积极作用的同时，也让资本主义国家背上了沉重的包袱：财政赤字激增，债务规模不断扩大，福利支出刚性增长，官僚机构臃肿低效，分配不公日益加深，经济出现萧条或滞胀等。西方经济学界把造成经济滞胀的原因归咎为凯恩斯的需求管理政策，凯恩斯主义本身也已无法自圆其说。于是新经济自由主义卷土重来，再度登上官方经济学的宝座。联邦德国采用弗莱堡学派的主张，实行属于新型自由经营思潮的社会市场经济政策。英国撒切尔政府推行现代货币主义政策。美国里根政府采纳供给学派和货币学派的主张，其中包括稳定物价、自由放任、大搞私有化以及削减社会福利等一系列新自由主义政策。新自由主义的经济政策在一定程度上抑制了通货膨胀，推动了

① 参见王治河：《后现代哲学思潮研究》(增补本)，北京大学出版社2006年版，第8页。

经济的发展，直到2008年自美国开始的金融危机的爆发。

在环境方面，20世纪50年代至70年代是西方公害泛滥期。工业化和城市化的快速推进，一方面带来了资源和原料的大量需求和消耗，另一方面使得工业生产和城市生活的大量废弃物排向土壤、河流和大气中，最终造成环境污染的大爆发。如1952年12月5—8日的伦敦烟雾事件，即著名的“烟雾杀手”，导致4000多人死亡；1952年的洛杉矶光化学烟雾事件也造成近400名老人死亡。不过，自1972年6月联合国在瑞典召开的“人类环境会议”以后，西方国家开始对环境进行治理，制定了经济增长、合理开发利用资源与环境保护相协调的长期规划和政策，治理环境污染的投资不断增长，制定各种严格的法律并采取强有力措施控制和预防污染，努力净化、美化、绿化环境。到20世纪80年代，西方国家基本上控制了污染，普遍较好地解决了国内的环境问题。

在社会生活方面，五六十年代那种疯狂的消费主义、享乐主义得到了遏制。60年代性解放运动席卷欧美，许多青年从家庭里出来，自发地聚集在一起，组成性乱交、酗酒、使用麻醉品等反社会行为泛滥的群居村。一些激进的女权主义者甚至提出“不做妻子，不做母亲”和“砸乱家庭”的口号。统计表明,1965至1975年，欧美的离婚率增长了三成。80年代艾滋病蔓延，加上宗教界和一些保守的民间团体竭力主张“家庭复兴”，认为只有重建纯洁忠贞和严肃负责的两性关系才是解决艾滋病的根本途径。于是，拥护家庭运动由此兴起，社会风气由过度“解放”转向“保守”。作为性革命标志的《花花公子》杂志，1986年的销量从原来的700多万份下跌至340万份。纽约《时代广场》附近一条出名的“色情街”，70年代全盛时期有20家色情影院，到90年代初只剩下了4家。进入90年代后，处于“性革命”前列的北欧国家，“性革命”的颓势十分明显，美国则进入了保守时代，公众对于婚姻的态度开始回归传统。

基于这一时期的社会现实和社会问题，西方社会德性思想突出地表现为经济学上的新古典自由主义[①]（通常被简称“新自由主义”）与新凯恩斯主义之争，哲学上的新自由主义（以罗尔斯为代表的“作为公平的公正”论）与

① 需要注意的是，新古典自由主义出现之前，凯恩斯主义被看作是相对于古典自由主义的新自由主义（New Liberalism），新古典自由主义（Neo-Liberalism）出现以后，它也被称为新自由主义。从英文名称看，这两种自由主义的区别是明显的，但译成中文后很容易混淆。因此，当提到“新自由主义”的时候，要弄清楚指的究竟是国家干预主义还是新古典自由主义。

保守自由主义（以诺齐克为代表的权利论）之争，以及自由主义之争，而且这个时期还出现了德性伦理学的兴盛。

凯恩斯主义由于不能对 20 世纪 70 年代西方社会经济出现的问题作出合理的解释，其统治地位被以哈耶克为代表的新自由主义所取代。以哈耶克为首的朝圣山学社提出回复古典自由主义。新古典自由主义崇拜"看不见的手"的力量，认为市场是完全自由的竞争，每个人在经济活动中首先是利己的，私人企业是最有效率的企业，私有化是保证市场机制得以充分发挥作用的基础，要求对现有公共资源进行私有化改革。针对新古典主义的批评，萨谬尔森等人于 80 年代提出了新凯恩斯主义。新凯恩斯主义与凯恩斯主义只是假定工资和价格的刚性不同，而在承认单个经济主体具有理性预期并追求最大租赁经营利益的基础上解释工资—价格刚性、非自愿失业、普遍生产过剩等方面，为凯恩斯主义宏观经济学提供了坚实的微观基础；同时它除了继承传统凯恩斯主义重视名义工资和价格的刚性作用之外，还强调经济体系在其他方面的不完全性作用。这两个学派虽然各自经济立场不同，而且争论激烈，但两者都对对方有所吸收和借鉴，表现出自由主义与干预主义两大对立思潮相融合的趋势。

罗尔斯的《公正论》一出版，立即引起了他的哈佛同事诺齐克的批评。诺齐克在 1974 年出版的《无政府、国家与乌托邦》一书中，完全站在古典自由主义的立场上批评罗尔斯公正论，并根据新的历史条件对古典自由主义作了进一步的阐发和论证，并在此基础上建立了古典自由主义的权利论政治哲学体系。罗尔斯与诺齐克之争产生了广泛的影响，吸引了一大批思想家参与争论，其中最著名的有阿马蒂亚·森、马塞多、哈贝马斯。虽然争论的各方对社会公正的理解不尽相同，但都承认公正问题是当代人类面临的最突出问题，也是需要政治哲学、伦理学、经济学等诸多学科共同研究的最重要问题。这场持续到今天的争论不仅在西方国家产生了极其重要的影响，也对整个世界发生了深远影响。公正问题已成为我们时代的最强音，公正作为一个人类社会的共同理念已成为全世界的共识。新自由主义与保守自由主义之争实际上是西方自由主义哲学内部之争，在两派争论得热火朝天的时候，又杀出了一匹黑马，即以桑德尔为主要代表的社群主义或共同体主义。社群主义源自对罗尔斯《公正论》所隐含的自由主义的批判，针对自由主义忽略了社群意识对个人认同、政治和共同文化传统的重要性，提出只有社群才是政治分析的基本变量，个人及其自我最终由他或他所在的社群决定，主张用公益政治学代替权利政治学。社群主义的兴起与德性伦理学在西方的复兴有着直接关系，麦金太尔就既是社群主义的重要代表人物，也是德性伦理学复兴的旗手。而且两者有着诸多共同之点，其中最突出的是强调共同体对于个人的优先地位、个人的德性对于共同体存续发展的意义，以及对公民进行德性教育的必要性。所有这些观点都是与自由主义根本对立的。此外，社群主义与古典共和主义也有某种关联，在一定意义上可看作是古典共和主义在20世纪的复兴。

二、西方现代社会德性思想的概貌及意义

西方现代社会德性思想极其丰富，在大约100年时间内有关社会德性思想的著述比近代几百年还要多，而且不少思想深奥晦涩。西方现代的许多社会德性思想不仅对西方世界有意义，而且对非西方国家也具有重要启示。更为重要的是，不少西方现代社会德性思想所针的对是当代世界的重大问题，具有一定的普遍性意义。因此，西方现代社会德性思想值得我们高度重视和研究。

（一）现代西方争论的主要社会德性问题

现代西方思想家研究了许多社会德性方面的问题，对于一些重大的社会德性问题都存在着意见分歧，并进行了相当广泛的讨论。从一定意义上说，现代西方社会德性问题的研究是围绕着这些有争议的问题展开的。了解他们争论的一些主要社会德性问题，有助于我们从总体上把握现代西方社会德性思想。

归纳起来，现代西方思想家争论的重大社会德性问题主要有以下六个方面：

第一，社会的首要价值是自由还是基于自由的公正。20世纪30年代当凯恩斯提出国家干预主义时，就有经济学家反对这种主张，在西方经济学内部出现了新自由主义与新古典主义（或保守主义）的争论。在凯恩斯的《就业、利息和货币通论》出版前，哈耶克就与他发生了著名的哈耶克与凯恩斯大论战。《通论》出版后，哈耶克于1944年出版的《通往奴役之路》和晚年出版的《致命的自负——社会主义的谬误》（1988年），对国家干预主义进行了系统的批判。从20年代大论战开始后，西方有许多经济学家参与了这

一论战。哈耶克与凯恩斯之间的争论反映了两种不同经济理论和经济政策主张上的重大分歧，代表了西方经济学界坚持自由放任主义还是用国家干预主义取而代之的两种不同的经济学立场。

经济学上的要自由放任主义还是要国家干预主义的争论，在哲学上的反映就是社会的首要价值是自由还是基于自由的公正。哲学上的这种问题是罗尔斯在《公正论》（1971 年）中第一次提出来的。他在《公正论》的开篇就提出“公正是社会制度的首要价值，正像真理是思想体系的首要价值一样。”这样，他就把经济学上的自由放任主义与国家干预主义之争的焦点上升到了国家的价值取向的高度，使问题成为社会制度的首要价值是自由还是公正。罗尔斯的这一观点，很快就遭到了诺齐克的坚决反对，并由此引起了旷日持久的争论。总的来看，对罗尔斯公正论提出批评的人比较多，其中有一些人并不一定是新古典自由主义者，他们只是对《公正论》中存在的各种不一致、缺陷、瑕疵提出批评。为了应对各种批评，罗尔斯后来又先后出版了《政治自由主义》（1993）和《作为公平的公正——公正新论》（2001）。这两部著作在对自己的观念进行辩护和阐发的同时，也对《公正论》的一些观点作了修正。争论的双方后来似乎都接受了罗尔斯把公正作为社会制度的首要价值的观点，但对公正作出了各种不同的理解。于是，究竟什么是社会的首要价值之争转变成了什么是公正的争论。显然这种论题的转变并没有改变争论的实质。

需要特别指出的是，无论是凯恩斯的国家干预主义还是罗尔斯的“作为公平的公正”论，其基本立场都是自由主义的，都坚持了自洛克以来的自由主义路线，只是他们认为在资本主义文化发展到 20 世纪面临种种社会问题的新情况下，需要国家对经济和社会作适当的干预，以确保经济社会的稳定和秩序，需要在捍卫个人的自由权利的前提下适当兼顾社会公平。而且他们认为这样做并不威胁和损害个人的自由权利。因此，上述经济学和哲学的两派之争实际上是自由主义内部的争论。争论的结果，无论是在理论上还是在实践上，都出现了某种各自让步和彼此综合的趋向，更重要的是，西方各国实施国家干预政策已经半个多世纪，国家干预经济社会生活已成为事实，而且在现代全球化的背景下，在市场经济和政治生活异常复杂的情况下，国家不可能完全放弃国家干预主义。不过，经济学上的新古典自由主义和哲学上的保守自由主义的兴起，给西方各国政府加上了一道防止国家干预损害个人基本自由权利的紧箍咒，其实践意义十分重大。

第二，共同体的价值高于个人的价值还是相反。西方近代以来的主流社会德性理论和主流价值观是自由主义的。自由主义，无论是近代的自由放任主义，还是现代的国家干预主义，都坚持个人是社会的终极实体，个人的自由不仅是与生俱来、不可转让的，而且是至高无上的。这是自由主义的最基本原则，也是自由主义的主要标志。即便国家干预主义也是以这一原则为基本前提的，甚至可以说是为了更普遍地实现这一原则，因为在社会极度两极分化的情况下，那些最弱者的自由就会自然地被损害而得不到应有的保障。对于自由主义来说，国家作为人们生活的基本共同体，它不仅不是终极实体，甚至根本就不是实体。它是受托者、守夜人、裁判员而非运动员。它存在的唯一意义和价值只是保护公民的自由权利，使之得到普遍实现。如果说国家有价值的话，其价值也仅在于它是为公民自由权利普遍实现服务的，而且也仅仅在于此。个人的价值高于国家的价值，这对于自由主义来说是不言而喻的。到了 20 世纪 80 年代，西方一些政治哲学家在德性伦理学复兴的推动下，为西方现代文明的种种问题寻求出路，针对上述自由主义观念提出了一种将基本共同体（国家）利益置于个人价值之上的社群主义。社群主义者之间的观点分歧很大，但它们一般都主张社群优先于个人，公益大于公正，国家应积极有为。他们像共和主义者和德性伦理学家那样，强调公民的德性对于共同体的重要性，强调国家必须对公民进行道德教育，以使他们成为有德性的人。

针对社群主义对自由主义不注重公民个人德性的指责，有的自由主义者（如马塞多）试图构建一种“自由主义德性”或“具有德性的自由主义”。他们有针对性地对自由主义关于德性、公民身份、共同体等问题进行了研究和阐述，论证德性与自由具有基于“公众理性”的兼容性，以给自由主义注入德性内容。由此也可以看出，自由主义与社群主义之间也具有某种综合性。

社群主义虽然强调社群优先于个人，但他们都坚决反对将社群主义与社会主义的集体主义等同起来，他们甚至不愿意使用“社群主义”一词，以防止人们发生误解。实际上，两者之间确实存在着重大的差别。这主要表现在三个方面：第一，社群主义者所理解的共同体（国家）是与自由主义者所理解的国家相同，它是基于社会契约建立的，其主权在民；集体主义所理解的国家（基本的集体）则被认为是阶级斗争的产物，它是一个阶级压迫另一个阶级的工具。第二，社群主义所理解的个人是具有基本自由权利的个人，这种权利是天赋的、不可转让的；集体主义是把人看成社会关系的总和，认为个人并不具有天赋的自由权利。第三，社群主义虽然强调国家具有优先于个人的价值，但国家的基点还是个人，共同体的终极指向是个人；集体主义则以集体为本位，强调国家利益高于个人利益，应当为了国家利益牺牲个人利益。因为存在着上述区别，因而社群主义与集体主义虽然字面上大致相同，但内容和实质完全不同，不可相互混淆。

第三，对“代议制”民主加以完善还是以“参与制”民主取而代之。在近代西方启蒙时期，就存在着以洛克、约翰·密尔为主要代表的“代议制”民主理论与以卢梭为代表的“参与式”民主理论的分野。近代西方各国采用的基本上是“代议制”民主论，也程度不同地吸收了“参与式”民主论的内容。西方根据“代议制”民主论建立起来的民主政治，从一开始就存在着这种民主本身难以克服的问题。到了20世纪，这种问题日益明显和突出，其中最主要的有公民缺乏政治参与、“不服从”、“多数暴政”、以政党为代表的大利益集团控制政治等。相当多的思想家针对这些问题对“代议制”民主进行了激烈的批评，也有少数思想家主张用新的民主形式取而代之。其中比较有影响的有佩特曼、柯尔等人的参与民主论，达尔的多元民主论，哈贝马斯的“程序制”民主论（或协商民主论）。其中主张参与式民主的思想家试图以自己的民主论取代“代议制”民主论，其他思想家虽然对“代议制”提出了种种批评，但并不一定主张完全否定它。

实际上，主张“代议制”民主的思想家也承认“代议制”民主有其自身明显的局限和缺陷，但他们认为一方面参与式的直接民主在大范围内实施有困难，而且间接民主比直接民主效率高，便于决策。更重要的是，卢梭所主张的直接民主是建立在“人民主权”的观念之上的，而这种观念的核心内容是主张公民将一切权力交给作为主权者的全体公民，并完全服从主权者的“公意”。在主张“代议制”民主的思想家看来，实行这样一种直接民主确实有让每一位公民直接参与政治决策的优势，但这也意味着作为主权者的国家可以无限制地干预个人的自由和权力，多数更有可能对少数实行暴政。而这是他们所最担心的。对于他们来说，民主形式与个人自由权利比较起来，个人自由权利重要得多，为了确保个人自由权利不受侵害，必须防止直接民主可能导致的对个人自由权利的伤害。正因为如此，他们仍然坚持“代议制”民主，但在此前提下也提出了许多对这种民主形式进行限制，防止它可能发生的问题和导致的消极后果。例如，熊彼特等人提出的“精英民主”论就主张无论人民参与的程度如何，政治权力始终都应在精英阶层中转让。

由此可以看出，西方大多数思想家在民主问题上的分歧和对立并不十分尖锐，他们的观点在很多方面是可以互补的。综观西方现代各种民主理论，我们可以得出以下五点结论：(1) 绝大多数西方思想家都认为民主制度虽然不是尽善尽美的，但却是到目前为止人类所可能选择的最好政治制度。(2) 西方思想家大多都在肯定“代议制”必要性的同时，也指出其局限性，因而主张对其作必要的补充。(3) 西方思想家普遍认为即使在民主制度下也需要对政治权力加以限制和监控，防止其僭越政治生活领域。(4) 许多西方思想家都意识到民主制度本身存在着难以从根本上克服的缺陷或弊端，必须采取有效措施加以防范。(5) 越来越多的西方思想家将民主主体的范围从作为社会成员的个人扩展到作为社会成员的组织。①

第四，法律是否要以道德为基础。西方近代占统治地位的法治理论是自然法理论。自然法学在西方源远流长。这种理论认为自然法是由永恒的、普遍适用的一般原则构成的，自然法与人定法是两个体系，它们之间可能是一致的，也可以是冲突的，自然法作为普遍原则，是制定人定法的依据，也是评判人定法的价值标准。近代格劳秀斯、霍布斯、洛克等以理性为基础提出了系统的自然法理论，他们将自然法归之于理性，并以自然状态、自然权利、自然法为依据，主张以社会契约为基础建立民主政治和实行法治。自然法学是一种价值法学，它把道德作为法律的基础。自 19 世纪开始，伴随着西方资产阶级革命和西方国家法典的完成，古典自然法学的历史使命也随之完成，其内在的逻辑缺陷开始暴露出来，因而遭到了新兴的分析法学和历史法学的批评，自然法学也由此走向衰落。从 19 世纪下半叶到 20 世纪上半叶，分析法学占据了西方法学界的主导地位。19 世纪的分析法学受实证主义哲学影响，认为法律的存在是一回事，它的好坏则是另一回事，人们不能因为种种原因认为法律是恶法而拒绝服从它，这即是所谓“恶法亦法”。进入 20 世纪以后，受逻辑实证主义和语言分析哲学的影响，“新分析法学”逐渐形成。它在法律与道德的关系上仍然坚持 19 世纪分析法学的立场，认为法律实质上不过是命令或规则，其效力根据是人类意志，它是由人类意志所作出的。20 世纪的两次世界大战、美国的民权运动以及反战运动等都呼唤法律对价值的诉求，于是自然法学重新受到重视。在 20 世纪，新分析法学与新自然法学之间先后发生了三次论战：第一次是英国法理学家、新实证法

① 参见江畅：《在借鉴与更新中完善中国民主理念——西方民主理论的启示和警示》，《中国政法大学学报》2014 年第 5 期。

学的主要代表哈特同美国法理学家、新自然法学的主要代表富勒长达数年的论战；第二次是哈特同英国法官德夫林之间的论战；第三次是哈特同美国法理学家、新自然法学的代表人物德沃金之间的论战。其中第一次论战实际上是西方法理学中传统的自然法学与法律实证主义两大学派之争。新自然法学认为，法律不仅是与道德一致的，而且要以道德为基础。正是道德使法律成为可能，不符合道德要求的法律根本不能称为法律。

第五，道德重在个人的德性品质还是社会的规范。西方的伦理学在近代发生了从重视个人德性问题向重视社会道德规范问题的转变，形成了以边沁、约翰·密尔为主要代表的功利主义和以康德为主要代表的义务论伦理学。这两种伦理学彼此间虽然存在着重大分歧，但它们都认为伦理学应主要关注为人们提供道德原则，而不是关注人们的德性状况。其中，功利主义更适应市场经济发展的需求，因而成为了占统治地位的伦理学。这两种理论特别是功利主义在20世纪初因为被G.E.摩尔指责犯了“自然主义谬误”而沉寂下来，取而代之的是原伦理学。但是，在西方实际道德生活领域通行的仍然主要是规范伦理学的原则特别是功利主义和美国的实用主义。到了20世纪中叶，一些伦理学家在反思导致现代文明种种弊端的过程中，将其责任归咎于近代以来的伦理学只重视社会规范问题而忽视个人德性品质问题。1958年，英国伦理学家安斯卡姆发表了《现代道德哲学》一文，第一次对规范伦理学提出了严肃的批评。这篇文章当时在西方学界并没有引起足够重视，但它成为了西方德性伦理学复兴的报春花。到70年代后，批评规范伦理学、主张回到德性伦理学的著作和文章逐渐多起来。1983年麦金太尔出版了《德性之后》一书，该书成为德性伦理学复兴的进军号，从此西方伦理学界兴起了一场复兴德性伦理学的运动。德性伦理学在反对功利主义或结果主义和康德义务论的同时，主张伦理学要关注“人应该怎样生活”的问题，重视个人的品质和德性，并断定伦理学具有不可法典性。受到批评的功利主义者和康德主义者一方面对德性伦理学进行了反批评，认为德性伦理学不能解决自我中心、行为指导、道德运气等问题；另一方面也努力发掘自己理论中的德性思想，以证明自己的伦理学并非不关心、不研究德性问题，只是将德性问题纳入规范问题范围内考虑。在两派的相互批评和诘难中，他们各自或多或少地吸收了一些对方的观点和内容，到今天已经有了某种综合趋势。与此同时，不少其他学科将德性伦理学应用于自己的学科领域，形成了一些新的交叉研究领域，如德性认识论、德性法学、德性心理学等。于是，德性问题成为了西方学界的一个热点问题和领域。

第六，社会应奠基于理性之上抑或非理性之上。西方近代是崇尚理性、高扬理性的时代。启蒙思想家勾画出了自由、平等、民主、法治的“理性王国”的美好蓝图，西方政治家通过自己的政治实践使这种“理性王国”逐步变成了现实。但是，在这种“理性王国”初露端倪的时候，其弊端和问题也已经显现出来。近代的社会主义和浪漫主义就是对这种“理性王国”强烈不满的反映，而 19 世纪德国的意志主义及随后的生命哲学更是对启蒙思想家的理性主义及其勾画的深刻哲学反思。进入 20 世纪以后，西方近现代文明的弊端和问题日益突出，反叛作为这种文明基础的理性主义的非理性主义思潮一浪高过一浪。源自 19 世纪的生命哲学延续到了 20 世纪初。意志主义把意志而不是理性看作是人的本原，甚至看作是世界的本原，而生命哲学则把生命冲动而非理性能力作为人的本原。紧接着生命哲学出现的存在主义，以其对现代文明更深刻的批判和对作为人本真状态的“能在”或“自由”的高度推崇而影响了西方 20 世纪的大半个世纪，直到 1968 年的学生造反运动。与此同时，生命哲学和存在主义哲学在心理学领域得到了弗洛伊德主义的直接呼应和强有力支持。在存在主义的影响尚未衰退的时候，后现代主义先是在文学、建筑学等领域兴起，后来扩散到哲学领域以至整个西方思想文化领域，成为一种十分广泛的文化思潮。与意志主义、生命哲学和存在主义不同，后现代主义不是去寻找一种取代理性的其他东西（意志、生命、作为自由的存在），而是否定、摧毁这种基础。它反对一切基于理性的东西，如本体、基础、结构、原则和信念等等。

我们注意到，这种自 19 世纪以来逐渐盛行的非理性主义思潮在西方畅行无阻，几乎没有遇到什么对手。它对作为西方主流价值观根基的理性主义的挑战，很少得到学术界和文化领域的回应，只有那些属于科学主义阵营的思想家仍然在那里倡扬科技理性。这种情形也许代表和表达了西方现代人对现代文明和理性主义的普遍态度和情绪。不过，非理性主义虽然对西方社会产生了深刻影响，也程度不同地更新了西方人的传统观念，特别是对理性所持的那种乐观主义态度，但是西方的主流价值观和文化并没有因此而动摇，反倒是西方各国政府加大了政府对社会生活的干预力度，努力克服现代文明导致的种种问题，力图从根本上消除导致人们产生非理性主义观念和情绪的条件和土壤。应当承认，西方各国政府的措施最终取得了成效。到了 20 世纪 70 年代，当西方市场经济和民主政治走向完备的时候，以上所述的非理性主义流派或思潮的影响开始逐渐消退，那种过激的反理性情绪或对理性强烈不满的情绪也趋于平静，后现代主义也从“解构性”后现代主义转向了“建设性”后现代主义。这也从一个方面说明，启蒙思想家所策划的理想社会模式具有强大的耐冲击力和持久的生命力。

（二）现代社会德性思想的基本特点及局限

西方现代社会德性思想浩如烟海，思想家们对各种社会德性问题见仁见智，观点纷呈，找出它们的共同特点并不那么容易。不过，与西方近代社会德性思想相比较，它有着这个时代的共同特点。了解这些特点以及局限（某些局限也体现了它的特点），有助于我们对西方现代德性思想的把握和总结他们的经验教训。

西方现代社会德性思想有一个不容易被人们注意但又非常值得重视的特点，这就是几乎所有的思想家都以私有制为前提研究问题，建立公有制社会的声音消失。西方近代从 16 世纪初一直到 19 世纪，有一大批社会主义思想家，他们坚决反对私有制及其所导致的剥削、压迫和不平等，主张建立财产公有、没有剥削压迫、人人自由平等的社会主义或共产主义社会。当然早期的社会主义者都是一些空想家，其社会主义理想是乌托邦，没有找到实现的道路，也根本不可能实现。但是，一般都认为马克思和恩格斯所创立的科学社会主义理论把前人的空想变成了科学。也就是说，不仅马恩的社会理想（以公有制为基础的社会主义）本身是科学的，即是合理且能够实现的，而且他们也找到了实现这种理想的现实道路（无产阶级革命和无产阶级专政）和可靠力量（无产阶级）。马恩自己也是这么看的，而且充满了自信：“资产阶级的灭亡和无产阶级的胜利是同样不可避免的。”① 然而，我们注意到，20 世纪比较著名的思想家几乎不再谈消灭私有制、建立公有制的问题。这个问题在他们的话语里消失。从前面的分析我们可以看出，西方现代思想家在社会德性问题上存在着种种分歧，也有很多思想家对资本主义文明的方方面面都进行了尖锐的批判，但未见有思想家谈及消灭以私有制为基础的资本主义和建立以公有制为基础的社会主义的问题。的确，现代西方有不少思想家研究社会主义，但是他们基本上对社会主义持批判态度；也有不少思想家研究马克思主义，但是他们基本上都阉割了其中的公有制和革命的内容。总体上

① ［德］马克思、恩格斯：《共产党宣言》，见中共中央编辑局编译：《马克思恩格斯文集》2，人民出版社 2009 年版，第 43 页。

看，现代西方思想家基本上都是在私有制框架内讨论社会德性问题。

西方思想家闭口不谈消灭私有制、建立公有制这样一个社会德性的根本性问题，不能认为是他们的疏忽，而是另有原因的。原因肯定十分复杂，但从思想家的有关文本看，苏联社会主义模式和斯大林的形象起了重要的负面作用和深远的消极影响。不少思想家一谈到社会主义就把它等同于苏联社会主义，而苏联社会主义就是没有自由、平等、民主、法治的极权主义社会。而苏联的领导人斯大林被不少西方思想家看作是与希特勒一样的“独裁者”和“暴君”。在他们看来，这就是以公有制为基础的社会主义的本来面目。于是，他们从反对社会主义到反对公有制，再到对私有制的肯定。更为糟糕的是，十月革命建立起来的苏联社会主义政权在 70 年后居然轰然倒塌。在社会主义和资本主义两大阵营的敌对和斗争中，西方资本主义不战而胜。这些都是使西方思想家对社会主义和公有制持完全否定态度的重要原因。西方现代思想家的态度和看法无疑是有偏颇的，但对致力于中国特色社会主义国家建设的中国人来说，仍是值得深刻反思的。

与西方近代德性思想相比较，西方现代社会德性思想更注重以西方社会问题和现代文明问题为研究导向。这是西方现代思想的第二个重要特征。每一个时代的社会德性思想都是那个时代社会现实的产物。西方近代社会德性思想无疑也是对西方近代社会现实反思和探讨的结果。但是，西方近代是西方社会发展的一个重大转折时期，旧社会正在迅速走向衰亡，而新社会尚处于萌芽之中。那时思想家面临的主要任务是对旧社会的批判和对新社会的理论构建，力图在批判旧世界中构建新世界。就西方近代的主流社会德性思想家而言，他们所批判的对象是旧社会，而不是新社会。新社会尚处于生成之中，新社会的问题与旧社会的问题交织在一起，所以他们不是要去努力发现新社会已经暴露出来的问题，而是努力寻求新社会发展的方向并策划新社会的方案。当然，也有不少非主流的思想家，如社会主义者和后来的意志主义者，他们将社会问题的账都算在生长着的新社会身上，在对社会现实进行批判的同时策划不同主流思想家的社会方案。总之，近代主流思想家从总体上看要么对旧社会进行否定性批判，要么对新社会进行肯定性构想，而不是对一种社会自身形成在发展完善过程中出现的问题进行对策性的研究。与西方近代不同，西方现代思想家面对的是日益完善且充满生机活力的社会，因而至少就主流思想家而言面临的任务主要不是对社会进行否定性批判，而是努力为解决社会发展过程中的各种重大问题出谋划策。当然，与近代思想家相比，现代西方思想家的局限也很明显。他们在市场经济的浸染之下，再也没有了以前思想家的宏大叙事的胆识和气魄，没有了乌托邦的憧憬和谋划，因而也难以产生在人类历史上千载留名的划时代思想大师。

从前面对西方现代思想家争论的问题来看，它们都是西方现代文明走向繁荣过程中出现的问题，思想家们正是在发现和解决这些问题的过程中提出和阐发自己的社会德性思想的。凯恩斯国家干预主义的提出，所直接针对的是市场经济发展过程中日益突出的周期性经济危机和所导致的贫富两极分化。后来新古典自由主义的出现则是因为凯恩斯主义的经济政策在新的经济形势下失灵，当然，新古典自由主义也不是对国家干预主义的完全否定。哲学上的新自由主义和保守自由主义的论争、法理学领域的新分析法学与新自然法学之争、伦理学界的德性伦理学之争，所反映的都是西方社会实践面临的两难困境。非理性主义和后现代主义虽然看起来远离现实，但它们都是从更深层次上寻找导致现代文明问题的根源，并寻求解决问题的出路。所有这一切表明了两点：其一，现代西方思想家都是在现有资本主义文明框架内解决它所面临的各种问题，而不是致力于否定它、摧毁它，也不是构想一种新社会来取代它。其二，正因为这种对社会现实的态度，他们所要做的工作就是以建设性的态度去发现问题，研究和解决问题，充当社会“医生”，对现代文明进行诊疗。

西方现代思想家高度重视现代文明发展繁荣过程中暴露出来的一些根本性、总体性重大问题的研究，同时也有许多思想家注重对现实社会生活的各种重大问题的研究，并重视对政府政策的影响。这一点尤其体现在哲学方面。20 世纪以前，人们一般都认为哲学是思辨的学问，哲学家的生活是沉思的书斋式生活。近代哲学家的情形也大致如此。黑格尔曾这样描述德国哲学家的生活：“我们在头脑里面和头脑上面发生了各式各样的骚动；但是德国人的头脑，却仍然可以很安静地戴着睡帽，坐在那里，让思维自由地在内部进行活动。”[①] 然而，进入 20 世纪以后，哲学家再也坐不住了，他们得面对现代文明导致的种种重大人类生存问题，也要面对与这些重大问题相关联的许多实际问题。特别是 20 世纪 70 年代后，伴随着现代文明高度繁荣而来的各种人类问题，迫使西方哲学家再也无法静坐在书斋里了，学术良心和社会责任感驱使他们走向社会现实和具体问题。有一位著名的西方哲学家说，20

① ［德］黑格尔：《哲学史讲演录》第四卷，贺麟、王太庆译，商务印书馆 1978 年版，第 257 页。

世纪 70 年代早期曾发生了两件对西方社会有重要影响的事情。一件事情是应用伦理学的出现。以前关于我们应当怎样生活的问题的讨论一直都是一般性的、抽象的，而现在突然间哲学家开始写堕胎、种族和性别歧视、公民不服从、经济不公正、战争，甚至不人道地对待动物等。[①] 不仅如此，有许多思想家还担任了政府、企业或其他社会组织的顾问，或者为它们做专题研究或策划。思想家不仅成了社会问题的诊疗家，而且还成了社会项目的设计师。这种景象是以前西方历史上前所未有的。

西方现代思想家不仅主要在资本主义文明框架内以建设性的态度对现代文明和社会现实中的问题进行诊疗，而且所采用的研究方法也与过去有很大不同，他们更注重对话、商讨和争论，并由此推进研究，完善观点。这应该可以说是西方现代德性思想的另一个重要特征。我们知道，西方近代思想家，更不用说古代思想家，由于交通不发达、信息不畅通，他们的研究基本上是“单打独拼”式的，他们很难聚到一起讨论问题，也不大可能进行直接的对话、商讨，他们的研究在空间和时间上基本都是隔离的。后人也会看到他们之间的意见分歧，但这种分歧的意见是后人拼凑在一起，而非本来如此的。进入 20 世纪以后，西方思想家的研究方式有了很大的改变，他们更注重到西方各国乃至世界各地讲学、组织和参加各种会议，他们通过现代媒介商讨和争论各种问题。他们一有了成熟的想法就可以发表出来，发表出来以后大家都参与讨论、发表评论，通过讨论和评论，使思想趋向完善。当代西方思想大师无不是在对话、商讨、争论的过程中成为大师的。罗尔斯的《公正论》出版后，引起了广泛的讨论和争议。正是这些讨论和争议促使他对自己的公正论作更深入的研究，针对人们的批评、质疑对它进行修正完善。于是就有了 12 年后的《政治自由主义》和 20 年后的《作为公平的公正——公正新论》。这两部著作的出版，使他的公正论成为更加完整自洽的理论体系。被誉为“当代最有影响力的思想家”的哈贝马斯更是一位学术活动家。迄今为止他已出版著作数十部，几十年来在世界各地都可以看到他的身影。他广泛参与学术讨论，虚心接受各方的批评意见，不仅带来了丰硕的学术成果，而且使他目光犀利，思想深刻。他成为一代思想巨子是与他丰富的学术活动分不开的。

西方现代思想家注重对话争论是多种原因使然。西方自古以来就有思想

---

① Cf. Steven M. Cahn, Peter Markie, *Ethics: History, Theory, and Contemporary Issues*, Oxford University Press, 1998, p.475.

自由、平等对话，特别是“我爱我师，我更爱真理”的学术传统。第二次世界大战期间，纳粹政府对犹太人的迫害使大批德籍犹太思想家流亡到美国和其他国家，这也大大促进了西方学者之间的交流对话。此外，西方国家在语言方面也更具有便利的优势。至于现代信息技术和传播媒体，这是全人类共享的资源，而不是西方特有的。在所有这些原因中，有两点是值得特别指出的：一是追求真理的精神。西方思想家非常崇尚真理，而一个人的见解总是有局限的，只有在讨论和争论中真理才能更充分地显现。古希腊的苏格拉底就是为了获得关于德性的真理，而不断地与人谈论和争辩的。与获得真理相比较，个人的威望、名声都是次要的。二是宽容的学术品格。近代西方在自由方面的进步首推思想自由及相应的言论自由。这种自由的最重要前提就是每一个人有表达自己观点的权利。无论所表达的观点是否与自己一致、是否对自己有利，我们都要尊重表达者说话的权利，对于其中的偏颇和错误持宽容态度。这两个方面的学术精神和品格在西方近代就已经形成，在现代交通媒体极其便利的新条件下，这种学术精神品格充分显示出了它的优势。它为西方现代造就了一大批思想大师和学术大家。

整个 20 世纪以来的西方社会德性思想史大致就是以上所描述的状况。与西方近代社会德性思想相比较而言，这些特点都是有新意的，但并不全是优点。如果作深入的反思，我们就会发现这种具有新特点的研究也有一个重大的局限，这就是它的短视性。西方现代社会德性思想的新特点概括说来就是以问题为导向，注重研究的实用性和对策性，研究与应用一体。具有这些特点的德性思想的优点是具有直接的可应用和可操作性。但是，西方现代思想家基本上在启蒙思想家设计的理想社会模式内考虑问题，没有考虑这种理想社会模式在实现过程中暴露出来的这种模式所不能克服的问题。其中特别突出的是前面已经谈及的贫富两极分化、周期性经济危机、极权主义和恐怖主义四大问题。2007 年全球金融危机爆发以来，世界主要资本主义国家经济相继遭遇寒冬，资本主义现代化的结构性矛盾与制度缺陷暴露得十分充分。我们感到十分遗憾的是，西方现代思想家很少着眼于资本主义文明这些难以克服的问题探讨资本主义的前途和命运问题，探讨整个人类的未来发展方向和理想前景。对于他们来说，西方社会乃至整个世界的未来只能是启蒙思想家所策划的“理性王国”，不会有可以替代它的更好的社会，我们所能做的工作就是对这种理想模式进行修补和调整，使之能够维系下去。西方现代思想家普遍存在的这种短视性的问题，是令人十分忧虑的，因为当西方现代文明哪一天真正走向了没落和衰亡，而作为社会先知者的思想家居然没有觉察到，更没有为之谋划新的方案。

（三）现代社会德性思想的意义及其启示

西方现代社会德性思想虽然有其局限性，但它是人类思想宝库中极其重要的组成部分，有其独特的价值和优势，无论对现代西方社会还是对现代国际社会都具有重大意义。

首先，西方现代德性思想根据20世纪以来西方新的社会历史条件完善了启蒙思想家的社会模式。整个西方现代文明是在启蒙思想家设计的社会模式的基础上构建起来的，但并非完全按启蒙思想家的蓝图实施。实际上，启蒙思想家设计的社会模式本身也只是一个“框架图”而不是一个“施工图”。而且即便是“框架图”也存在不少局限，因为后来的社会发展出现了许多启蒙思想家没有预料到的问题。其中特别重要的有以下三个问题：一是市场经济快速发展及其问题。启蒙思想家生活的时代，西方市场经济尚处于生长期，市场经济的巨大魔力还没有表现出来，市场经济创造的巨大物质财富从而使社会迅速走向富裕，这是除亚当·斯密以外的其他大多数启蒙思想家没有想到的。另一方面，市场经济会导致社会两极分化、周期性经济危机、生态环境遭到破坏、整个社会资本化、消费主义和享乐主义盛行，这更是完全出乎于包括亚当·斯密在内的所有启蒙思想家意料之外。二是科学技术的快速进步及其问题。西方科学技术高速发展的起点是在启蒙运动接近尾声的19世纪。科技加速发展给市场经济发展插上了翅膀，同时也成了市场经济负面作用的帮凶，而且它深刻改变了整个社会生活和社会管理方式，在资本主义制度下，科技成为了控制人的一种整体力量。三是理性具有的负面作用。启蒙思想家是运用理性的力量彻底打垮封建主义、专制主义和天主教会统治的，而且极其推崇理性，将自己的理想社会蓝图完全建立在理性之上，以为人类只要理性化了就可以达到人间天国。然而，就在他们的梦想开始实现时，理性就暴露出了自身的问题，特别是在市场经济条件下，人的经济理性、技术理性片面膨胀，导致社会异化甚至人性异化。所有这些启蒙思想家没有预料到的问题，都事关他们所设计的理想蓝图能否实现的问题，也就是说关系新兴的资本主义文明能否存续下去的问题。到19世纪末20世纪初，这些问题如此之严重，以至于列宁断定资本主义已经到达了它的最高阶段——帝国主义，而帝国主义是腐朽的、垂死的、没落的。正是在这样的历史关头，西方思想家通过艰难的理论探索，解决或缓解了资本主义文明发展过程的一系列重大问题，挽救资本主义于危亡之中，并使资本主义重现生机和活力；而且在资本主义文明走向完善的过程中使启蒙思想家设计的“框架图”变成了“施工图”，形成了一整套完善的资本主义社会价值体系和文化体系。这应该是西方现代社会德性思想对于资本主义文明而言的历史功绩。

其次，西方现代社会德性思想为西方各国政府解决一系列重大现实问题提供了有力的智力支持和充分的理论依据。20世纪以来，西方资本主义文明固有的矛盾和问题与启蒙理想实现过程中出现的种种问题交织在一起，使西方各国政府持续不断地面临诸多棘手难题。在解决这些较为具体的难题方面，西方思想家发挥了非常重要的作用。一方面，他们给政府提供了应对之策，另一方面又为这些政府提供了理论论证和辩护，使之能够为人们所接受。有关这方面的事例很多，涉及到社会政策的各个方面。凯恩斯为解决社会两极分化严重和周期性经济危机的问题提出的政策方案，成为西方各国实行“三高”政策的主要理论依据。面对福利主义政策导致的经济发展“滞胀”问题，新古典自由主义的对策为不少西方国家所采纳。新自然法学学派的理论为西方国家普遍受到指责的法律日益形式化问题的解决提供了理论基础和实践原则。从这些方面看，西方现代社会德性思想不仅救了资本主义的命，而且为它治了不少病，有些病即使没有被治愈，至少也有所缓解。

第三，经过修正和完善的西方价值体系已成为当代世界最完备的价值体系，给非西方国家提供了具有极其重要意义的参照和借鉴。从整体上看，西方现代文化与西方近代文化是同一个文化体系的两个不同历史阶段，现代西方思想家不像生活在社会变革时代的近代思想家，他们所做的工作主要不是在破除旧的社会价值体系的基础上重构新的社会价值体系，而是在承继启蒙思想家已经设计的框架图的基础上使之细化和完善。今天回过头来看，西方思想家一个多世纪来的工作是卓有成效的。毋庸讳言，西方资本主义价值体系无论从理论上还是实践上看已经达到了完善，今天的资本主义进入了成熟阶段。西方资本主义价值体系在20世纪不太长的时间内达到完备，我们不能不充分肯定西方思想家所发挥的关键性作用。正是他们的社会责任感和不懈追求真理的精神使他们勇于探索、大胆创新，根据变化着的复杂社会现实在完善理论价值体系的同时完善现实的价值体系。

自19世纪以来，特别是第二次世界大战后，差不多世界各国都在致力于构建自己国家的价值体系，但我们目前也许找不到一个西方世界以外的国家的价值体系达到了西方价值体系完备的程度。我们应当承认，这些国家从现代文明的角度看都是后发国家，他们的价值体系构建比西方起步晚不少，但理论和实践构建的力度确实不及西方。西方资本主义价值体系虽然是西方特有的价值体系，但是它确实给后发国家提供了参照和借鉴，而且其中有不少内容具有普适性，可以批判地吸收和利用。当前非西方世界兴起了一股十分强烈的文化本土化之风。此风在很大程度上是民族情绪使然。如果我们冷静理智地思考，我们就不会盲目自信，夜郎自大。我们要意识到，西方现代德性思想是整个人类思想的重要组成部分，西方现代文明是整个人类文明的组成部分，它们不仅是西方的，也是世界的。如果它们确实是先进的、先行的，我们学习它、参照借鉴它、吸收利用它，只会有利于本国价值体系的构建和完善。我们应将这种自觉主动的“拿来”过程与西方一些国家的一些势力利用西方价值观和西方文化来达到“西化”、“分化”或其他别有用心的企图区分开。

第四，对现代文明已经出现的和可能出现的一些问题做了有益的探索，增强了全人类对这些问题的意识，并为解决这些问题提供了一种答案。西方现代文明中的不少问题，在今天实际上不只是西方所特有的问题，而是人类现代文明所共有的。之所以会这样，一个重要的原因在于，今天人类的主流文明源自西方近代，也就是说，它不仅是与西方近现代文明同源，而且是这种文明的泛化或流布。无论非西方国家多么不愿意承认，这都是客观事实。现代文明有许多规定性和标志，其中最重要的是自由、平等、民主、法治、市场、科技。这六个理念既是现代文明的基本规定，也是它的基本标志。如果我们深入思考就不难发现，它们都来自于西方近代。如果一个国家说它只是用了同样的词，而其实质和内容与西方完全不同，那么你只可以说你的文明是你本国的文明，而不能说它是人类现代文明的一个内在组成部分，或者说，你的这种文明尚未与世界接轨。我们并不是说源自西方并从西方向外流布的现代文明是十全十美的，相反它是问题很多的。正因为这样，西方现代思想家才会研究它们。今天，西方以外的思想家也在研究它们，但西方思想家的研究起步早，他们所在的社会现代文明的问题暴露得更为充分，他们还有更自由的思想表达的环境，因而他们的思想成果更丰富、更深刻、更有代表性。这一方面促进了西方以外世界的思想家对这些问题的意识，同时也给他们的研究提供了重要的启示和参照。从这些问题的解决角度看，西方思想家的思想无疑也是人类和各国解决现代文明问题的重要方案之一，应当给予应有的重视。

从以上分析可见，西方现代社会德性问题研究有经验也有教训，这两个方面对于我国社会德性问题研究都具有重要启示意义。具体地说，以下四个方面是值得我们重视的：第一，社会德性问题研究要直面社会价值体系现实构建和实际运行过程中出现的各种问题，为社会现实问题的解决提供理论方案。第二，社会德性问题研究要注重学术对话、讨论和争鸣，克服自说自话、唯我独尊的做法。第三，社会德性研究要着眼社会发展未来，要在不断明确未来发展目标的同时调整现行的价值体系，不能仅仅局限于问题研究，局限于应用性、对策性研究，只有这样，社会德性研究才能胜任社会发展“先知”的角色。第四，从社会的角度看，要允许不同学派、不同思想观点存在，并为其自由表达和自由争论提供宽松环境。

第五章　个人德性研究的再度繁荣

当代西方个人德性思想主要是指自西方德性伦理学复兴以后，受这一复兴运动影响的西方思想家提出的有关个人德性问题的思想。西方德性伦理学自 20 世纪 50 年代开始复兴后经历了约 30 年，到 20 世纪 80 年代达到高潮。德性伦理学是以当代道德哲学中“第三种方法”的身份出现的。[①] 在德性伦理学复兴的过程中，受到德性伦理学家批评的康德道义论和结果主义（主要是功利主义）对德性伦理学提出了反批评，并开始关注德性问题研究，由此形成了两大阵营批评与辩护的格局。20 世纪 90 年代以后，在德性伦理学及其与其他学派争辩的影响下，德性问题的研究在西方兴盛起来，不仅伦理学家们关注德性问题的研究，一些其他学科的学者也从不同学科或领域研究德性问题，德性问题成为了当代西方学界的一个热点问题。当代西方德性思想具有与西方古典德性思想、西方近代德性思想以及当代西方社会德性思想不同的自身特征。它一方面促进了人们个人德性意识的觉醒，推进了有关个人德性问题研究的扩展和细化；另一方面又越来越与本性论、认识论分离，缺乏哲学深度；同时它也表明西方德性思想从近代主要对社会或国家德性的关注转向了对社会德性和个人德性研究并重的新格局。了解当代西方个人德性思想的特征、贡献以及局限，可以为我国的伦理学德性问题研究提供借鉴。

一、西方德性伦理学的复兴

荷斯特豪斯说：“德性伦理学（virtue ethics）是一个专业术语，最初引

① Cf. Rosalind Hursthouse, *Ethics, Humans and Other Animals: An Introduction with Reading*, Routledge, 2000, p.145.

入是为了区别规范伦理学中的一种强调德性或道德品质的方法，以与强调责任或规则的方法（道义论）或强调行为的结果方法（功利主义）形成对照。想象一个譬如我应该帮助处于窘困中的某种是明显的情形。功利主义者会强调这样做会产生最大福利的事实，道义论者会强调在这样做的过程中我是依据像‘对待别人就像你希望别人对待你一样’（Do unto others as you would be done by）这样的道德规则行动的事实，而德性伦理学则强调帮助那个人会是仁爱的或慈善的事实。德性伦理学既是一种老的伦理学方法，也是一种新的伦理学方法；就它可以追溯到柏拉图特别是亚里士多德的作品而言，它是古老的；作为这种古老方法的复兴，它是相当新近才进入当代道德理论的，因而是新的。”①

西方德性伦理学复兴有着非常复杂的原因，但总体上看它是与现代文明自身的缺陷以及所导致的严重问题相关的，当然也有其理论自身内在逻辑的问题。与古典德性伦理学相比较，当代西方德性伦理学家所复兴的德性伦理学在很大程度上不同于古典德性伦理学，它有自身突出的特点，也有其贡献和偏颇。因此，发生在 20 世纪下半叶的西方德性伦理学复兴现象值得我们深刻反思和总结，其中有不少东西是值得认真记取的。

（一）背景、条件和逻辑

西方德性伦理学在 20 世纪 50 年代开始复兴，其宏观社会背景在《西方德性思想史》（现代卷上）作过较充分的阐述，其直接相关的背景和条件还需要在这里作进一步的分析。

西方近现代社会的经济基础是市场经济，西方近现代社会的政治制度、主流价值观和主流意识形态是完全适应市场经济建立起来的。西方的市场经济以及与之相适应的资本主义生产方式孕育于 14 世纪的欧洲商业革命。“不言而喻，商业革命是西方世界历史上最重要的发展之一。如果没有商业革命，就不会有现代经济生活的方式，因为它使商业的基础从中世纪本地的和地区的水平变成至今依然存在的世界性规模。此外，它还提高了金钱的威力，开创了追逐利润的商业，使积累财富神圣化，把竞争性事业确立为生活和贸易的基础。总之，商业革命后来发展成为构成资本主义制度的许多因

① Rosalind Hursthouse, *On Virtue Ethics*, Oxford University Press, 1999, p.1.

素。”①

在商业革命的过程中，地中海沿岸的一些城市（如意大利的佛罗伦萨、米兰、威尼斯等）开始出现了以谋求利润为目的的市场经济萌芽。市场经济的兴起和最初发展产生了两方面的新要求：一方面要求把人们从天主教教会的宗教统治和精神控制之下解放出来；另一方面要求打破欧洲中世纪社会的等级制结构，特别是阻碍市场经济发展的封建庄园制的樊篱。适应前一个要求，西方兴起了文艺复兴运动以及后来的宗教改革运动。这两大运动的最重要成果是使西欧人的思想从天主教教会的精神控制之下解放出来，人们开始大胆地追求世俗幸福和个性张扬，并自由表达自己的思想和愿望。适应后一要求，西欧一些国家开始摆脱罗马教廷的控制，谋求民族国家独立，并建立起了专制制度。专制主义政治打破了封建割据的局面，建立了统一的国内市场以及国家间的贸易，从而为市场经济发展提供了空间。这是中世纪后期或近代早期专制主义的历史性贡献。

然而，专制主义政治“把人不当人看”（马克思语），它对人们的活动甚至思想严加控制，而且这种专制制度保留了中世纪的等级制，只是将封建庄园制的等级制扩展为国家的等级制，将天主教会的宗教等级制转变成了政治国家的世俗等级制。显然，无论是专制制还是等级制都是与市场经济发展所要求的市场主体自由和平等相冲突，因而市场经济的进一步发展要求推翻专制主义的政治统治，建立与之相适应的社会政治制度。适应这一要求，从17世纪一直到19世纪，西方爆发了旷日持久的启蒙运动。启蒙运动高举理性主义大旗，以自由反对专制，以平等反对等级制，于是自由、平等成为近代西方的时代最强音。

启蒙运动时期是思想大解放的时期，出现了百家争鸣的局面。各派思想都对天主教及其教会、封建专制主义和等级制持激烈的批判态度，而且基本上都主张自由和平等，但他们对未来社会的构想却迥然有异。在各种观点中，最有影响的是自由主义、共和主义和社会主义。自由主义把个人的自由和权利看作是至高无上的，为了确保个人的自由和权利（包括私有财产权），主张建立代议制的民主制度。按照自由主义的观点，每一个公民都拥有个人的独立自主，只要不违反法律，他们都可以有自己的价值选择和价值追求，可以以自己的方式追求自己利益的最大化。因此，自由主义就是个人

① ［美］爱德华·麦克诺尔·伯恩斯、菲利普·李·拉尔夫：《世界文明史》第二卷，罗经国等译，商务印书馆1987年版，第238页。

主义。共和主义也充分肯定人的自由和平等，并主张国家主权在民，但更强调通过契约的形式将所有个人权利转变为公意并根据公意制定法律。按照共和主义的社会模式，每一个公民都是立法者同时又是自己制定的法律的守法者，并且直接参与社会管理，但作为社会公民的个人不再拥有个人自己在法律之外的自由和权利。与自由主义不同，对于共和主义来说，国家（基本共同体）而不是公民才是真正意义的主权者，是至高无上的，因而共和主义实质上是共同体主义或社群主义的。社会主义各派的主张更为复杂，但它们一般都主张建立一种没有人剥削人、人压迫人的公有制社会，在这种社会里人人平等，人人劳动，按劳分配甚至按需分配。在这三种主要观点中，只有自由主义不仅不否定市场经济，而且是适合市场经济需要的，因为它主张除了维护社会基本秩序的法律对人们的行为进行必要约束之外，人们还享有充分的自由和权利，可以凭借自己的实力参与自由竞争，谋求自己利益的最大化。共和主义虽然并不明确否定市场经济，但在它所设计的社会模式里，市场经济没有存在的余地。因为人们将自己的一切自由和权利都转变为了公意，人们虽然真正成为了社会的主人，但没有了个人的自由和权利，他们变成了国家整体的部分，而不是国家中的终极实体。至于社会主义，它否定私有制，那么，以私有制为基础的商品经济当然也就没有存在的余地了。

启蒙运动的政治结果是从 17 世纪到 19 世纪西方各国资产阶级先后登上了历史舞台。登上历史舞台的资产阶级在各种思想观点中选择了自由主义作为自己的价值观和意识形态，并根据自由主义的理论和模式建立了最适应市场经济发展的资本主义政治制度和整个社会制度。几百年来的实践证明，资本主义制度不仅适应市场经济发展，而且大大促进了市场经济的发展，使市场经济在第二次世界大战后达到了高度繁荣。但是，如果我们反思就不难发现，虽然资本主义制度适应并促进了市场经济的快速发展，并给西方社会带来了高度繁荣的现代文明，但它作为一种社会制度而不只是一种经济制度，一味地顺应和推动市场经济发展，对它可能导致的各种直接或间接问题重视不够，因而没有对它的发展作适当的限制，没有有效地防范它的偏颇和弊端。历史事实已经证明，市场经济不仅是一种有缺陷、有弊端的经济形态，而且其规则一旦泛化就会使整个社会生活市场化、资本化，从而导致许多社会问题。

导致西方近现代社会一味顺应市场经济需要，而没有对其作必要的限制和限定的原因是多方面的。

首先，西方资产阶级构建资本主义社会所依据的思想理论即自由主义本身是一种一味顺应市场经济的思想理论。自由主义的问题也许主要在于，主张个人的自由和权利至高无上，与个人的自由和权利相比较，国家不过是一个“守夜人”式的最弱意义上的国家。国家干预主义出现后，国家虽然可以干预经济社会生活，但广度和深度仍然是极其有限的。对于自由主义理论来说，只有社会成员个人才是社会的实体，国家则根本不是社会实体，它不应该也没有能力对经济社会生活进行必要的干预。显然，根据这种理论建立起来的国家和制度是不可能对市场经济起到必要的限定和限制的作用。

其次，资产阶级政治家在建立资本主义制度的过程中以及在建立之后没有从非自由主义的各种理论中吸取有助于克服自由主义局限的合理内容。前面所说的共和主义和社会主义虽然从根本上看不适合市场经济，但它们对早期市场经济导致的社会现实问题的批判，他们对未来社会的构想，其中有不少内容可以用来克服市场经济的问题。例如，托马斯·莫尔对英国原始积累时期出现的“羊吃人”现象的控诉，马克思得出的市场经济必然导致周期性经济危机和社会贫富两极分化的“铁论”等等，都是对市场经济本身的问题及可能导致的严重后果提出的严重警告。可惜，西方资产阶级没有认真对待这些有益的非主流思想观点，没有从中吸取教益。

最后，就伦理学本身而言，近代至20世纪50年代的伦理学也存在着重大的偏颇，丧失了伦理学作为哲学的那种应有的社会警示、批判和指导功能。

在近代这样一个思想大解放的时代，伦理学领域也非常活跃，先后出现了影响比较大的以马基雅维里、霍布斯和爱尔维修等人为代表的利己主义伦理学，以洛克、沙夫茨伯里、哈奇森、巴特勒、休谟和亚当·斯密等为代表的情感主义伦理学，以边沁、约翰·密尔为代表的功利主义伦理学，以康德为代表的道义论伦理学。所有这些伦理学的一个共同特点是适应市场经济需要，一方面为个人的自由提供道义的辩护和论证，其中不少思想家都是捍卫自由的斗士，如霍布斯、洛克、亚当·斯密、约翰·密尔、康德等；另一方面为市场经济发展所需要的社会秩序提供基本原则。利己主义者旗帜鲜明地从人的利己本性的角度论证人自由地追求自己的利益是人的天赋权利，同时也告诫人们在追求自己利益的过程中不能妨碍和损害他人的利益。情感主义者力图以作为人的本性的天然善良情感为基础引申社会的道德原则和构建社会的道德体系。功利主义者则在利己主义主张的基础上进一步根据市场经济发展的要求提出，人们应当在利己不损人的前提下追求个人与他人的利益共进，即所谓给行为所及的最大多数人带来最大的幸福。康德更强调道德的纯粹性，在肯定每一个人都是自由主体的前提下要求人们自己给自己确立道德法则，并出于对道德法则尊重的动机按照道德法则的要求行动。不难看出，所有这些伦理学家都在适应市场经济对自由和规则的需要而在自由的前提下重视规范，他们的主张虽有不同，但都重视如何建立自由竞争条件下所需要的社会秩序问题。从历史事实看，只有功利主义和道义论成为了西方最有影响的伦理学流派，而最终是功利主义成为了西方社会实际奉行的道德理论和实践原则，不过，所有这些伦理学学派都是尽力为市场经济发展鼓与呼，而且为西方市场经济的快速发展提供了强有力的道义支持和理论依据。可以说，没有这些伦理学学派的理论努力，西方市场经济的发展是不可想象的。

然而，从所有这些伦理学流派的主张不难看出，他们不再像古典思想家那样重视人的品质问题，重视“一个人应该怎样生活”的问题，而只重视人的行为问题，重视“一个人应当怎样行动”的问题。从重视作为整体的人的生活（包括人的行为）到只重视人的行为，而不怎样关心作为整体的人的生活，这确实给人们留下了更大的自由空间。就是说，当伦理学理论只重视涉及个人与他人利益的社会行为而不管个人生活的其他方面甚至其他行为时，人们可以在不违反社会规则的前提下随心所欲、各行其是，这样，人们的自由就是无所复加的。但是，也正因为如此，除了在社会行为方面之外，人们生活的其他方面都不能得到伦理学理论的指导，社会也因为以这样的伦理学为依据而忽视了对人们生活的必要规范和引导。由于作为主流伦理学的功利主义所确立的道德法则被法律化，因而伦理学理论甚至道德实际上从社会生活中退隐，以至于近代以来的西方国家可以公然宣称政府在公民的道德方面应持中立立场，只要人们按法律行事而无论他们信奉什么样的道德都不是政府应管之事。因此，在近代以来的西方社会，人们在道德上基本处于“无政府”的自由状态。

另一方面，近代西方伦理学在为市场经济兴起和发展给力的同时，忽视了市场经济的利益最大化原则可能会对个人生活和整个社会生活产生的冲击。特别是后来成为主流伦理学理论的功利主义，更是将市场经济的最大利益化原则一般化为社会的基本道德原则，使人们以为只要我们的谋利行为不伤害他人利益甚至能促进他人利益的实现就是道德的全部涵义。在市场经济充分发展的今天，我们看到，完善的市场经济机制所要求的行为原则并不只是行为者自己利益的最大化，而是通过他人利益的最好实现来实现行为者自己的利益。由此看来，功利主义的功利原则不过是市场原则的写照。不可否认，功利主义为市场经济走到今天发挥了指导作用，但它没有看到、更没有指出市场经济的原则只是经济原则，充其量是经济道德原则，而不是社会生活的一般道德原则。把经济道德原则泛化为一般道德原则的结果，是使道德放弃了对市场经济的应有限制和对它可能破坏社会生活的消极作用的应有防范，同时也没有告诉人们除了通过与他们利益共进实现自己的利益之外在道德上还应该做什么。如此，伦理学就丧失了社会的预警功能、批判功能和指导功能。

近代西方伦理学特别是作为主流伦理学的功利主义伦理学的偏颇所导致的后果是众所周知的。这就是人有了自由，也有了充分谋求利益的机会和环境，但放弃了对德性、人格和实践智慧的追求和培育，放弃了对人的作为整体生活的关照，人的生活就等于物质生活，人的追求就等于利益的追求。如此一来，人成为了单向度的人，社会成为了单向度的社会，从社会获得解放和自由的个人重新受到奴役，只是这种奴役不再只是来自社会经济技术力量，还来自人内在的贪欲。这种后果还有强烈的社会效应，其中最突出的是社会两极分化日益严重、生态环境遭到严重破坏、心理疾病流行，以及20世纪爆发的两次世界大战和今天常常发生的恐怖主义活动等等。正是这样一些严重的消极后果及其可怕的社会效应使许多西方思想家痛定思痛，开始反思近代启蒙思想家对现代社会的谋划，反思西方现行的主流价值观和主流意识形态。自20世纪50年代出现的德性伦理学复兴就是这种反思在伦理学领域的一种表现。在致力于复兴德性伦理学的思想家看来，近代以来西方出现的一系列严重社会问题从伦理学的角度看，根源就在于只重视“一个人应该怎样行动”的问题，而忽视了“一个人应该怎样生活”或“一个人应该成为什么样的人”的问题。因此，他们要纠近代以来伦理学之偏，使伦理学重新回到古典伦理学所关心的问题之上。正如新亚里士多德德性伦理学家罗莎琳达·荷斯特豪斯所指出的：“关于为什么对道义论和功利主义日益增长的不满会导致德性伦理学复兴，有不少不同的说法（而且没法确定哪一个更精确），但可以肯定的是，每一种说法中都有一个共同点，即现在流行的文献忽视了任何一种适当的道德哲学都应该关心的一些主题，并使之边缘化。它们是我上面提及的动机和道德品质，其他的还有道德教育、道德智慧或辨别力、友谊和家庭关系、深刻的幸福概念、情感在道德生活中的作用，以及我应该是什么类型的人、我应该怎样生活的问题。我们能发现这些主题在柏拉图和亚里士多德那里被讨论过。”①

德性伦理学的复兴不仅有其社会历史根源，还有伦理学自身的理论逻辑。伦理学是关于人生的哲学，所要研究和回答的问题主要是什么样的生活是人的好（善）生活以及如何过上人的好生活的问题。人的生活本来不仅应该是丰富多彩的，而且应该是一个整体。这样一种作为整体的生活既包括价值判断、选择、创造的价值方面，也包括喜怒哀乐好恶的仁爱方面、品质好坏优劣的德性方面、行为正当与否的规范方面。因此，伦理学既要研究人生的价值问题，又要研究仁爱问题、德性问题、规范问题，还要研究它们之间的关系。西方古代伦理学特别是古希腊伦理学在当时的历史条件下着重研究有关善恶的价值问题和有关品质优劣的德性问题，而对于规范问题和仁爱问题重视不够。虽然这有其历史的原因，但从理论逻辑的角度看这种伦理学是有缺陷的。近代伦理学在某种意义上纠了古代伦理学的偏，特别重视规范问题研究，也对价值问题给予了适当的关注，但却走向了另一个极端。这就是没有对个人的德性问题给予足够的重视，对于仁爱问题也有所忽视。

近代以来伦理学重视价值问题和规范问题很有必要，也有很充足的理由，但并不能因此忽视德性问题。因为德性问题是人生的重大问题之一，伦理学绕不过它。绕过了它，伦理学就是不完善的。我们赞同大卫·索罗蒙的看法，“任何充分的伦理学理论必须包括研究德性的部分”②。而且，伦理学不研究德性问题，那么价值问题、仁爱问题和规范问题也不能得到很好的解决。以这种有缺陷的伦理学理论指导社会实践和人生，难免发生偏颇。从研究对象和内容看，虽然德性问题与价值问题、仁爱问题和规范问题有着紧密的关联，但它既不完全是一个价值问题，也不完全是一个仁爱问题或规范问题。说它不完全是价值问题，是因为其中有规范方面的内容，更重要的是还有教育、养成等方面的内容；说它不完全是仁爱问题，是因为它是以理智或智慧为基础的，是人格的重要构成要素；说它不完全是规范问题，是因为其中有很多价值方面的内容，不仅涉及应当怎样，而且涉及怎样更好、怎样最好方面的内容。德性问题的这些内容是价值论、情感论和规范论包含不了

① Hursthouse, Rosalind, *On Virtue Ethics*,Oxford: Oxford University Press, 1999, pp.2-3.

② David Solomon, “Internal Objections to Virtue Ethics”, in Peter A. French, Theodore E. Uehling Jr., and Howard K. Wettstein, eds., *Midwest Studies in Philosophy Volume XIII, Ethical Theory: Character and Virtue*, Notre, IN: University of Notre Dame Press, 1988, p.428.

的。因此，使德性问题重新回到伦理学的怀抱，对于完善伦理学学科，增强伦理学对社会的影响力具有十分重要的意义。① 从这种意义上看，现代德性伦理学家复兴德性伦理学具有理论上的逻辑必然性，是对此前的近现代伦理学偏颇的校正。

不过，需要指出的是，现代德性伦理学家试图像古代伦理学家那样将伦理学研究仅限于德性问题，这也是不正确的。“也许正是因为传统德性伦理学忽视甚至否认规范问题的重要性和研究规范问题的必要性而不适应近代社会生活复杂化的需要，所以它被边缘化。德性伦理学在历史上湮没和中断的教训告诉我们，伦理学不能只局限于德性问题的研究，更不能将德性伦理学等同于伦理学。” ②

（二）复兴的过程

西方古代德性伦理学源自苏格拉底。他指出，没有什么主题能比这个主题更加严肃，对于这个主题，哪怕是智力低下的人也会认真起来，这个主题就是：“人应当过什么样的生活？” ③ 亚里士多德围绕这个主题构建起了人类思想史上的第一个完整德性伦理学体系。“对于亚里士多德来说，基本问题不是像对于密尔、霍布斯或康德来说的，什么是道德正当或责任的基本原则，以及这怎么可能在哲学上得到辩护的问题。相反，亚里士多德会问：什么是生沽的目的？什么类型的生活对于人类是最好的？” ④ 基督教出现后，西方的道德严重地受到犹太—基督教传统的影响，并且在上帝法的概念中有了其根。由此产生了两个结果：其一，主要的问题不再是“我应该怎样生活”，而是“我应该怎样行动”；其二，对关于怎样行动的问题的回答被置于义务的术语之中。道德被看作是一组类似法律的原则，它们约束我们从事或不从事某些行为。到了近代，由犹太—基督教传统逐渐演变成了占统治地位的道德哲学的两种传统：一是自康德开始的传统，根据他的观点，正当行为是一种出于对道德法则的尊重而被从事的行为；另一个传统是功利主义，它也几乎没有例外地聚焦于一个人被道德要求从事的行为。在这种情形下，行为将

---

① 参见江畅：《德性论》，人民出版社 2011 年版，第 4—5 页。

② 江畅：《德性论》，人民出版社 2011 年版，第 21 页。

③ ［古希腊］柏拉图：《高尔吉亚篇》500C2-3，《柏拉图全集》第一卷，王晓朝译，人民出版社 2002 年版，第 392 页。

④ Stephen Darwall (ed.), *Virtue Ethics*, Blackwell Publishing, p.1.

产生最大的总体善。这种伦理学中的律法主义转向是在英国哲学家伊丽莎白·安斯库姆1958年发表的《现代道德哲学》一文中得到陈述的。她谴责所有当代道德哲学家为冒充律法主义的义务道德寻求基础，而这在不信上帝是立法权威的话语中没有多少意义。① 这篇文章的发表，开启了西方当代德性伦理学的复兴运动。

在德性伦理学兴起过程中有三个重要人物，他们改变了现代伦理学或现代道德哲学的方向：

第一位重要人物是安斯库姆（Elisabeth Anscombe）。她在1958年发表的题为《现代道德哲学》一文中批评现代道德哲学为伦理学的法则概念所垄断，而伦理学的法则概念只涉及义务和责任。与密尔的功利主义和康德的道义论依赖于被要求应用于任何道德情景的道德规则（密尔的最大幸福原则和康德的绝对命令）一样，这种伦理学路径依赖普遍原则并导致了一种僵硬的道德法典。这些僵硬的规则基于一种现代世俗社会中无意义的义务概念，因为它们不假定制订法典者存在就没有意义，而我们已不再做这种假定了。于是，她要求返回到一种研究哲学的不同方式，即返回到亚里士多德的品质、德性和幸福概念。同时，她也强调情感和理解道德心理的重要性。② 她要求把德性置于我们理解道德的中心的观点，为不少哲学家采纳，结果诞生了当代德性伦理学。

第二位重要人物是威廉斯（Bernard Williams）。他在道德与伦理学之间作出了区别，认为道德主要是以责任和义务等概念为特征的，道德谴责的要害与义务的概念有着关键性的联系。如果我们能遵守义务而不这样做，就违反了责任；我们之所以要因此被谴责，是因为我们有义务。他也注意到这种道德概念拒绝了运气的可能性。如果道德是关于我们有义务去做的事情的，就没有为在我们控制之外的情形留余地。但是，有时好生活的获得依赖于我们控制之外的东西。他采用了一种比道德更广泛的伦理学概念，并拒绝道德这个狭窄而受限制的概念。伦理学包含许多被道德作为不相关的东西而拒绝的情感。伦理学的关注更宽广，包括友谊、家庭和社会，它为像社会公正这样的问题留有余地。他试图表明，"伦理学所要关注的核心仍然是古希腊人

① Cf. Roger Crisp (ed.), *How Should One Live? Essays on the Virtues*, Oxford University Press, 1996, pp.1-2.

② Cf. Anscombe, G. Elisabeth M., "Modern Moral Philosophy", *Philosophy* 33, No.124 (January 1958).

提出的那个问题——我应该如何生活。”[①]这种伦理学的观点与在亚里士多德和柏拉图著作中发现的古希腊人对好生活的解释是相一致的。

第三位重要人物是麦金太尔（Alasdair MacIntyre）。他也像安斯库姆、威廉斯一样，对诸如“应当”这样的概念进行了深刻的批评，同时也试图给德性一种新的解释。他研究了历史上关于德性的大量解释，并注意到它们之间的不一致，于是得出这样的结论：这些差异源于产生不同德性概念的不同实践。每一种德性的解释要得到理解，需要社会和道德特征在先的解释。这样，要理解荷马的德性，你就需要了解它在希腊社会中的社会角色。这样，德性是运用于那种一致的社会活动形式的实践的，并追求实现对于这种活动而言的内在的好（或善）。存在着一种超越于所有特殊实践的目的，它构成了人整体生活的好。那种目的就是一体的或一致的德性。麦金太尔的观点进一步激发了伦理学家对德性的兴趣。

当代德性伦理学发展的第一阶段主要是对康德道义论和功利主义或结果主义提出反对意见，并针对这两种理论来规定它自身。在对道义论和功利主义提出批评并阐明自己立场的基础上，德性伦理学进一步阐发了它们对德性的解释。虽然这些解释从柏拉图、斯多亚、阿奎那、休谟和尼采那里得到启发，但是受亚里士多德对德性理解的影响更大，他的德性伦理学概念仍然主导着这个领域。关于这一点，朱丽娅·安纳斯（Julia Annas）指出：“无论如何，古代德性理论无意成为等级式的和完全的。在这些理论中，行为者的终极目的、幸福和德性概念能被称作为原初的东西，它们是相对于基本的而言的。这些概念是我们的出发点；它们确立了理论的框架，我们根据这些概念来引入和理解其他概念。这样，它们对于理解来说是主要的；它们确立这种理论是关于什么的理论，并且对如正当行为之类的其他伦理学概念的地位给予规定。然而，它们在现代意义上不是基本的，其他概念不是由它们派生的，也很少能还原为它们。”[②]

德性伦理学从最初复兴到今天主要有三条发展线索，即幸福主义、基于行为者的理论和关怀伦理学。

（1）幸福主义（eudaimonism）。亚里士多德认为，每一行为都指向某种好，而且有些事情是为它们自己的目的而做（目的本身），有些事情是为

---

① ［英］伯纳德·威廉斯：《道德运气》，徐向东译，上海译文出版社 2007 年版，“译者序”第 21 页。

② Julia Annas, *The Morality of Happiness*, New York: Oxford University Press, 1997, p.9.

其他事情的目的而做（目的的手段）。他主张，所有本身是目的的事物也都为一个更广泛的目的作贡献，这就是所有好中的最大的好。那种好就是 *eudaimonia*。*Eudaimonia* 是幸福（happiness）、满足（contentment）和实现（fulfillment），它是最好生活类型的名称，它是目的本身并且是生活得好及过得好的手段。亚里士多德注意到，如果一个事物有一种功能，那个事物的好就是当它很好地实现它的功能的时候。将这种论证运用于人，那么，人有一种功能，好的人就是很好地实现了他的功能的人。人的功能是对他所特有的并使他与其他的存在者区别开的东西，即理性。所以，人的功能是理性，人的区别性的生活是根据理性生活。如果人的功能是理性，那么很好地运用理性的人就是优秀的人，即有德性的人，他们的生活就是好生活或 *eudaimonia* 生活。这种幸福主义德性伦理学观点的重要性在于，它将被功利主义颠倒的德性与正当性之间的关系颠倒了过来。一个功利主义者会承认德性的价值，但这只是因为具有善良意向的人能使功利最大化。所以，德性只是由于它带来的结果而被证明是正当的。而在幸福主义伦理学中，德性被证明是正当的，则是因为它们是 *eudaimonia* 即人的繁荣和福祉的构成要素，而这就是好本身。

荷斯特豪斯对幸福主义德性伦理学作了详细的阐发。她论证说，德性能使其具有者成为好人。像亚里士多德一样，她认为，人类独具特征的方式是理性的方式：人类根据他们的真实本性而理性地行动，这是一种使我们能作出选择和影响我们品质变化的特征，也是使别人认为我们要对那些决策负责的特征。德性地行动，即符合理性地行动，就是以人类本性的特征那种方式行动，而这会导向幸福。这意味着德性对其具有者有利。人们可能认为，道德的要求是与我们的自利相冲突的，因为道德是考虑他人的，但是幸福主义德性伦理学呈示了一种不同的画面。人性是这样的，即德性不是与自利对立的，而不如说是人繁荣的精华部分。对于人而言的好生活，就是德性的生活，因而具有德性是在我们的利益中的。不只是德性会导向好生活（例如，如果你是好的，那么你将得到报偿），而不如说，德性生活因我们运用实践智慧而成为好生活，好生活就是对德性的报偿。[①]

然而，值得注意的是，有许多不同的方式阐发这种好生活和德性伦理学的德性观念。例如，菲力帕·福特（Philippa Foot）就将德性置于对于人类

---

① Cf. RosalindHursthouse, *On Virtue Ethics*, Oxford: Oxford University Press, 1999.

而言是好的东西之上。德性是对其具有者或对共同体有益的。德性与其说构成好生活，不如说是有价值的，因为它们对好生活作出贡献。像霍尔卡（Thomas Hurka）这样的完善主义者提供了另一种解释，他从最充分地发展我们的本质特点引申出德性，强调个体要根据一种完善的标准来判断德性，而这种标准反映人类成就的非常稀少的或理想的层次。德性为了合理性而实现我们的能力，所以在那种意义上对我们的福利和完善作出贡献。①

（2）基于行为者的德性伦理学解释（Agent-based Accounts of Virtue Ethics）。不是所有的德性伦理学解释都是幸福主义的，斯洛特阐发了一种基于我们的常识（common-sense）直觉的德性解释，对于这种直觉来说，品质特性（character traits）是值得赞扬的。斯洛特在聚焦于行为者的（agent-focused）理论与基于行为者的（agent-based）理论之间作出了区别。聚焦于行为者的理论的特点是先有德性之人，后有德性之行，德性之人就是判断行为正当与否的标准，德性之人不必刻意考虑自己的行为是否符合德性原则，他的行为本身就是符合德性原则的。亚里士多德的理论是聚焦于行为者理论的代表。与之形成对照的是，斯洛特主张的基于行为者的理论则更根本，强调一个行为是不是德性的，就看它是否以内在的德性品质作为选择的动机。如果一个人自愿地按内在的德性品质的要求行动，他的行为就是德性的。我们发现值得赞扬的那些人的特征（如慈善、善良、同情等）是多样性的，我们能通过我们赞扬的那些人和我们的道德榜样来识别这些特征。② 斯洛特还注意到，“虽然亚里士多德提及我们倾向于赞扬爱人类的人，但他的道德理论似乎一般不需要对人类的关注。”③ 针对亚里士多德理论的这一缺陷，斯洛特特别强调普遍的慈善（universal benevolence）和关怀（caring）

（3）关怀伦理学（The Ethics of Care）。关怀伦理学也是德性伦理学的一种有影响的观点。这种观点最早是心理学家卡罗尔·吉利根在 20 世纪 80 年代提出来的。她在《不同的声音：心理学理论与女性的发展》④ 一书中提出的道德发展观点，认为存在着两种不同的道德视角，一种是公正的视角，一种是关怀的视角。前者以男人的思考为特征，而后者以女人的思考为特征。

---

① Cf. Thomas Hurka, *Virtue, Vice and Value*, Oxford: Oxford University Press, 2001.

② Cf. MichaelSlote, *Moral from Motives*, Oxford: Oxford University Press, 2001.

③ MichaelSlote, *Moral from Motives*, Oxford: Oxford University Press, 2001, vii.

④ Carol Gilligan, *In a Different Voice: Psychological Theory and Women's Development*, Cambridge, Mass.: Harvard University Press, 1982.

公正的视角运用抽象的、普遍的和非个人的原则，与之形成对照的是，关怀是一种对另一个人的福利的直接关注的态度，它是特殊的并且是基于一个人与另一个人之间的情感联系的。阿勒特·拜尔等女权主义理论家接受了吉利根的观点。她们要求我们在怎样看道德和德性方面应当转变观念，应转向以妇女作范例的德性，如关怀他人、耐心、养育、自我牺牲等，而这些德性正是由于社会不充分重视妇女的贡献而一直被边缘化。尽管这些主张并不都是与德性伦理学直接联系的，但在他们关于特定的德性及其与社会实践和教育关系的讨论中，有许多内容对于德性伦理学来说仍是具有中心意义的。①

对德性伦理学的解释，以上三类是有代表性的。除此之外，还有大量的其他德性理论，如克里斯婷·斯万顿通过与尼采的联系阐发了一种多元主义的德性伦理学解释。② 尼采的理论强调内在的自我，并对更好地理解道德心理学的要求提供了一种可能的回答。斯万顿以尼采的观点为基础对自爱提出了一种新解释，并把真正的德性同与之密切相关的恶性区别开来，如将自信与自负或卖弄区别开来。她也使用了尼采的创造性和表达的观念，以表明不同的知识样式是怎样适合德性的。

德性伦理学在复兴的过程中也受到了不少批评，主要是认为德性伦理学不能解决自我中心、行为指导、道德运气等问题。对这些批评德性伦理学家也进行了辩护。③ 此外，还有一些伦理学家针对安斯库姆等人的观点指出，关于德性品质的理论最好是作为对义务行为的理论的补充，而不是要代替义务行为的理论。④

德性伦理学发展到今天已经超出了简单复兴的范畴，它对整个当代伦理学都产生了重要影响。有研究者认为，"德性伦理学的影响已经扩展到它作为道德理论的第三种类型所作出的贡献的范围。正如已经注意到的，对德性伦理学兴趣的复兴已经引起了其他理论观点的拥护者对德性的更大关注。德

① Cf. Annette C. Baier, "The Need for More than Justice", in Marsha Haren and Kai Nelson (eds.), *Science, Morality and FeministTheory*, University of Calgary Press, 1987; *Moral Prejudices*, Harvard University, 1995; *Reflections on How We Live*, Oxford University Press, 2009; etc.

② Cf. Christine Swanton, *Virtue Ethics: A Pluralistic View*, New York: Oxford University Press, 2003.

③ Cf. "Virtue Ethics", in *The Internet Encyclopedia of Philosophy*, http://www.edu/research/iep/v/virtue.htm.

④ Cf. James Rachels, *Elements of Moral Philosophy*, New York: McGraw-Hill, 1978, pp.159-179.

性的研究也已经导致当代伦理学考察问题的范围普遍拓宽。”① 这种看法是实事求是的。

(三) 现代德性伦理学的基本观点及其分歧

前面对德性伦理学复兴过程的阐述表明，德性伦理学发展到今天已经形成了诸多不同观点。不过，一种伦理学理论被称为德性伦理学总有其相同的总体特征和一些相同的基本观点，这是我们辨识一种理论是否属于德性伦理学的基本标志。

关于德性伦理学的总体特征，荷斯特豪斯有一个比较简要的阐述。她说:“关于德性伦理学的一个共同信念是，它不告诉我们我们应该做什么。这个信念是纯粹在这样一个得到表达的假定中被表明的某种东西，即‘以行为者为中心’(agent-centered)而不是‘以行为中心’(act-centered)的德性伦理学关注是(being)而不是做(doing)，关注好(和坏)的品质而不是正当的(和不正当的)行为，关注的是‘我应该是什么类型的人’的问题而不是‘我应该做什么’的问题。”② 荷斯特豪斯的意思是，德性伦理学主要不是聚焦于正当行为的标准，取而代之的是关注德性的本性和内容——好人具有的那些品质和理智的特性，或者那些人的好生活组成部分的特性。当然，德性伦理学并非完全忽视行为的正当性，只不过它用来判断行为正当与否的根据不同于规范伦理学。由德性伦理学产生的正当行为的标准(回到了亚里士多德那里)是这样的:要做的正当事情正好是德性之人在那种情境中会做的。③ 德性伦理学的这种对好的行为主体而不是正当行为的聚焦，导致许多哲学家诘难德性伦理学能否告诉我们怎样在特定情境下行动。

具体地说，当代各派德性伦理学大致上具有以下一些共同的基本观点:

其一，主张伦理学主要回答“一个人应该怎样生活”的问题④。近代以来的伦理学主要关注正当和不正当的行为，德性伦理学改变了我们关于伦理学

---

① “Introduction”, Rebecca L. Walker and Philip J. Ivanhoe (eds.), *Working Virtue: Virtue Ethics and Contemporary Moral Problems*, Oxford: Clarendon Press, 2007, p.4.

② Rosalind Hursthouse, “Normative Virtue Ethics”, in Oliver A. Johnson and Andrews Reath (eds.), *Ethics: Selections from Classical & Contemporary Writers* (9th Ed.), Wadsworth, Thomson Learning, Inc., 2004, pp.454-455.

③ Cf. Oliver A. Johnson and Andrews Reath (eds.), *Ethics: Selections from Classical & Contemporary Writers* (9th Ed.), Wadsworth, Thomson Learning, Inc., 2004, p.454.

④ Cf. RogerCrisp (ed.), *How Should One Live? Essays on the Virtues*, Oxford: Clarendon Press, 1996.

所问的这类问题。道义论和结果主义关注正当行为，而德性伦理学关注好生活，以及我们应该是什么类型的人。“什么是正当行为”与“我应该怎样生活，我应该是什么样的人”是两种不同角度的问题。前一类问题涉及的只是行为选择，而后一类问题涉及的是人的完整生活。德性伦理学不是问这里和当下什么是正当的行为，而是问我应该是什么类型的人，以便使行为在所有时间都是正当的。道义论和结果主义试图给我们提供正当行为的规则，而德性伦理学则使品质概念成为中心。对“人们应该怎样生活”的回答是人们应该有德性地生活，也就是应该具有德性品质。

其二，强调道德不可法典性，提出反理论（anti-theory）。罗瑟琳·荷斯特豪斯说，有一个新的运动叫“伦理学中的反理论”，“它的各种代表人物以拒绝规范伦理学理论为共同的主题；但其中有几位哲学家通常是与德性伦理学关联的，如拜尔（Baier）、麦克道威尔（McDowell）、麦金太尔和纳斯鲍姆（Nussbaum）”。① 道义论和结果主义之类的理论依赖那些期望应用于所有情境的规则和原则，但这些规则和原则是僵化的，因而不能适应我们面对的所有道德情境。如果问题是变化的，我们就不能期望在一种不允许有例外的刚性和固定的规则中找到它们的解决方法。“我应该怎样生活”的答案不能在一个规则中找到。对于德性伦理学来说，充其量只存在“拇指规则”（thumb-rules）②，即可用于许多情况的简单的、经验性的、探索性的但不是很准确的规则。亚里士多德的中道学说准确地抓住了这种观念，认为有德性的反应不能被囊括在一个规则或原则中，行为者可以学习这种反应，然后有德性地行动。伦理学不能被揽括在一种规则或原则中，这就是“伦理学论题的不可法典性”（uncodifiability of ethics thesis）。被囊括在一个刚性法典中的伦理学也是多种多样的和不精确的，所以，我们必须用一种像论题本身一样的非固定的和情境反应的理论研究道德。这样，一些德性伦理学家把他们自己看作是反理论家，拒绝那种试图囊括和组织所有实践的或伦理学问题的系统理论。③

① Rosalind Hursthouse, “Normative Virtue Ethics”, in Oliver A. Johnson and Andrews Reath, eds., *Ethics: Selections from Classical & Contemporary Writers* (9th Ed.), Wadsworth, Thomson Learning, Inc., 2004, p.464.

② 拇指规则据说是因木匠而得名，他们不用尺子，而是伸出拇指来测量木材的长度或者宽度。

③ Cf. S. Clark and E. Simpson (eds.), *Anti-Theory in Ethics and Moral Conservatism*, New York: State University of New York Press, 1989.

其三，将德性问题作为伦理学的中心议题。当代德性伦理学从亚里士多德对品质和德性的理解中寻求理论依据，把品质和德性作为道德的中心问题。对品质发展和情感作用的强调使德性伦理学具有一种道德心理学的解释，而这是道义论和结果主义所缺乏的。迈克尔·斯洛特说："一种最充分意义上的德性伦理学必须把德性概念（像'善'或'优秀'）而不是义务概念（像'道德上不正当的'、'应当'、'正当'和'义务'）看作是主要的，而且它必须更多地强调对行为者及其（内在）动机与品质特征的道德评价，而不是对行为和选择的评价。"① 威廉·弗兰克纳也明确指出了这一点：德性伦理学"把德性判断作为基础"，"义务判断要么派生于德性判断，要么是完全不必要的"，"而且它可能把关于行为的德性判断看作是次要的，是以关于行为者及其动机或特征的德性判断为基础的"。② 在他们看来，赞成丰富的德性概念就能避免责任和义务这样的有问题的概念，因为德性判断是对整体生活的判断而不是对一种孤立行为的判断。

其四，肯定道德运气的存在。近代以来流行的规范伦理学，特别是康德的道义论，强调道德原则的普遍性而完全否认道德运气的存在。伯纳德·威廉斯和托马斯·内格尔第一次明确肯定道德运气的存在，认为成功和好生活在某种程度上会受到我们不能控制的外在因素的影响。丹尼尔·斯德特曼指出，运气无处不在，然而，人们认为至少有一个领域似乎缺乏运气或与运气无关，那就是道德领域。"这个我们道德思维的根深蒂固的假定，在 1976 年受到了当代道德哲学的两位领军人物伯纳特·威廉斯和托马斯·内格尔的攻击。他们二人对所谓的道德具有免受运气影响的能力的观念提出了挑战。他们致力于表明，运气威胁道德并不亚于它威胁人类生活的其他领域。他们论证他们称之为道德运气的东西的存在，因而赋予哲学以一种新的概念和一种广泛的问题领域。"③ 在斯德特曼看来，这些新的观念已经激发了哲学家极大的兴趣，并在哲学家中引起了强烈的反响。一般来说，德性伦理学家由于肯定人们的德性是后天在其特殊的生活环境中形成的而承认道德运气的存在，无论他们是否公开宣称这一点。

其五，采取自然主义立场。当代西方德性伦理学者认为，德性伦理学真

---

① Michael Slote, *From Morality to Virtue*, New York: Oxford University Press, 1992, p.89.

② Cf. William Frankena, *Ethics* (2nd Ed.), Englewood Cliffs: Prentice Hall, 1973, p.63.

③ Cf. Daniel Statman (ed.), *Moral Luck*, State University of New York Press, 1993, pp.1-2.

正是自然主义的。他们有四条理由[①]：（1）德性伦理学把伦理学定位于此岸世界，不乞求于超然的或其他的世界；（2）拥有德性是过一种典型人类生活所必需的，因为这是认识人类本性的最好方式；（3）德性伦理学是自然主义的，是由于德性伦理学中的德性是与人类幸福相联系的观念，即"德性拥有者个人和他们所组成的社会，都从德性中获益"；（4）从道德动机来看，德性之人的行为出于自然，没有和情感、欲望和品质特性的争斗，没有精神与肉体、理性与感性的冲突。

除以上一些基本观点大致相同之外，当代德性伦理学之间也存在着众多的分歧。归纳起来，主要集中在以下问题：（1）幸福或好生活意味着什么？（2）德性的目标是指向个人幸福还是他人福祉？（3）德性根源于理性或实践智慧还是根源于情感或同感？（4）德性只有公正的视角还是还有关怀的视角？（5）德性伦理学应当"以行为者为焦点"还是应当"以行为者为基础"？正因为存在着这些分歧，德性伦理学内部又形成了不同的派别。当然，在同一学派内部在一些观点上也存在着分歧。

需要指出的是，"德性伦理学"（virtue ethics）和"德性论"（virtue theory）是两个不同的概念。有学者认为，德性论是一个探讨的领域，它关注一般意义的德性，而德性伦理学更狭窄，并且是规定性的，它拥护德性。柏拉图和亚里士多德自发地从事这两个方面的探索，但许多现代哲学家从中立的立场甚至从敌对的立场谈论德性。[②] 关于德性伦理学与德性论的关系，笔者曾作过这样的断定："从广义上看，德性伦理学的研究属于德性论的研究，但严格地说，德性伦理学是西方伦理学的一个流派，而不是伦理学的一个相对独立的分支。因为它不是将德性问题作为伦理学的基本问题之一并相对于其他伦理学基本问题进行研究，而是将德性问题作为伦理学的最基本问题并将所有其他伦理学问题置于这一最基本问题之下进行研究。对于德性伦理学来说，伦理学就是研究德性问题的，伦理学就是德性伦理学。"[③] 今天看来，这一断定仍然是有效的。

---

① Cf. Daniel Statman(ed.), *Virtue Ethics*, Edingburgh: Edinburgh University Press, 1997, pp.15-16.

② Cf. RogerCrisp (ed.), *How Should One Live? Essays on the Virtues*, Oxford: Clarendon Press, 1996, p.5.

③ 江畅：《德性论》，人民出版社 2011 年版，第 20 页。

（四）德性伦理学复兴的意义

虽然许多伦理学家对德性伦理学提出了种种批评，德性伦理学的复兴仍然既具有重大的社会历史意义，也具有重大的学术理论意义。

德性伦理学复兴的重大社会历史意义在于：它使人们意识到可以从另一个思路即从人的品质角度寻求克服现代文明的缺陷及其导致的消极后果的方案，并引起人们对近代以来的主流伦理学的反思和检讨，从而为社会决策提供了一种新的参考和选择。

现代文明存在着重大缺陷并导致了严重的消极社会后果，这是不争的事实。自 19 世纪以来，许多思想家对现代文明进行了反思和批判，但这些反思和批判大多是从制度、文明、社会价值观和社会现实的角度进行的。马克思的批判主要是集中于资本主义经济关系不适应生产力发展展开的。他指出生产资料的私有制必将成为现代化大生产的桎梏，从而导致资本主义灭亡和社会主义胜利。施宾格勒、汤因比等人根据文明发展及其兴衰更替的规律揭示了现代西方文明衰落的必然性。法兰克福学派通过对启蒙思想的反思对资本主义社会现实进行了严厉的社会批判。阿伦特、贝尔对现代文明的极权主义以及资本主义文化的矛盾进行了揭露。此外，还有一大批哲学家从生命的本体和本质、从知识和语言等不同方面对现代文明进行了深刻的反思。与所有这些对现代西方文明的反思和批判不同，德性伦理学复兴所直接针对的是近代以来的伦理学，主要是功利主义、康德主义和非认识主义。德性伦理学家之所以要批判它们，是因为它们都忽视了要么只重视人的行为，要么只重视道德语言而使伦理学完全形式化，其结果是忽视了作为行为者的人，忽视了作为整体的人的生活。在他们看来，现代文明的种种缺陷及其导致的消极后果，正是作为人生指导的伦理学存在着重大的误导所导致的。而这种误导的关键则在于对事关一个人应该做什么样的人和怎样生活的德性的忽视。所以，他们推崇德性、倡导德性、研究德性，并致力复兴和弘扬以德性为其研究中心的德性伦理学。

不可否认，德性伦理学家的一些观点可能有些偏激和局限，但德性伦理学家自 20 世纪 50 年代以来的不懈努力产生了重要的积极的社会影响。这突出表现在以下三个方面：

第一，德性伦理学家阐发的德性论以及他们与其他伦理学流派的论争唤醒了西方社会沉睡几个世纪的德性意识，使人们开始认识到，人的生活不只在于拥有自由和资源，更在于幸福；而这种幸福不只在于欲望的满足，而在于作为整体的生活的各方面的好（许多德性伦理学家称之为“繁荣”）。前面我们已经指出过，近代以来流行的伦理学致力于两个方面的工作：一是为人们的自由呼喊并为之提供论证；二是为人们的自由谋利以及凭实力自由竞争提供基本原则，给人们的行为加以适度约束以保证正常的社会秩序。当西方社会在制度上保证了人们的自由权利之后，后一项工作就成为了它们的主要任务。不言而喻，这两项工作都是非常重要的，也正因为如此，它们才得以在西方社会成为主流的伦理学。但是，它们却忽视了作为整体的人的生活。自由是人生活的应有前提，资源是人生活的基础，但它们不是人生活的全部。如果作为人生哲学的伦理学将自由和资源的获得当作了自己所关注的全部，它必然会导致实践上的偏差。几百年来的历史事实也足够充分地证明了这一点。德性伦理学家的理论阐释和论争的重要意义就在于，在人们受功利主义和康德主义伦理学长期误导的情况下，使人们从德性休眠的状态中警醒过来，意识到人的生活的整体性以及丰富多彩性。

第二，现代德性伦理学家的理论为西方社会克服现代文明的缺陷及其导致的消极后果提供了一种可供选择的新方案。伦理学不仅是一种人生哲学，也是一种价值哲学，它要为社会提供得到理论论证的价值观或观念的价值体系。近代以来西方社会的主流价值观是自由主义价值观，在道德观方面的具体体现是功利主义。当代的西方社会及其文化就是这种主流价值观的现实化，即自由主义和功利主义的社会和文化。自由主义和功利主义都是启蒙思想家的理论创造，而启蒙思想家中大师级人物的一个重要局限就是缺乏德性意识，因而德性问题、作为整体的人生问题在他们心目中几乎没有任何地位。这样，他们所设计的社会模式也就不会关注这些问题，而按照这种设计构建的社会也会存在缺陷。现代德性伦理学家正是针对启蒙思想家设想中存在的这一缺陷通过复兴古代德性伦理学来构建现代德性伦理学的。当然，正如许多批评者已经注意到的，他们的理论也存在着偏颇和局限，但是，这些理论至少可以提醒社会管理者在进行社会构建或改造的过程中不能忽视人的德性的维度，不能用人生活的某一个方面或几个方面代替人生活的整体。更何况，这些理论本身也是一种理论化的社会模式，是一种不同于其他理论化的社会模式的新社会模式，在一定程度上可以使之变为现实。当然，社会管理者也可以将这些理论与其他不同学派的理论结合起来，采众家之长，设计一种综合性的社会模式。

第三，现代德性伦理学家提供的关于德性问题的具有权威性的观点、理论和学说开阔了社会公众的视野，丰富了他们的德性知识，为他们提供了培育德性的路径和方法。品质和德性问题是一种复杂的道德现象和心理现象。在德性伦理学复兴之前，近代的一些伦理学家也研究过德性问题，但他们的解释不仅是肤浅的，而且存在着一些偏见和误导。特别是功利主义者把德性作为实现功利的一种手段，这就实际上贬低了德性对于人及其生活的重要意义。古代虽然有着丰富的德性文献资源，但进入近代以后由于没有传承和弘扬而渐渐被人们遗忘，况且古代的德性文献与近代以来的社会现实不能直接对接，一般读者不能完全理解。现代德性伦理学家所做的非常有意义的工作有两个方面：一是根据新的时代阐发古典德性伦理学文献并弘扬古典德性思想；二是研究了许多古代不曾出现或不曾研究的德性问题，并形成了可以传播的文本性的研究成果。这样，人们既可以通过德性伦理学家的解释了解先哲们关于德性的有价值思想，又可以从他们自己的研究成果中获得对德性的理解和对各种德性问题的解释，还可以获得培育自己及孩子德性的路径和方法。当然，自德性伦理学复兴以来，其他学派的一些思想家也研究了德性问题并形成了学术成果，但可以肯定的是，到目前为止，从总体上看任何一个其他学派都没有像德性伦理学派那样对几乎所有的德性问题作过如此深入的研究。德性伦理学派是当代西方乃至世界研究德性问题的大本营，从他们那里人们可以获得有关德性问题的丰富精神食粮和智慧源泉。

德性伦理学复兴的重大学术理论意义更加丰富：它使人们意识到近代以来伦理学的偏颇，促使功利主义和道义论对自身理论的反思和完善；它对古典德性伦理学进行了深度的阐发，发掘出诸多以往伦理学家没有注意到或解释得不充分的古典德性伦理学文献的重要意蕴；它对德性问题本身进行了广泛深入的研究，为人类学术贡献了诸多思想理论观点；它引起伦理学家以至学界对德性问题的高度重视，从而为伦理学开辟了一个德性论的领域。

前文已经指出，德性伦理学复兴所直接指向的是近代以来流行的伦理学理论存在的严重偏颇。学界不一定认同德性伦理学本身的基本立场，但一般都承认它对近代以来流行的功利主义和康德主义的批评是击中要害的。客观地说，功利主义和康德主义在近代历史条件下重视行为，着重研究道德规则以及责任和义务问题，有其历史必然性，而且从伦理学学科使命的角度看，研究这些问题也是必要的。然而，它们的问题在于从古代专注于德性和品质问题的研究转向专注于行为规范研究，而忽视了古代伦理学所重视的问题。

现代德性伦理学家在复兴古代德性伦理学的过程中，深刻洞察到它们在理论上存在的这种缺陷，并尖锐地指出了它们的问题之症结，特别是它们所导致的严重的消极后果。这样便产生两方面的积极后果：一方面促使学术界对这两种流行的伦理学理论进行重新审视，并认识到它们所存在的问题。这两种理论此前也受到过各种批评，但学界并没有人注意到他们忽视德性对于人及其生活的重要意义这一重大缺陷，德性伦理学家使学界清醒地意识到它们的这一问题。另一方面也促使这两种伦理学对自身的理论进行反思和清理，他们在极力为自己的理论辩护的过程中努力弥补对手所指出的缺陷，从而使自己的理论更加完善。当然，它们的理论立场决定了它们不可能完全接受对手的批评，但它们也确实对德性问题给予了前所未有的关注。应该承认，正是德性伦理学的复兴推动了功利主义和道义论的新发展。

德性伦理学的复兴是对西方古典德性伦理学的复兴。在复兴的过程中，经过大约半个世纪的艰苦工作，现代德性伦理学家对古典伦理学文献作了全面、深入、细致的清理和解读，对古典德性及与之相关的概念进行了仔细的辨析，对古典德性思想观点给予了充分的阐发，这是西方历史上前所未有的。就概念而言，特别突出的是对古希腊的“德性”、“幸福”、“实践智慧”等主要伦理学概念的含义进行了辨析和阐发，引起了人们对这些古典概念的重新理解。例如，学者们普遍认为，古希腊的“德性”（*aretê*）的真实含义是体现事物本性得以实现的优秀。它具有普遍意义，而不只是具有道德意义，更不能将古典的德性概念理解为现代道德意义上的德性。因此，他们主张将其译为“优秀”（excellence）而非“德性”（virtue）。又如，学者们几乎一致认为，古希腊的“幸福”（*eudaimonia*）并不是现代意义的“幸福”（happiness）。现代意义的幸福的基本含义是个人欲望满足所获得的感受，而古希腊的“幸福”是作为整体的生活的好（善），所以他们或者将其译为“繁荣”（flourishing），或者将其译为“福祉”（well-being）。就思想观点而言，特别突出的是发现了过去没有引起人们注意的重要命题，从而深化了对古典德性思想的认识。例如，在过去的西方哲学史和伦理学史中，几乎没有提及苏格拉底所强调的伦理学主题，即“一个人应该怎样生活？”（How should one live?）①。而学者们发现正是这一主题体现了作为古典伦理学的德性伦理学的主旨，也正是这一主题与近代以来流行的伦理学的主题“一个人

① ［古希腊］柏拉图:《高尔吉亚篇》500C2-3,《柏拉图全集》第一卷，王晓朝译，人民出版社 2002 年版，第 392 页。

应该怎样行动？”（How should one act?）形成了鲜明的对照。

现代德性伦理学家在复兴和弘扬古典德性思想的基础上对德性的一般性问题以及与时代相关的具体德性问题进行了广泛而深入的研究，提出了许多有价值的思想理论观点，建立了不少独树一帜的学说。这些观点和学说从古典思想中吸取了灵感，但不囿于古典思想，它们是根据现时代的新情况进行的学术理论创新。这种创新不胜枚举，其中给人印象比较深的主要有以下一些方面：一是在对德性伦理学的理解方面，传统德性伦理学所要解决的根本问题是个人的幸福问题[①]，因而它是幸福主义伦理学，而不少现代伦理学家认为德性伦理学所要解决的不是个人幸福问题，而是对他们的关怀，因而被称为关怀伦理学。二是在对德性的主体的理解方面，现代德性伦理学家虽然都承认德性是人的品质的特性，但他们注意到了德性的主体是有差异的，而这种差异是古典思想家所没有注意到的。他们认为男人有男人的德性，女人有女人的德性，成人的德性不一定适合孩子。三是在德性的基础方面，虽然有不少现代德性伦理学家仍然强调德性的基础是理性（智慧）特别是实践理性（智慧），亦即亚里士多德所说的“道德感知”，但也有思想家认为德性根源于人性中的一种情感，即共感（empathy，亦译为“移情”），这种情感可以转化为同情，进而转化为德性。四是在德性与幸福关系的理解方面，有的思想家认为德性所指向的不是古典意义上的个人的幸福（繁荣意义上的幸福），而是指向他人，体现为对普遍慈善或对他人的关怀。五是在德性概念与其他道德概念的区别方面，一些现代德性伦理学家将道德概念区分为“稀薄的”（thin）和“厚重的”（thick），前者如“善”“恶”，“正当”“不正当”；后者如“慷慨”“吝啬”，“勇敢”“怯懦”。“好”“坏”似乎只是说“高尚的”和“卑鄙的”，而像“慷慨”和“吝啬”这样的词更像“有营养的”和“有毒的”。称某物有营养既描述了它又推荐了它；说某物是有毒的既描述了它又基于这种描述针对它发出了警告。在两种情形下，事实和价值走到了一起，而且它们之所以如此，是因为营养是食品性质，是食品对其有营养的动物的本性的一种功能。燕麦对一头狮子不是有营养的，而对马是有营养的，这是由于燕麦、狮子和马的自然性质。同样，现代德性伦理学家认为，慷慨、勇敢、善良等等算作德性的品质特性，不是因为人们碰巧赞美它们，而

① 当然，这种幸福不是现代意义的满足，而是作为整体生活的好；而且这种个人幸福是与共同体（城邦）紧密地联系在一起的，即好生活与好社会密不可分，而不是现代意义的不考虑共同体的纯粹个人主义意义的幸福。

是因为人性的事实即我们的脆弱性以及人对其他人的依赖。[①] 所有这些新观点、新思想、新理论都具有其真理性和合理性，它为人类思想宝库增加了不可多得的新内容，具有超越西方地域的普遍价值和意义。

德性伦理学的复兴引起了伦理学家以至学术界对德性问题的高度重视，从而为伦理学开辟了一个德性论的领域。今天的西方伦理学界与20世纪50年代前的情形形成了鲜明对照：从近代到20世纪50年代，特别是20世纪上半叶元伦理学盛行时期，除了极个别伦理学家外，大多数伦理学家都缄口不谈个人德性问题，而到了今天不仅凡伦理学家必谈德性问题，而且许多其他领域（如认识论领域、心理学领域、法学领域、教育学领域等）的学者也大谈德性问题。德性问题成了今天西方最突出的一个时代问题，对德性问题的研究也成为了伦理学的一个相对独立的领域，甚至成为了学术研究的一个相对独立的领域。在西方，德性问题研究已经走向了不再局限于德性伦理学立场的德性论，而德性论是一种不同学派都可以为之作贡献的伦理学领域，如同伦理学的价值论、规范论等领域一样。罗格·克里斯普（Roger Crisp）指出："德性论是比许多哲学家已经认识到的更重要。它的意义主要不在于它以德性伦理学的形式提供一种不同于功利主义和康德主义的选择，而在于它复兴了道德中绝对具有中心地位的问题，在于它在人类生活中的作用。"[②]

二、批评与辩护及个人德性研究在西方的兴盛

德性伦理学复兴运动是直接与德性伦理学家对现代哲学特别是结果主义（功利主义是其典型形式）和道义论（康德伦理学是其典型形式）的批评联系的。结果主义者和道义论者针对德性伦理学家的批评为自己的主张作了辩护，而且在辩护的过程中又对德性伦理学家在批评基础上阐述的自己的主张进行了反批评。自20世纪80年代开始至今，德性伦理学家与结果主义者和道义论者之间的批评与辩护、反批评与辩护构成了西方伦理学界一道靓丽的风景线。正是在这种批评、反批评、辩护的过程中，一方面德性问题的研究得以深化和拓展，另一方面德性问题的研究由于争论而引起了各有关方面的

① Cf. Gordon Graham, *Eight Theories of Ethics*, Roulrdge, 2004, pp.61-63.

② Roger Crisp (ed.), *How Should One Live? Essays on the Virtues*, Oxford: Clarendon Press, 1996, p.18.

重视，并因而向不同领域扩展。需要指出的是，虽然结果主义者和道义论者都批评德性伦理学者，但结果主义者和道义论者彼此之间并不属于一个统一的阵营。对于他们来说，德性伦理学家的批评有一致性的方面，如批评他们关注行为而不关心行为者；也有不同的方面，如对否定道德运气的批评就主要是针对康德主义的，而对注重行为后果而忽视行为动机的批评则主要是针对结果主义的。而且，结果主义与道义论之间也存在着争论。这里我们主要阐述德性伦理学家与结果主义者和道义论之间的批评、反批评和辩护，而不讨论结果主义者与道义论者之间的争论。

（一）德性伦理学对结果主义和道义论的批评

德性伦理学家几乎都对结果主义或功利主义和道义论提出过批评，有些批评甚至措辞十分激烈。这些批评的内容很多，而且是随时随地进行的，很难将其归纳起来。前面说过，德性伦理学批评结果主义和道义论忽视了古典伦理学所注重的“一个人应该怎样生活”的问题，而只专注于“一个人应该怎样行动”的问题，认为作为整体的好的人的生活才是伦理学研究的主题。德性伦理学还批评结果主义和道义论只注重规范研究，而忽视品质研究，认为伦理学应当研究作为心理现象的品质，而不是作为某种外在力量规定的规范（义务和责任）。德性伦理学更激烈地批评结果主义和道义论都主张的建立某种普遍适用的道德规则，认为人们行为的情境各不相同，因而道德是不可法典性的，用统一的规则评价行为的正当性对人们提出了过高的道德要求。除了这些对结果主义和道义论的共同批评之外，德性伦理学对道义论没有多少单独的批评，比较有影响的是批评道义论否认道德运气的做法，认为“善（好）性”和好生活是受人不能控制的外在因素影响的。这种批评前面已经作过论述，后面还将进一步讨论，这里就不再赘述。但是，德性伦理学对结果主义单独提出了诸多的批评。其中值得注意的有以下几个方面。它们有的是与其他学派对功利主义的批评一致的，而且结果主义者对这些批评都作了辩护，我们在这里对这些辩护也略作介绍。

第一，批评结果主义的“无偏袒性”。德性伦理学家认为，结果主义最终从一种无偏袒的、非个人的观点来理解善性。例如，一个认为那种有意义的结果是幸福的结果主义者，不可能认为一个人的幸福比另一个人的幸福更重要（只要所说的幸福的量是相同的）。所以，结果主义者倾向于认为，你在决定什么事情要做的过程中，你应当给予总体的陌生人的必需品与给你的朋友、你的家人甚至你自己正好相同的比重。而且既然你的钱通常能为绝望中的难民比给你自己或你的朋友带来更多的好处，结果主义似乎认为你应当花更多的钱在陌生人身上。但是，当你正在决定花你的钱在谁身上时，常识似乎认为在正常情况下道德上你允许给你自己的好处超过陌生人，而且道德上经常要求给你的孩子的好处超过陌生人。因此，结果主义是与常识冲突的。

对于这种批评的一种答复是，既然你知道帮助你自己及与你亲近的人更好，那么，如果你聚焦于他们而不是对于陌生的或不在你的视野中的人，你就会获得更好的结果。而且，你想要帮助那些与你更亲近的人是更自然的，所以如果你采取措施帮助你自己亲近的人而不是陌生人，你会更多可能完成任务而更少可能变得筋疲力尽或迷失你自己的目的。因此，结果可能会更好。而且，与你亲近的那些人指望你的帮助，以至于如果你不帮助他们，他们的计划就会被打断；而陌生人并没有因此而受到伤害。还有，你周密思考和有效行动的能力以许多方式依赖于你与少数与你亲近的人的密切关系，所以，你多花时间或金钱在他们身上不仅会给他们直接的帮助或幸福，而且也会间接地支持你的所有现在和未来的其他计划。所有这些理由表明，无偏袒地把每一个人的幸福或福祉看作是具有平等价值的结果主义，看来也会劝告我们每一个人对自己和与他亲近的人有所偏袒，因为以那种方式他才能产生最好的无偏袒的结果。而且这就是为什么常识赞同某种无偏袒性。[①] 还有另一种对反对意见的答复，这种答复可以调整结果主义本身，以便它不再是无偏袒的。一些结果主义者提出了“利己主义的结果主义”和“友好的结果主义”。前者主张在一个人在既定时间可能会做的所有事情中，道德上正当的行为是对那个人有最好结果的行为；后者主张在一个人在既定的时间中可能会做的所有事情中，道德上正当的行为是对这个人及其朋友有最好结果的行为。像这样把相同类型的结果不同地分配给行动着的每一个人的理论，有时被称为结果主义的“相对于行为者”（agent-relative）的形式，尽管人们想知

① Cf. Peter Singer, “Famine, Affluence, and Morality”, *Philosophy and Public Affairs* 1 (1972): 229-43; Frank Jackson, “Decision -Theoretic Conqusequtialism and the Nearest and Dearest Objection”, *Philosophical Review* 101 (1991):461-482; John C. Harsanyi, “Morality and the Theory of Rational Behavior”, *Social Research* 44.4 (1977):623-656.

道他们是否还在结果主义的精神之中。①

第二，批评结果主义对人们提出了太高的道德要求，或者说对人们的事务干预太多。德性伦理学批评结果主义作为一种道德理论提出了太高要求，它要求我们对他人的事务进行太多的干预。在结果主义看来，如果我们强行地阻止人们浪费他们的时间和精力在无意义的或有害的事情上（如看电视、进餐馆、搞体育活动等），我们也许能产生最大的总体善。有这样一个更极端的例子：假设用祖母的养老金开发永久的清洁水提供给许多边远乡村，这样可以把数百人从痛苦的早逝中挽救出来，这里的经济也因此可以获得发展。你只需要把祖母关在地窖里，强迫她签支票。结果主义者会说你应该这样做，而道德常识说你不应该这样做。显然，结果主义是与常识对立的，而且可能是错的。还有一个例子：假设你是一个有五个病人的外科医生，每一个病人因为缺乏某种器官而濒临死亡，而那些器官是你只有通过杀死或肢解第六个病人才能得到的。那么，你应该这样做吗？结果主义会说你应该这样做，但道德常识会说你不应该这样做。这也表明结果主义是与常识对立的，而且它可能是错误的。②

要理解这种批评，我们就需要了解共同道德信念的某些关键特征。在日常道德中，人们道德上被要求做（或不做）的事情与做那是善或道德上有意义、但不被严格地要求的事情之间存在着区别。例如，“你不应该谋杀”意味着人们被要求禁止有意杀害无辜者。形成对照的是，仁爱的行为是道德上值得赞扬的，但人们通常不被严格要求成为仁爱的。相反，仁爱是超过了责任约束的某种东西，尽管一个人会在道德上赞扬仁爱行为。道德上值得赞扬而去做而不是被严格要求去做的行为，被称为“责任以外的行为”（supererogatory action）。结果主义的问题是它消除了那在道德上被要求的行为与道德上属于责任以外的行为之间的区别。结果主义的正当行为标准是一种具体化的价值的最大化：一个人正在做正当的事情，只是就他正在使善最大化而言的。然而，人们经常使自己以那道德上许可的方式行动，甚至在它明显地不是带来最大善的方式的时候也如此。例如，在节日花钱似乎是一种道德

① Cf. Amartya Sen, “Rights and Agency”, *Philosophy and Public Affairs* 11.1 (1982):3-39; Thomas Nagel, *The View from Nowhere*, Oxford: Oxford University Press, 1986; Samuel Scheffler, “The Rejection of Consequentialism”, Revised Edition, Oxford: Clarendon Press, 1994, etc.

② Cf. Philippa Foot, “The Problem of Abortion and the Doctrine of Double Effect”, *Oxford Review* 5 (1967): 28-41.

上被许可的行为，虽然做其他的行为会带来一种大得多的善，如将准备花的钱捐赠给像联合国儿童基金会之类的机构会有助于挽救生命。如果只有人们正在最大化善，他们才正在做正当的事情，那么几乎大多数人类行为都是不正当的。批评者认为，结果主义作为一种道德理论提出了太高的要求。说一个人通常在星期五晚上出去就餐或和朋友下棋，就是在干不正当的事情，这似乎是不对的。

对于上述极端例子的答复是，这样的机会是极端不平常的。道德常识是由日常道德生活的要求构成的，并且适合这种要求，所以常识在特殊的情况下不是非常可靠的。因此，结果主义与常识关于特殊情形的不一致并不意味着结果主义得不到证明。① 对于结果主义劝告人们干预他人的事务这一主张的批评，还有一个更一般的答复：结果主义会有理由让你避免直接对他人私密空间和个人事务的干预。首先，我们每一个人都可以在一种比你所处的更好的立场上理解他自己的事务，比你更自然地、更可靠地关切他人，以保证他自己的事务顺利地进行。如果你进行干预，你能确信你自己能在正确的方向上、以充分关怀的态度干预吗？如果你想对我行善，做那些正常情况下被看作是侵犯我个人的权利那就可能是一种坏的赌注。那并不意味着结果主义告诉你让我完全独处，它还会告诉你给我资源或机会，或者帮助我做计划，或者帮助改善我们共同的法律。而且，人们自由地为他们自己做决定也是重要的，即使是糟糕的决定，因为那是人们发展品质的力量的唯一方式，人们只能通过持续的实验才能知道各种生活的可能性。因此，结果主义会要求我们支持那种保护个人自由而反对我们的邻居或我们的政府的过度干预的法律。然而，对这种反对意见的不同类型的答复为结果的善性提出了一种新的标准。例如，与一个人可能会提出一个行为就它增加对世界的干预的量而言是善的相反，一个人可能会提出一个行为就它引起较少的干预和更多的总体善而言是善的。当然，一旦一个人为结果引进了这样复杂的善性标准，关于怎样估价标准之各部分的相对重要性之类的问题就会提出来。关于这种新主张还有进一步的担忧，即它不能直接告诉我们不干预。因为如果我们能通过今天的干预而长期最小化干预的总量，这种新的理论会告诉我们应该这样做。②

① Cf.Frank Jackson, “Decision-Theoretic Conqusequtialism and the Nearest and Dearest Objection”, *Philosophical Review* 101 (1991):461-482.

② Cf. Amartya Sen, “Rights and Agency”, *Philosophy and Public Affairs* 11.1 (1982):3-39.

第三，批评结果主义思考生活的方式不人性、不道德。结果主义似乎告诉我们通过考虑总体的结果来做我们所有的决定。德性伦理学家认为，这种思考生活的方式是不人性的，也是不道德的。当某个人问你一个问题时，你不应该在决定是否给予诚实的回答前停下来计算其结果。如果你通过计算结果来作出决定，你实际上就不是一个诚实的人。而且，当你要将你已经开始的计划进行到底，你就不应该在你进行前停下来重新计算总体结果。任何一个在采取任何履行一个承诺之前停下来计算结果的人，都不是一个整体的人。而且，推动你花一个小时和你的朋友、配偶或孩子在一起的东西，不应该是关于对世界总体影响的大致上无偏袒的计算。如果你要看总体结果作出决定，你就不是真正爱他们。所以，结果主义是一种不人性的、不道德的理论，因而必定是错误的。①

结果主义认为，这种反对意见误解了对行为的结果作合情理的评估意味着什么。它也许不明显地涉及对所有结果的思考。当我在给猫喂食时，我几乎从来不考虑这样做或不这样做的要求，而说我有没有观点或我的观点是不合情理的，那肯定会是错的。对上述反对意见的另一种回答方式是提出反对另一个版本的结果主义。"正当"这个词是模糊不清的，它有一种道德意义和一种客观意义。（a）客观上正当的行为是具有最好结果的行为，而（b）道德上正当的行为是一个人合情理地评估为客观上正当的行为。这是一种"双重结果主义"（Double Consenquntialism），它在（b）上不同于"二元结果主义"（Dual Consequentialism）。二元结果主义说道德上正当的行为是"具有最好的合情理地被期望的结果"的行为，而双重结果主义则会说，道德上正当的行为是一个人会合情理地评估为客观上正当的行为。要明白这两种理论之间的原则上的差异，假设在关于什么样的具体类型的行为在客观上正当的问题上，存在一种可靠的权威，如假设上帝知道所有的结果，并已经宣布了某些类型的事情是正当的。如果有这样一个权威，那么，一个人通过遵从权威选择的行为根据双重结果主义的观点，那会是道德上正当的，而根据二元结果主义的观点，那在道德上是不正当的。

① Cf. Bernard Williams, "A Critique of Utilitarianism", in *Utilitarianism: For and Against*, by J. J. C. Smart and Bernard Williams, Cambridge: Cambridge University Press, 1973; Bernard Williams, "Person, Character, and Morality", in Bernard Williams, *Moral Luck*, Cambridge: Cambridge University Press, 1981; Michael Stocker, "the Schizophrenia of Modern Ethical Theories", Journal of Philosophy 73 (1976):453-466.

此外，德性伦理学还批评结果主义忽视动机对于行为正当性的意义，认为行为正当性的根据在于一个人的德性动机，而非对普遍规则的遵循。德性伦理学与结果主义在这个问题上的分歧是显而易见的，不用作进一步的阐述。

需要指出的是，德性伦理学不仅通过对德性作一种充分意义的解释而对现代道德哲学产生了影响，并且也使结果主义者和道义论者通过吸收这种对德性解释的长处重新考察他们自己的理论。

在过去许多年，道义论者主要依靠《道德形而上学奠基》来讨论康德的道德理论。德性伦理学的出现促使他们重新考察康德的其他著作。《道德形而上学》、《实用人类学》以及《纯然理性界限内的宗教》都成为了肯定德性在道义论中的作用的依据。康德的德性在某些方面与亚里士多德的德性是类似的。在《道德形而上学》中，康德强调教育、习惯和逐渐发展的重要性，所有这些观念都被现代道义论者用于阐明这种理论的常识可能性。对于康德来说，发展德性和恰当品质的主要作用在于德性的品质会帮助一个人制定恰当的准则。在其他方面，康德的德性仍然与德性伦理学的德性概念相当不同。首先，康德的德性是一种对情感的斗争。无论一个人是否认为情感应该被征服或消灭，对于康德来说，道德价值只来自于出于动机的责任，而动机是与自然倾向作斗争的。这一点是与亚里士多德的理性与欲望之间和谐的图景完全不同的。第二，对于康德来说，不存在像意志的弱性这样的东西，这种东西是在亚里士多德区别自制和不自制的意义上被理解的。康德集中注意意志的刚毅品质，而不具备这种品质则是自欺。此外，康德主义者也注意到，他们需要对作为在经验世界中出现的德性与康德对在本体世界的道德价值的觉察之间的关系作出解释，因为这种觉察导致了《道德形而上学奠基》与其他著作之间的矛盾。

结果主义与像德性伦理学这样的德性道德理论形成了对照。结果主义理论认为，行为的结果应该是我们考虑伦理学的主要焦点，而德性伦理学坚持认为这个焦点是品质而不是行为的结果。一些德性伦理学家认为，结果主义理论总体上忽视了道德品质的发展及其重要性。例如，菲力帕·福特认为，结果本身没有任何伦理学内容，除非它由一种像慈善这样的德性产生的。[①]然而，结果主义认为，它并不是完全与德性伦理学敌对的，它也能以几种方

① Cf. Samuel Scheffler (ed.), *Consequentialism and Its Critics*, Oxford University Press, 1988.

式考虑品质。例如，一个行为所涉及的对行为者或任何其他人的品质的影响可以被看作是一种相关的结果。同样，结果主义理论可能以一种特殊德性或一组德性的最大化为目标。最后，按照福特的思路，一个人可以采取一种认为德性活动最终会产生最好的结果的那种结果主义。结果主义者也承认德性的作用，这就是它是一种倾向于促进结果的意向。德性不是本身有价值的，而是对于它会带来的好结果来说是有价值的。我们之所以应该培育德性的意向，是因为这样的意向会使功利最大化。显而易见，这种观点是与亚里士多德对德性为了它自身的目的的解释根本不同的。一些结果主义者（如德莱弗）甚至更进一步，认为知识对于德性也不是必要的。结果主义的解释力图吸收德性伦理学的益处，并以那将允许他们对德性伦理学提出的挑战作出反应的方式获得发展。

（二）德性伦理学受到的批评及所作的辩护

德性伦理学在批评结果主义和道义论的过程中，也受到了这两种伦理学理论的反批评，同时还受到了其他一些伦理学理论的批评。德性伦理学对这些批评进行了辩护，同时也对自己的理论作了一些修正。正是在这种批评、反批评和辩护的过程中，西方伦理学理论获得了前所未有的快速发展。下面以德性伦理学受到的主要批评为线索，展现西方各派伦理学理论之间激烈的论辩。

（1）自我中心问题。对德性伦理学的一个致命性的批评是指责它以自我为中心，有某种利己主义的暗示。西方自古以来，道德常常被假定为是关于他人的。它是在肯定我们的行为会影响他人的前提下处理我们的行为的。我们进行道德的赞扬和谴责以评价为根据，而我们的评价采取的是对我们涉及他人的行为以及我们表现出或没有表现出对他人的福祉的关切的方式。根据这种反对意见，德性伦理学是自我中心的，因为它的主要关切点是行为者自己的品质。德性伦理学从根本上说只对行为者获得德性感兴趣，而把这种德性看作是行为者自己的福祉或繁荣的组成部分。道德要求我们为了他人本身的目的而不是因为它们可能有利于我们自己而考虑他人。为了使我更幸福而同情地、善良地和诚实地行动，这显然包含了某种利己主义的成分。

与这一反对意见相关的是这样一种更一般的反对意见，即德性伦理学把福祉看作是主要的价值，而所有其他的东西都只是在它们对它作出贡献的程度上才是有价值的。这种抨击思路的代表人物是梯姆·斯坎农（Tim

Scanlon)。他反对把福祉理解为道德的那种德性伦理学的幸福主义观念，认为福祉看起来更像是自利，而且福祉不容许与其他个体进行比较。这样，福祉不能扮演幸福主义者认为它会扮演的角色。这种反对意见也不赞同德性在德性伦理学中的这种角色，因为德性是关涉他人的。例如，善良是关于我们怎样对他人的需要所作出的反应。德性行为者之所以关切发展品质的正当类型，那是因为这样会以恰当的方式对他人的需要作出反应。善良的德性是这样一种意向，即能感知需要一个人成为善良的那种情境，而具有这种感知的人能以可靠的、稳定的方式善良地作出反应，并能与他的善良的欲望相一致表达他的善良品质。对于上述反对意见，德性伦理学家辩解说，行为者的善和他人的善并不是相互分离的不同目的，相反，两者都是德性运用的结果。德性伦理学不是自我中心的，而是将德性需要的东西与自利需要的东西统一起来。

德性伦理学家指出，批评德性伦理学是自我中心的或利己主义的反对意见有一些根源。一种根源是简单的混淆。在德性伦理学家看来，对于批评者来说，一旦这一点得到理解，即充分具有德性的行为者具有特征地做他应该没有内在冲突地做的事情，那么，就可以宣称："他只是在做他想要做的事情，因而正在成为自私的。"所以，当慷慨的人像慷慨的人想要做的那样高兴地给予他人帮助时，那并不就证明他是慷慨和无私的，至少不像一个贪婪地想要占有每一种他有可能占有但因为他认为他应该给予而迫使自己给予他人的人那样慷慨。他们甚至假定，这个人像他所做的那样行动，是因为他相信在这种场合这样行动会有助于他获得幸福（*eudaimonia*）。德性伦理学家辩解说，"德性行为者"只是"具有德性的行为者"，它是我们日常对德性术语理解的部分，每一个术语都有一个自己作为行动理由的范围。德性行为者像他所做的那样行动，是因为他相信这样做会避免某种痛苦，或对某人是有利的，或者真理被确定，或者债务被偿还，等等。

德性伦理学家认为，在某人的生活中运用德性被认为至少是部分地构成幸福的，而这是与认识到坏的运气可能使德性行为者置于那种需要他放弃他的生命的环境相一致的。在假定勇敢、诚实、忠诚、仁爱的人们全心全意地把这种考虑作为行动的理由时，行为者可能会发现他们自己为了一个值得的目的而被迫面对危险。根据德性的运用对于幸福是必要的但不是充分的观点，这些情形被描述为这样的情形：在这样的情形中，德性行为者发现正如事情已经不幸地证明的那样，幸福对于它们来说是不可能的。根据斯多亚派的观点，德性既是必要的又是充分的，幸福的生活就是已经成功地过上的生活，而且这样的人不仅知道他们已经取得了他们生活的成功，而且知道他们也已经把他们的生活带给了一次显著地成功的竞争。在任何一种意义上，这样的英雄行为几乎不能被看作是利己主义的。

德性伦理学家还指出，利己主义的暗示也许可以在所谓的“关涉自我的”和“关涉他人的”德性之间作出的区别中被发现，而这种区别常常引起误解。那些已经与古代传统隔绝的人倾向于把公正和慈善看作是真正的德性，因为它们有利于他人而不利于具有者；而把明慎、刚毅和卓识（providence）完全不看作是德性，因为他们只有利于它们的具有者。然而，这是理解这两者方面的一个错误。首先，公正和慈善一般来说也是有利于它的具有者，因为没有它们，幸福是不可能的。其次，我们作为社会动物在一起生活是既定的，“关涉自我的”德性也是有利于他人的，因为缺乏它们的人是对与他们亲近的人的消耗，有时甚至是令人悲痛的。

（2）行为指导问题。在德性伦理学复兴的早期，它是与伦理学“反可法典性”论题相联系的，所针对的是规范理论的那种自负。在那个时期，功利主义者和道义论者共同地（尽管不是普遍地）认为，伦理学关注实践问题，它从根本上说是关于我们应该怎样行动的，其任务是要提出由普遍的规则或原则（在行为功利主义的情形下，可能只有一个规则或原则）构成的法典。这种法典具有两种有意义的特征：（a）规则会算作是一个在任何特殊情形下确定正当行为是什么的一种决定程序。（b）规则会以这样的术语加以陈述：任何非德性的人会正确地理解和应用它（们）。与这两个主张相反，德性伦理学家强调，想象会有这样一种法典存在是相当不真实的。[①] 德性伦理学批评结果主义和道义论太严格而没有柔性，因为它们只依靠一条或一组规则或原则。对这一批评的答复是这些理论是指导行为的。“严格的”规则是一种力量，而不是一种柔弱，因为它们给做什么提供清楚的方向。只要我们知道这种原则，我们就能将它们应用于实践的情境，并由它们来指导。相反，德性伦理学由于强调伦理学的不精确的本性，因而不能给我们提供我们应该怎样行动的实践性帮助。一种不能指导行为的理论作为一种道德理论不是好的。

最初，这种反对基于一种误解。由于把德性伦理学描述为“关注是（be-

① Edmund L. Pubciffs, “Quandary Ethics”, *Mind* 80 (1971): 522-71; John McDowell, “Virtue and Reason”, *Monist* 62 (1979): 331-350.

ing）而不是做（doing）”，描述为提出“我应该成为什么样的人”而不是“我应该做什么”，描述为“以行为者为中心，而不是以行为为中心”，因而它的批评者强调它不能提供行为指导。因此，德性伦理学不被看作是功利主义和道义论伦理学的对手，只不过是对它们的一种有价值的补充。在批评者看来，德性伦理学所提供的一切是“识别道德榜样，并做他会做的事情”，这就好像假定一个试图决定是否堕胎的被强奸的 15 岁女孩会问自己“如果苏格拉底在我这样的处境，他会堕胎吗？”但是，这种反对没有注意到安斯库姆的暗示：大量具体的行为指导能在运用德性和恶性的术语的规则（即德性规则，v-rules）中被发现。这些规则如：“做那是诚实的 / 仁爱的事情；不做那是不诚实的 / 不仁爱的行为。”

不过，德性伦理学对这种批评的主要反应是强调德性行为者作为榜样的作用。德性伦理学由于是柔性的并且对情境敏感而反映了伦理学的不精确本性，而且也能通过观察德性行为者的榜样而指导行为。德性行为者是具有一种得到充分发展的道德品质的行为者，他具有德性并根据德性行动，而我们能通过他们的榜样知道要做什么。德性伦理学还特别强调道德判断的发展。知道什么要做不是一个内化某种原则的问题，而是一种长久的道德学习过程，当一个人达到道德成熟时才能获得对这个问题的清楚回答。德性伦理学家认为，德性伦理学确实不能给我们一种简单的、即时的回答，但这是因为这些回答不存在。不过，如果我们理解德性行为者的角色以及道德教育和发展的重要性，它就能成为行为的指导。如果德性由正确理性（right reason）和正当欲望构成，那么，当我们能感知正当的欲望并成功地使我们的欲望习惯于认肯正确理性的命令，德性伦理学就能成为行为的指导。

对于德性伦理学由于缺乏绝对的道德规则而不能给人们在具体的环境（如堕胎、胚胎研究、安乐死等）中提供清楚的指导的指责，纳斯鲍姆进行了反驳。她指出，不存在绝对的规则。例如，在一种战争的情境中，不准杀无辜者的规则就是不可行的。在她看来，德性才是绝对的，我们应该努力追求它们。如果被选的领导人追求它们，一切都会变得更好。关于胚胎研究的问题，麦金太尔指出，人们首先需要理解社会情境，在其中尽管许多人对胚胎干细胞研究持否定的态度，但他们并不因为这样的事实而烦恼，即成千上万的胚胎实际上在不同的阶段死在了 IVF（in vitro fertilization，体外受精）过程。麦金太尔说，正因为如此，人们需要具有像智慧、正当的雄心和节制这样的德性来研究这个问题。因此，一些德性伦理学家争论说，将法律体系置于德性而非规则的道德观念基础上是可行的。

（3）难以应用问题。与行为指导相关联的一种反对意见认为，德性伦理学没有聚焦于什么类型的行为在道德上被许可而哪些行为不被许可，而是聚焦于一个人应当培养什么样的品质以便成为一个好人。换句话说，一些德性理论家可能不会把谋杀作为一种内在地不道德的或不许可的行为加以谴责，而他们能论证说，干了谋杀的某人严重地缺乏几种重要的德性，如同情和公平。因此，德性伦理学的这种特征使这种理论不能作为一种适合于作为立法基础的可接受的行为的普遍规范。一些德性伦理学家承认这一点，但通过反对合法的立法权威概念，拥护某种无政府主义的形式作为政治理想来给予回答。另一些德性伦理学家则论证，法律应该由有德性的立法者来制定。还有德性伦理学家主张，将司法系统建立在德性而不是规则的概念的基础上是可行的。此外，某些德性伦理学家还用“坏行为”也是具有恶性特征的行为的观念来答复这种反对意见。就是说，这些其目的不在于德性或偏离德性的行为会构成我们的“坏行为”的概念。尽管不是所有德性伦理学都同意这种观念，但这是德性伦理学家能重新引进“道德上不许可的”概念的一种方式。

（4）文化和德性相对性问题。一些批评者从确立德性共同本性面临困难的角度来批评德性伦理学。他们认为，不同的人、不同的文化和不同的社会经常对什么构成德性有非常不同的意见或视角。例如，关于什么是主要的德性，亚里士多德早期列举了九种：智慧、明慎、公正、刚毅、勇敢、慷慨、壮丽（magnificence）、大度（magnanimity）、节制。与之形成对照的是，一位现代哲学家把雄心 / 谦逊、爱、刚毅和诚实作为四种主德。① 许多人都曾经把有德性的妇女看作是安静的、卑屈的、勤勉的。然而，这种女性德性的概念在许多现代社会不再认为是德性的。德性伦理学家有时通过论证德性具有普遍可应用性这种中心特征来回应这种反对。换言之，任何被定义为德性的品质特性必须合情理地被普遍地看作是对于所有有意识的人而言的德性。根据这种观点，它就是与主张卑屈性作为一种女性德性不一致，因为它不能同时提出它是一种男性的德性。德性伦理学家（如麦金太尔）对这种反对意见作出了这样的回答：对德性的任何解释，确实必须考虑那些德性在其中被实践的共同体，因为“伦理学”一词隐含着“民族精神”（ethos）。这就是说，德性是并且必定是植根于特定的时间和地点的。在公元前 4 世纪的

① Cf. Walter Kaufmann, *The Faith of a Heretic*, Doubleday & Co., 1961, pp.317-338.

雅典被看作德性的东西在21世纪的纽约会被认为是对一种合适行为的荒谬指导。的确，德性伦理学中关于一个人应该成为什么类型的人的重要问题，可以被不同地回答，而这依赖于民族精神。但是，德性伦理学还是能给人们提供真实的方向和目的。

针对麦金太尔的辩护，有批评者指出，情形并不是如麦金太尔所说的，不同的文化体现不同的德性，因此德性规则只是相对于一种特殊的文化才能判断行为正当不正当。德性伦理学家对这种指责作出了不同的答复。其中之一是索罗蒙（David Solomon）提出的“犯罪同伙”答复。① 他承认文化相对主义对于他们是一种挑战，但指出它对于功利主义和道义论同样是一个难题。在被看作德性的品质特性方面所假定的文化变化，并不比行为规则方面的文化变化大，而且不同的文化对什么构成幸福或福利有不同的观念。文化相对性对于所有三种方式来说应该是相同的难题，这没有什么令人惊奇的。有德性学家甚至认为德性伦理学在文化相对性方面比其他两种方法的困难还要小。许多文化不一致是由对德性的本土理解产生的，而德性本身并不是相对于文化的。②

（5）道德运气问题。批评者担心德性伦理学把我们抵押给了运气。道德是关于责任以及赞扬和谴责的恰当性的。然而，我们只是因为在有意识的选择之下从事的行为才赞扬和谴责行为者。通往德性的道路是艰难的，许多在我们控制之外的东西会出问题。正如正确的教育、习惯、影响、榜样等能促进德性发展一样，有问题的影响因素也能促进恶性。有一些人是幸运的，接受到他们需要获得道德成熟的帮助和鼓励，而另一些则不是这样。如果德性（和恶性）的发展从属于运气，那么赞扬德性的行为者（和谴责恶性的行为者）就是不公平的，因为有某些东西在我们的控制之外。而且，一些关于德性的解释依赖于外在善的可利用性。对其他德性行为者的友谊对于亚里士多德主义的德性具有如此中心的地位，以至于缺乏德性的友谊的生活会是缺乏幸福的。于是，一些道德理论（主要是道义论）试图排除运气对道德的影响。他们指出，如果德性行为者和恶性行为者的发展以及各自的德性和恶性不在他们控制范围之内，那么，我们怎么能赞扬德性行为者而谴责恶性行为者呢？德性伦理学家则通过拥护道德运气而回答这种反对意见。他们指出，

① Cf. David Solomon, "*Internal Objection to Virtue Ethics*", in D. Statman (ed.), *Virtue Ethics*, Edinburgh:Edinburgh University Press, 1997.

② Matha Nussbaum, "Non-relative Virtue: An Aristotelian Approach", in French et ah, 1988, 32-53.

德性伦理学不是试图使道德免于那在我们控制之外的问题，相反承认好生活的脆弱性，并使之成为道德的一种特征。而这只是因为好生活是如此易损和脆弱的，以至于它是极其珍贵的。在通往德性的道路上许多东西都会出现问题，它们会使德性丧失。但是，这种易损性是人类条件的一种本质特征，正是这种特征使好生活的获得更有价值。

（6）情境主义的挑战。情境主义的社会心理学成果表明，不存在像德性特性这样的东西，因而也就没有德性伦理学所研究的像德性这样的东西。[①]对此德性伦理学家作出了这样的答复：社会心理学的研究是与德性被假定为具有多轨迹的意向不相关。所谓“多轨迹的意向”（Multi-Track Disposition）是指其表现能够广泛地变化的意向。例如，一个对象的柔软性能以不可胜数的方式表现它自身，而水的可溶解性是一种单一轨迹意向，它只能通过在水中溶解表现它自身。假定一种德性是一种多轨迹的意向，那么根据一种单一的观察到的行为甚至一系列类似的行为而把一种意向归属于一个行为者，特别是如果你不知道行为者像他已经做的那样做的理由就这样做，那就会明显的是轻率的。[②]

（7）冲突的难题。对于德性伦理学来说，也存在着两难的问题，即表面看来不同德性的要求因为其在对立的方向有意义而发生冲突的情形。那么，德性伦理学对于这种两难得说什么呢？仁爱促使我去杀那种死掉会更好的人，但公正禁止这一行为。诚实告诉我们说有伤害的真话，善良和同情告诉我们继续保持沉默甚至说谎。那么，我应该做什么？当然，同样类型的两难也会由道义论的规则之间的冲突产生。因此，道义论和德性伦理学面临同样的难题，而且事实上答复它的策略也是类似的。两者都通过论证这种冲突纯粹是表面的来达到解决大量两难的目的。对德性或规则作出区别（只有那些具有实践智慧的人才能作出这种区别）就会发现，在这种特殊的情形下，德性并不提出对立的要求，或者说一种规则位于另一种规则之上，或者有某种进入其中的例外条款。是否仅此而已，取决于是否存在任何不可解决的两难。如果存在，两种规范方法解决就都可以合情理地指出，提供关于什么是

① Cf. John Doris, “Persons, Situations and Virtue”, *Nous* 32 (1998):504-30; G. Harman, “Moral Philosophy Meets Social Psychology: Virtue Ethics and the Fundamental Attribution Error”, *Proceedings of the Aristotelian Society* New Series Vol. CXIX(1999):229-245.

② Cf. Copal Sreenivasan, “Errors about Errors: Virtue Theory and Trait Attribution”, *Mind* 111 (January, 2002):47-68.

不可解决的问题解决方案只会是一个错误。

（8）证明的难题。这个难题也是在德性伦理学与功利主义、道义论中共同存在的难题。一般地说，这是关于我们怎样证明我们的伦理信念或为其提供根据的难题，这个问题在元伦理的层次上被热烈地争论。但是，不同版本的伦理学面临的证明问题是不同的。对于道义论来说，存在着怎样证明它关于某些规则是正确的这种主张的问题；对于功利主义来说，存在着怎样证明它关于唯一的真正在道德上有意义的东西是对于幸福或福祉的结果的主张的问题；对于德性伦理学来说，所涉及的问题是怎样证明品质特性是德性的问题。在元伦理学的争论中，关于为伦理学提供一种外在的（在对于伦理信念来说是外在的意义上“外在的”）基础的可能性存在着广泛的不一致，而且同一种不一致在道义论者和功利主义者之间也能被发现。一些人相信，为了阻止任何形式的怀疑主义，伦理学能够被置于任何一种理性的欲望会接受或者会同意的东西的安全基础之上，而不考虑他们的伦理观；而另一些学者则认为不可能这样做。德性伦理学家已经避开了任何将德性伦理学植根于一种外在基础的企图，而继续强调他们的主要主张能够得到证实。一些非亚里士多德主义者（如斯洛特、斯万顿）遵循一种罗尔斯的一致主义形式，[①] 而新亚里士多德主义者则遵循一种伦理自然主义的形式。

将幸福（*eudaimonia*）误解为一个非道德化的概念，导致一些批评者假定新亚里士多德主义者试图将他们的主张植根于一种科学的解释，即关于人的本性以及对于人类来说属于繁荣的东西。另一些批评者则假定，如果他们不是这样理解，那么他们就不能证实他们的主张，例如不能证实公正、仁爱、刚毅和慷慨是德性。这样，他们要么不合规则地使他们自己避免亚里士多德的不足信的自然目的论，要么不合规则地提出他们自己的关于个人的德性或文化上被培育的德性是纯粹理性化的。但是，麦克道威尔、福特、麦金太尔和荷斯特豪斯都一直在这两个极端之间寻求第三条道路。他们指出，德性伦理学中的幸福确实是一个道德化的概念，但它不只是那样。关于什么构成对于人类而言的繁荣的主张，并不比关于什么构成对于大象而言的繁荣的行为学主张更能使我们不考虑关于人类是怎样的科学事实。在这两种情形中，这些主张是否正确取决于它们是什么类型的动物，以及人或大象具有什么样的能力、欲望和兴趣。他们认为，今天高度发达的科学（包括进化论和

① Cf. Michael Slote, *Morals from Motive*, Oxford: Oxford University Press, 2001; Christine Swanton, Virtue Ethics, Oxford: Oxford University Press, 2003.

心理学）支持而不是破坏古希腊关于我们是像大象和狼而不是北极熊的社会动物的假定。像其他社会动物一样，我们的自然冲动并不只是指向我们自己的快乐和保存，而是包括利他主义的和合作的冲动。这种关于我们的基本事实会使德性至少部分地构成人类繁荣的主张成为更可理解的，而且削弱了那种认为德性伦理学在某种意义上是利己主义的反对意见。

（三）德性问题研究向不同领域的扩展

德性伦理学复兴及其引起的争辩不仅在西方伦理学界掀起了探讨和讨论个人德性问题的热潮，而且引起哲学其他领域对德性的关注和研究，并波及到其他相关学科，促进了德性问题研究向不同学科领域的扩展。从所掌握的资料看，伦理学界对德性问题的讨论，首先引起了作为交叉学科的环境伦理学对德性伦理学的重视，出现了所谓的"环境德性伦理学"；其次引起了哲学认识论对德性问题的重视，出现了所谓的"德性认识论"；同时也引起了心理学对德性问题的高度关注，出现了所谓的"德性心理学"。此外，受伦理学界讨论德性问题的影响，还出现了"德性法学"、"德性教育学"等。这些伦理学以外的不同学科领域对德性问题的研究，有些是以德性伦理学为根据的，有些则从不同的学科视野对德性伦理学的观点提出批评。无论如何，德性伦理学的兴起激发了这些学科研究德性的热情，推动了西方学界德性问题研究的扩展和深化。

环境德性伦理学（Environmental Virtue Ethics, EVE）是从德性伦理学的视角研究环境伦理学的一条路径。它既是一种崭新的又是一种相当古老或确定的方法。说它是古老的或确定的，是因为它正如露柯·温斯威（Louke van Wensveen）指出的，几乎所有的环境文献都运用德性语言。[①] 说它是崭新的，则是因为它只是最近才使用德性语言从德性伦理学的视角明显地从事研究和表达环境问题。早在 20 世纪 80 年代初就有学者将德性伦理学应用于环境问题，如托马斯·赫尔（Thomas Hill）的文章《人类优秀的理想与保护自然环境》[②]，而第一次对这种方法进行系统分析的是露柯·温斯威的有影响的著作《肮脏的德性：生态德性伦理学的问世》（2000）。环境德性

---

① Cf. Louke van Wensveen, *Dirty Virtues: The Emergence of Ecological Virtue Ethics*, Amherst, NY: Prometheus Books, 2000.

② Thomas E. Hill, "Ideals of Human Excellence and Preserving Natural Environments," *Environmental Ethics* 5 (fall 1983):211-224.

理论家从德性伦理学的不同学派和环境伦理学的多种多样背景中受到启发，提出了三种环境德性伦理学的一般方法：一是“德性论方法”（virtue theory approach），这种方法试图从头开始建立一种环境德性伦理学；二是“环境榜样方法”（environmental exemplar approach），这种方法把一般被看作在环境方面具有德性的人视为榜样；三是扩展主义方法（extensionist approach），这种方法采取传统德性并且扩展它们，以便以一种环境上有意义的方式进行运作。[①] 一些环境德性伦理学家采取三种方法中的一种，而另一些人则把两种或三种方法中的因素结合起来。环境德性伦理学的典型主题包括：对具体德性或恶的解释；对体现一种或多种德性的具体榜样的分析；从德性伦理学的视角探讨具体的环境问题，包括为行为提供德性规则（v-rules），提出实际的政策建议；为环境伦理学的德性论方法的理论基础和合法性提供论证。比较著名的环境德性伦理学家有（以字母为序）：菲力浦·卡法罗（Philip Cafaro）、乔夫勒·夫拉兹（Geoffrey Frasz）、优杰勒·哈尔格罗夫（Eugene Hargrove）、罗瑟琳·荷斯特豪斯（Rosalind Hursthouse）、托马斯·赫尔（Thomas Hill）、兰迪·那森（Randy Larsen）、瓦尔·普拉伍德（Val Plumwood）、罗纳尔德·桑德勒（Ronald Sandler）、大卫·圣奥宾（David St.Aubin）、布莱恩·特里罗（Brian Treanor）、露柯·温斯威（Louke Van Wensveen）和劳拉·威斯特拉（Laura Westra）等。

德性认识论（virtue epistemology）是一种当代哲学认识论方法，它强调理智（认识）德性的重要性。其区别性的德性论的因素在于它们为了评价知识而除了命题和信念的性质之外或取而代之使用具有信念的人的性质。一些德性认识论者主张更密切地遵循他们看作是对德性伦理学来说重要的东西，而另一些人认为伦理学中的德性与认识论中的德性之间只是存在着松散的相似。自亚里士多德以来，理智德性一直是哲学的一个主题，但德性认识论是当代分析哲学传统的一种发展。它以努力解决对现代认识论特别关注的难题（如证明和可靠主义）为其特征，以类似于德性伦理学聚集于道德行为者而不是道德行为的方式将注意力放在作为行为者的认识者身上。

德性认识论的兴起一方面受德性伦理学兴起的影响，另一方面则是对知识的相互矛盾的分析的棘手性反应，而这种分析又是对埃德蒙·葛梯尔（Edmund Gettier）的反应。欧内斯特·索萨（Ernest Sosa）在他于 1980 年发表

① Cf. Ronald Sandler, *Character and Environment: A Virtue-Oriented Approach to Environmental Ethics*, New York: Columbia University Press, 2007, pp.10-11.

的《木筏与金字塔》一文中将理智德性概念引入当代认识论的讨论。他认为对理智德性的诉求能够解决基础主义者与一致主义者之间关于认识证明的结构的冲突。他试图在这一鸿沟之间架起桥梁，建立这两种不同认识论理论之间的统一性。基础主义（foundationalism）认为，在一种层级结构中，一些信念以另一些信念为基础，它们类似于金字塔结构中的砖块。另一方面，一致主义（coherentism）则使用木筏的隐喻，在其中，所有的信念都不是由基础栓系起来的，相反是由于每一种信念之间的逻辑关系而内在联系的。索萨达认为，在这两派认识中各自都存在着缺陷。一致主义只容许基于一个信念系统内的所有信念之间的逻辑关系的证明。然而，因为感知的信念不会与系统中的其他信念有许多逻辑联系，所以一致主义对知识的解释就能被说成对于提供正常情况下归属于感知信息的重要性来说是不充分的。另一方面，基础主义在试图描述基础信念怎样与支持它们的感觉经验相联系时面临着难题。一致主义和基础主义是作为对“传统的”知识解释面临的难题的一种反应而得到发展的，而这种难题是埃德蒙·葛梯尔于 1963 年提出的。[①] 作为葛梯尔提出的反例的一个结果，相互矛盾的理论为不同的哲学家所发展，但一致主义者和基础主义之间的争论是棘手的。索萨的文章提出，德性也许有助于避免这两种解释之间的争论。[②]

德性认识论用公式化的表达（如 S 知道 p）替代理解的知识，其方法是通过用应用于理智的德性埋论改进这些公式，在这里，德性就成了对于评价“知识”的潜在候选者来说的支柱。这种替代产生了它自己的问题。如果关于为测验知识建立的公式中的确定精确性的相同层次同样地应用于德性的真实性，那么，一个人就不能知道目标德性是否可靠。一些德性认识论者使用可靠主义作为信念证明的基础，强调理智的可靠的功能。[③] 同时，德性认识论与德性伦理学相似，它在与个体的关系中以理智的性质为基础，而与信念的性质相对立。德性认识论是基于人的，而不是基于信念的。这样，德性伦理学就能强调“认识的责任”（epistemic responsibility），那就是说，一个

① Cf. Edmund Gettier, “Is Justified True Belief Knowledge?”, *Analysis* 23 (1963): 121–123.

② Cf. Linda Zagzebski; Abrol Fairweather (eds), *Virtue Epistemology: Essays on Epistemic Virtue and Responsibility*, Oxford University Press, 2001, p.4.

③ Cf. Ernest Sosa, “The Raft and the Pyramid: Coherence versus Foundations in the Theory of Knowledge”, *Midwest Studies in Philosophy* 5 (1980): 3-25; J. Greco, “Agent Reliabilism”, in J. Tomberlin (ed.), *Philosophical Perspectives* 13(1999): 273–96; J. Greco, *Putting Skeptics in their Place*, Cambridge: Cambridge University Press, 2000.

个体被认为是对他获得知识的能力的德性负有责任的。这样，就形成了德性认识中的德性可靠主义和德性责任主义两种基本观点。德性可靠主义者采取真理得以被控制的过程必须是可靠的方法，然而，对可靠性的强调并不能置于证明的机制，相反，追溯实在性的能力的大小决定着个体的理智是怎样地有德性，因而决定一个人的知识是怎样的善。德性责任主义则不强调像感知和记忆这样的原初机制，而是强调某些理智特性要比其他的理智特性更有德性，因而更要被看重。这些特性包括创造性、好奇性、理性的严厉、诚实，或一些其他的可能性。一般地说，这些理论在本性上是规范性的。

在法律哲学中，德性法理学（virtue jurisprudence）是给予与德性伦理学相关的法律理论的名称。由于法学理论中发生了德性的转向，德性法理学聚焦于品质的重要性和对于有关法律本性、法律内容和判决问题而言的人的优秀或德性。德性法理学关注的主要问题有：（1）德性伦理学具有对于立法的合适目的的解释的含义。如果法律的目的是要使公民有德性（它与使功利最大化或实现道德权利相反），那么，什么是对于法律内容而言的含义？（2）德性伦理学对于法律伦理学有含义。法律伦理学现行的方法强调道义论的道德理论，即对委托人的责任和对委托人自主性的尊重，而这些道义论的方法在各种为律师、法官和立法者设计的专业行为的法典中得到了反映。（3）对公正的德性的解释（特别是亚里士多德和阿奎那的自然公正理论）对自然法学家与法律实证主义者关于法律本性的争论有意义。（4）关于以德性为中心的判决理论描述为法官所需要的特殊优秀。德性法学得到最好发展的方面是它的有特色的裁决理论。亚里士多德认为，促进德性的谆谆教诲是法律的合适目的。阿奎那认为真正的法律（它是理性的）能通过被已经具有充分的德性的那些人内在化教导德性，以掌握法律的目的。甚至那些还没有达到这种德性水平的人也能被迫服从法律，而且这也许能使他们变得更有德性。在当代，罗伯特·乔治（Robert George）重述了这种观点。在他的《使人成为道德的》一书中，乔治把促进德性作为法律的目的，并且反对相反的观点，即法律的目的是保护权利。以德性为中心的裁决理论提供了成为一个好法官的独具特征或优秀。这些优秀包括：（1）司法节制；（2）司法勇敢；（3）司法气质（judicial temperament）；（4）司法智力；（5）司法智慧；（6）公正。虽然关于判决的每一种理论都能与关于司法德性的解释结合起来，但以德性为中心的判决理论提出了独具特色的主张，即司法德性是中心的，它们有基础的解释和规范的意义。

对德性法理学提出了许多批评，这些批评是与在德性伦理学争论的语境中提出的那些批评相似的。例如，指责德性法理学没有为做法律决定提供充足的指导。“做作为一个德性法官会做的！”这个公式很少给一个平常的作出决定者提供指导。又如，德性法理学在判决的能力方面需要无限度的诚信。在一个民主的社会，法律决定的正当性将由对于所有公民是公开的和可接近的标准来决定。

德性教育问题历来是德性伦理学家所关注的问题。苏格拉底曾提出过德性是否可教的问题。在《尼各马科伦理学》的最后部分，亚里士多德就专门讨论了德性教育问题。如果把德性看作是后天在实践中获得的，那么教育对于德性的获得就具有重要的意义。虽然现代西方德性伦理学也讨论过德性是否可教的问题，但德性可教性对于大多数德性伦理学家来说是不言而喻的。大卫·卡尔（David Carr）、威廉姆·本勒特（William J. Bennett）、兰达·帕帕伏（Landa Kavelin Popov）等德性伦理学家阐述了德性教育论，女性主义德性伦理学家内尔·诺丁斯（Nel Noddings）更是在一系列著作中系统地阐述了德性教育学的一般原理。虽然目前尚未见有“德性教育学”的说法，但德性教育学作为一个独立的教育领域已经存在。

至于德性心理学则是因为一些社会心理学家根据他们的实践得出了否定德性存在的结论而成为伦理学家和心理学家关注的一个新领域。无论是普通人还是伦理学家，他们一般都承认道德的品质是存在的。这几乎是不言自明的。但是，对于这一普遍的共识，一些心理学家通过实验提出了挑战，其中最有影响的是密尔格拉姆实验（Milgram experiment）①。社会心理学实验得出的结论遭到了德性伦理学家的广泛批评。由于德性本身是一种心理现象，因而为心理学家所关注，一些伦理学家也从道德心理学的角度探讨德性问题，而德性心理学至少已经成为道德心理学的一个重要领域。有研究者指出：“因为德性论使品质及其成分成为伦理学理论的中心关注，所以他们认识到心理学与道德的相关性。但是，德性理论家必定会提出大量进一步的道德心理学问题：德性怎样被获得、发展和个体化？德性在功能上相互依赖到什么程度？在整个人的品质中德性怎样发挥功能？那就是说，它们怎样影响动机、感知、情感、理想和自我概念？”②

① 关于这一实验，参见江畅：《德性论》，人民出版社 2011 年版，第 142—145 页。

② Flanagan, Owen and AméLie Oksenberg Rorty (eds.), *Identity, Character, and Morality: Essays in Moral Psychology*, A Bradford Book: The MIT Press, 1990, p.2.

三、走向社会德性研究与个人德性研究并重

在德性伦理学复兴运动的强有力推动下，个人德性问题再次成为西方学界特别是伦理学界关注的重点问题。虽然西方各伦理学流派对德性问题在道德及伦理学的地位如何的看法不一，但它们都承认个人德性问题是道德和伦理学中的一个重要问题，而且德性伦理学家强烈批评功利主义和康德主义所引起的各伦理学流派之间的批评、诘难和辩护、反驳，也大大推进了西方关于德性问题的深入研究，取得了一大批相关的学术成果。应当肯定，西方关于德性问题的问题意识以及研究所取得的成果，都是对人类德性思想乃至整个人类思想的重大贡献，也是值得我们认真地借鉴和批判地吸收的。但是，我们也应该注意到，西方学界对个人德性问题的研究与对社会德性问题的研究是分离的，没有将两者关联起来。这是当代西方学界在德性问题的研究上仍然存在的一个局限和缺陷。

我们认为，虽然个人德性问题在西方主要属于伦理学研究的范畴，而社会德性问题主要属于政治哲学研究的范畴，但无论是伦理学还是政治哲学都属于价值哲学，因此，应当将两者纳入价值哲学的范畴来考虑，使两方面的研究统一和协调起来。虽然明确地将价值哲学作为哲学的一个领域或分支是19世纪下半叶开始的，但哲学研究价值问题，几乎是从哲学一诞生就已开始。哲学对价值问题的研究，在古代关注的重点是与个人好生活直接关联的个人德性问题，在近代关注的重点则是与好社会直接关联的社会（主要是国家）德性问题。价值哲学对社会德性问题的关注从近代一直延续到今天，但是从20世纪50年代开始，个人的德性问题又重新回到了哲学家的视野。到20世纪80年代，西方形成了既重视社会德性问题又重视个人德性问题的价值哲学研究新格局。笔者认为，社会德性研究与个人德性研究并重，代表着价值哲学的未来走向。[①]

（一）德性问题：价值哲学关注的焦点

一般认为，康德第一次将“价值”概念引入到哲学，而德国哲学家尼采

① 本部分的主要内容曾以《个人德性研究与社会德性研究并重——价值哲学研究的历史回顾与展望》（《马克思主义理论与现实》2013年第3期）为题发表。本部分的基本看法代表了笔者研究西方德性思想史得出的基本结论。

提出“重估一切价值”，使价值问题成为哲学的一个重要问题，洛采（R. H. Lotze, 1817—1881）则第一次提出建立价值哲学学科。新康德主义者文德尔班、李凯尔特等人接受了这种主张，于是哲学开始有了价值哲学这个领域。差不多同时，德国哲学家迈农（M. Scheler, 1853—1921）、艾伦菲尔斯（C. Ehrenfels, 1850—1932）提出并致力于建立一般价值论。受他们的影响，美国的一些哲学家致力于研究一般价值问题。[①] 我国在实行改革开放的初期即 20 世纪 70 年代末开始兴起了价值哲学或一般价值论。当时比较一致的看法是，认为价值哲学就是研究一般性价值问题的一个哲学领域或分支。20 世纪 80 年代，伴随着西方价值哲学和一般价值论传入中国，国内价值哲学界更进一步强化了价值哲学就是研究一般价值问题的看法。一直到今天，这种看法仍然是国内的一种流行看法，不仅价值哲学界的研究者这样认为，价值哲学界之外的学者一般也持这一观点。今天看来，这种看法是值得反思的。笔者认为，价值哲学当然要研究一般价值问题，但并不限于此，而且主要不在于此。无论从西方哲学史，还是从学科的内在逻辑来看，价值哲学研究的焦点性问题是德性问题，即个人和社会的优良品质问题。换言之，这个问题也就是人类个体的“好生活”和人类整体的“好社会”问题。

从西方哲学史看，哲学家们对价值问题的关注在苏格拉底以前就已经开始，只不过从苏格拉底开始才成为哲学的重点问题甚至中心问题。当时所使用的概念不是“价值”而是“善”以及与之对立的“恶”。在西方，“善”（good）即“好”，其含义非常广泛。在苏格拉底和柏拉图那里，善是宇宙万物的终极原因和终极目的，当然也是人的目的。人追求善目的的过程就是好生活，即善生活。在他们看来，对于人而言，善有三类：灵魂之善、身体之善和外在之善。在这三类善中，灵魂之善是第一位的，其他的善是为其服务的。柏拉图明确地说：“富裕确实是一切社会最真实的善和荣耀，但财富是为身体服务的，就好像身体本身是为灵魂服务的一样。由于财富对实现这些善来说只是一种手段，因此它必定在身体之善与灵魂之善的后面占据第三的位置。”[②] 灵魂之善的体现就是德性。他们认为，人们之所以希望拥

① 参见江畅主编：《现代西方价值哲学》“引论：西方哲学的价值论转向”，湖北人民出版社 2003 年版。

② ［古希腊］柏拉图：《法篇》870B，《柏拉图全集》第三卷，王晓朝译，人民出版社 2003 年版，第 631 页。

有“善”，那是因为拥有了善就拥有了幸福。[①] 既然德性是善的体现，所以只有真正具有德性的人，才是真正善的人和真正幸福的人，即所谓“好人是幸运和幸福的，因为他是节制的和正义的”[②]。在苏格拉底和柏拉图看来，不只是个人的目的是德性，社会的目的也是德性。柏拉图认为，“整个城邦显然像一个有机体的躯干”[③]，它是一个整体，它的各个部分有相应的德性，一个好（善）的城邦应该具备智慧、勇敢、节制、公正这四种德性。在《国家篇》中，苏格拉底说，“如果我们的城邦已经正确地建立起来，那么她是全善的”，“她显然是智慧的、勇敢的、节制的和正义的。”[④]

苏格拉底、柏拉图的上述思想观念直接影响了亚里士多德，以至后来的西方价值哲学包括伦理学。亚里士多德的价值哲学包括伦理学和政治学，就是围绕着善、幸福、德性以及作为德性实质的实践智慧展开的。中世纪的价值哲学就其世俗性内容而言基本上没有超出柏拉图和亚里士多德的范围。近现代西方与古代不同，一方面他们关注的问题不再主要是个人的德性问题，而是社会的德性问题，如自由、平等、公正等问题；另一方面他们自 19 世纪开始关注一般性的价值问题，如什么是价值、如何实现价值等问题，以及元价值问题，即价值术语（“善”、“价值”等）意义以及由它们构成的判断的认识情形（是否有真假）和功能等问题。自 20 世纪 50 年代开始又重新重视个人德性问题。

从对西方哲学史的考察我们得出以下几点结论：第一，价值哲学是自古以来就存在的，至少可以追溯到苏格拉底，他不只是道德哲学的鼻祖，也是价值哲学的鼻祖。第二，价值哲学研究的对象主要是人类个体（个人）和人类整体（社会）内在的善。这种善就是好，也就是价值，价值与好、与善不是两个概念，而是同一个概念的两种不同表述。我们不能将西方的善概念同汉语中的善概念简单地等同起来。第三，个人和社会内在善的体现就是德性，即善的品质。德性是好个人的规定性，也是好社会的规定性。达到这种

① 参见［古希腊］柏拉图：《会饮篇》204E，《柏拉图全集》第二卷，王晓朝译，人民出版社 2003 年版，第 246—247 页。

② ［古希腊］柏拉图：《法篇》660E，《柏拉图全集》第三卷，王晓朝译，人民出版社 2003 年版，第 408—409 页。

③ ［古希腊］柏拉图：《法篇》964E，《柏拉图全集》第三卷，王晓朝译，人民出版社 2003 年版，第 731 页。

④ ［古希腊］柏拉图：《国家篇》327E，《柏拉图全集》第二卷，王晓朝译，人民出版社 2003 年版，第 400 页。

规定性的理想状态就是至善，而这种至善的生活就是好社会中的好生活。第四，价值哲学要研究一般意义的好或价值问题，更要研究好生活和好社会的规定性即德性是什么，以及如何获得这些德性的问题。因此，德性问题是价值哲学的关键问题。虽然在不同时期，价值哲学研究可能侧重个人德性问题或社会德性问题，但所关注的还是德性问题。

西方价值哲学重点关注德性问题，并非是一些偶然原因造成的，而是有其学科的内在逻辑的。一般都认为哲学是智慧之学，它研究的目的是要使人类更有智慧。这种智慧不是日常智慧，而是生存智慧，或者说人类如何更好地生存的智慧。要使人类具有这种智慧，哲学首先要研究世界（包括人类以及人类与世界的关系）本来的状态是什么，这是本体论或本体哲学关注的问题；其次要研究世界可能的面目是什么，这是认识论或认识哲学关注的问题；最后要研究世界的理想状态是什么，这则是价值论或价值哲学关注和研究的问题。① 本体论和认识论的研究归根到底是为价值论研究服务的。人类是世界的主人（至少人类自己这样认为），因而价值哲学着重要研究人类的理想状态。人类既指个体，主要是个人，也指整体，主要是以国家为基本形态的社会。因此，价值哲学要研究个人的理想状态，这被称为“好生活”，也称为幸福生活；也要研究社会的理想状态，这被称为“好社会”；还要研究“好生活”与“好社会”的关系。它不仅要研究好生活和好社会的规定性即德性是什么，也要研究这些德性如何获得。当然，它还要研究与之相关的一些一般性问题，包括好生活、好社会以及善、至善、幸福、德性等概念和由它们构成的命题的含义、意义、功能等价值语言问题。在所有这些问题中，德性是什么，以及如何获得德性，是其中的关键性问题。它既是好生活、好社会之好的体现，又是实现生活之好和社会之好的内在条件和保障。因此，它也就成为了价值哲学需要关注的关键性问题。

（二）从重视个人德性问题到重视社会德性问题

哲学所关注的重点问题总是时代最突出的问题，古希腊、古罗马一直到西方中世纪重视个人德性问题都是与当时时代相关的。古希腊哲学最早关注的是世界本原问题，或者说是自然哲学问题（因为当时主要关注的是自然本体问题），这时是古希腊特别是古雅典的黄金时代。为了适应民主制的需

---

① 关于哲学的本性和主要研究领域，可参见江畅：《德性论》，人民出版社2011年版，第337页。

要，当时的古希腊出现了一批以教人以德性的教师即智者，因而个人德性问题引起了人们的重视。但真正使德性问题突显出来的是伯罗奔尼撒战争（公元前431—前404）以后。长达27年的伯罗奔尼撒战争使成千上万的人丧生，并激发了希腊城邦之间血腥的内战，社会陷入混乱，人与人之间相互倾轧，人们的生活笼罩着悲观失望的阴影。在这种背景下，"人应该怎样生活"或"我们应该成为什么样的人"的问题成为人们关注的焦点。正是出于对这一问题的思考和探索，苏格拉底把目光聚焦于个人的德性，第一次使德性问题成为哲学关注的焦点。"对德性本性率先展开系统研究的正是苏格拉底；他将这一研究置于道德哲学的中心地位，也将其置于整个哲学的中心地位。"①苏格拉底思考的重点是德性的本性问题，提出了"德性即智慧"的著名命题。他的学生柏拉图，以及柏拉图的学生亚里士多德继承了苏格拉底的传统，也都关注研究个人德性问题。此后，个人德性问题成为希腊化时期和罗马时期哲学家关注的主要问题。罗马帝国的压迫和统治导致基督教的兴起，基督教在西方社会占据统治地位之后，由于基督教所关注的重点问题是人如何获得死后进入天堂，即获得至福，而德性特别是神学德性被看作是进入天堂的必备条件甚至充分条件，因而德性问题也是神学家关注的重点问题。

从古希腊到中世纪的古典时期，哲学家研究了广泛的个人德性问题，如德性的一般含义或本质、德性与德行的关系、德性的类型、德性的可教性、幸福及其与德性的关系等问题。柏拉图系统阐释了得到希腊普遍认同的"四主德"的智慧、勇敢、节制和公正，亚里士多德建立了系统的古典德性伦理学，奥古斯丁和托马斯·阿奎那使信仰、希望、爱（仁爱）三大神学德性成为个人获得至福的最重要的德性，托马斯·阿奎那还在此基础上建立了基督教神学德性伦理学。从古典时期思想家对德性问题的研究情况看，他们关注的重点问题确实是个人的德性问题，并且将这一个问题作为破解"人应该怎样生活""我们应该成为什么样的人"以及"什么是幸福，如何获得幸福"这些人生根本问题的钥匙。诚然，古典时期的思想家也研究一些社会德性问题，如柏拉图、亚里士多德都研究了理想的国家应具备的品质以及怎样使国家具备这些品质的问题，罗马思想家大量地研究了法治问题，中世纪思想家也涉及不少国家德性方面的问题。但是，从总体上看，这个时期的思想家关注的重点还是个人的德性问题。这不仅是因为他们这方面的论著更多、内容

① ［英］安东尼·肯尼:《牛津哲学史》第一卷·古代哲学，王柯平译，吉林出版集团有限责任公司 2010 年版，第 309 页。

更丰富，更是因为他们这方面的思想更有价值，影响更深远，并且形成了古典个人德性思想传统。

导致古典德性思想传统中断、思想家关注的重点从个人德性转向社会德性的根本原因是市场经济的兴起。市场经济的存在和发展必须具备与其要求相适应的社会条件。这些要求概括地说包括以下四个方面：第一，要求社会以个体利益最大化为终极追求。第二，要求经济市场化、资本化、科技化。第三，要求社会生活自由化、平等化、享乐化。第四，要求政治生活民主化、法治化。然而，所有这些社会品质在近代以前的西方社会都不具备，而且它们也不能自发形成，而要通过人的努力来构建。近代西方历史表明，这一构建过程是一个非常艰难的“血与火”的过程。要建立具有这些品质的社会，就必须认识它、研究它。正是适应这种需要，新的社会应该具有什么样的品质以及如何构建具有这些品质的社会，就成为了从文艺复兴开始一直到 19 世纪思想家关注的重点。另一方面，市场经济的兴起和发展并不要求个人必须具备什么样的德性品质，而只是要求社会给予个人充分的自由和平等，使他们能成为独立自主的市场主体，同时将他们的行为纳入到社会规范的范围，从而确保人们相互竞争而不相互妨碍和伤害。这样，个人的品质问题相应地退居到了次要的地位，并因而逐渐为思想家所忽视。

近代以来的西方思想家探讨了广泛的社会德性问题，这些问题归纳起来无非是两个方面：一是社会应该是什么样子，即社会应该具备哪些基本的品质或规定性；二是怎样使社会具备这些品质。西方近代以来的思想家对这两方面的问题进行了广泛深入的探讨，而且存在着诸多不一致的观点。不过，他们也形成了一些共识，其中最重要的就是，认为理想的社会是以市场经济为基础、以科学技术为力量的自由、平等、公正、民主、法治、富裕的现代化社会；而要建立这样的社会必须大力发展市场经济，并在此基础上建立政治民主和依法治理社会的制度和机制。近代以来，除 20 世纪 50 年代以后开始出现一大批思想家研究个人德性之外，也有一些思想家研究过德性，如英国情感主义思想家、功利主义者、康德等。但是，他们大多不再在古典的意义上将德性理解为人之所以为人的规定，理解为人生活的内容和目的，而是将德性看作是实现幸福的手段。更重要的是，很多思想家只研究社会德性问题，而不研究个人德性问题，以至于一些当代德性伦理学家认为近代以来德性问题被忘却，德性研究被边缘化。

总体上看，20 世纪 50 年代以前的西方思想家虽然对个人德性也给予了某些关注，但关注的中心是社会德性问题，对个人德性问题的重视是相当不够的。思想理论的这种状况的直接实践后果就是社会生活中个人德性问题被忽视。导致这一学术研究重大偏差的重要原因之一是思想家们的认识局限，他们没有意识到个人德性问题在任何时代都是必须受到高度重视的问题。但是，近代以来社会问题非常突出也非常紧迫，这也是导致这一重大偏差的重要客观原因。近代西方几个世纪以来都一直面临着与封建主义、基督教教会的斗争，面临着市场经济发展过程中不断出现的重大社会问题。在这种背景下，思想家们忙于思考和探索新社会的设计和构建，似乎顾不上研究个人的品质问题，况且这方面已经有了丰富的古典理论成果。因此，我们对这一偏颇不能过于指责。更重要的是，通过思想家们的长期研究，西方近现代主流社会德性思想逐渐形成，这就是西方近现代主流价值观。正是在这种价值观的指导下，构建起了现当代西方主流价值文化和西方现代化社会。

（三）从重视社会德性问题到同时重视个人德性问题

从西方的历史事实看，轻视个人德性确实导致了很多问题。近代以来，西方社会为了市场经济的发展，普遍倡导个人自由，同时为了个人自由得以普遍实现，也为了社会和谐有序，逐渐建立了基于现代民主政治的完善法律制度。自由化和法制化是现代西方社会的基本格局。作为现代西方社会的奠基者的启蒙思想家普遍认为，有了个人自由和完善法制，人类社会就会进入理想的美好状态。然而，几百年的社会实践表明，尽管西方有了普遍的个人自由和完善的社会法制，但在自由和法制的现代社会却充斥着犯罪和欺诈，环境被污染，生态平衡遭到破坏，不可再生资源迅速消耗；个人变得越来越贪得无厌、不择手段和冷漠无情；社会和自然环境恶化与个人贪婪之心恶性膨胀交互作用，使个人生活得沉重和痛苦，使人类面临生存危机。导致这种状况的原因很多，其中内在的根本原因之一，就是普遍忽视人的内在的良好品质，只讲强力，不讲德性。亚里士多德曾经指出："人一旦趋于完善就是最优良的动物，而一旦脱离了法律和公正就会堕落成最恶劣的动物。不公正被武装起来就会造成更大的危险，人生而便装备有武器，这就是智能和德性，人们为达到最邪恶的目的有可能使用这些武器。所以一旦他毫无德性，那么他就会成为最邪恶残暴的动物，就会充满无尽的淫欲和贪婪。"① 正因为

① 亚里士多德：《政治学》1253a31-37，苗力田主编：《亚里士多德全集》第九卷，颜一、秦典华译，中国人民大学出版社 1994 年版，第 7 页。

如此，自 20 世纪 50 年代开始，一些敏锐的思想家重新关注个人德性问题，出现了德性伦理学的复兴和个人德性研究热。

西方德性伦理学家之所以要复兴德性伦理学，其重要原因是认为近代以来流行的康德的道义论和功利主义在理论上存在着重要缺陷。它们注重行为，忽视品质，所提出的一般原则不能解决具体情景中的问题。在他们看来，正是因为这种理论上的偏颇导致了现代西方文明的诸多问题。罗莎琳达·荷斯特豪斯在谈到德性伦理学为什么会在当代复兴时指出："关于为什么对道义论和功利主义日益增长的不满导致了德性伦理学复兴，有不少不同的说法（而且没法确定那一个更精确），但可以肯定的是，每一种说法中都有一个共同点，即现在流行的文献忽视了任何一种适当的道德哲学都应该关心的一些主题，并使之边缘化。它们是我上面谈及的动机和道德品质，其他的还有道德教育、道德智慧或辨别力、友谊和家庭关系、深刻的幸福概念、情感在道德生活中的作用，以及我应该是什么类型的人、我应该怎样生活的问题。我们发现，这些主题在柏拉图和亚里士多德那里被讨论过。"①

德性伦理学与道义论和功利主义的根本区别在于，它所关注的不是"人应该做什么和怎样做"，而是"我们应该成为什么样的人，应该怎样生活"。德性伦理学发展到今天已经超出了简单复兴的范畴，它不仅对整个当代西方伦理学产生了重要影响，而且已经涉及许多其他领域，如心理学、认识论、法学，以及环境、教育等。自 20 世纪 80 年代以来，西方出现了德性问题研究方兴未艾的局面。有研究者认为，"德性伦理学的影响已经扩展到它作为道德理论的第三种类型所作出的贡献的范围。正如已经注意到的，对德性伦理学兴趣的复兴已经引起了其他理论观点拥护者对德性的更大关注。德性的研究也已经导致当代伦理学考察问题的范围普遍拓宽。"②这种看法是实事求是的。

德性伦理学家反对道义论和功利主义，这是学术之争，但他们笼统地反对伦理学研究规范问题，而主张伦理学只应研究德性问题，这则是有偏颇的。笔者以为，伦理学不仅要研究德性问题，也要研究价值问题、规范问题和情感问题，价值论、情感论、规范论和德性论构成了伦理学的四个分支学

---

① Rosalind Hursthouse, *On Virtue Ethics*, Oxford: Oxford University Press, 1999, pp.2-3.

② "Introduction", in Rebecca L. Walker and Philip J. Ivanhoe, *Working Virtue: Virtue Ethics and Contemporary Moral Problems*, Oxford: Clarendon Press, 2007, p.4.

科。[1] 不过应该肯定的是，西方德性伦理学的复兴促进了当代西方学术界乃至国际学术界对德性问题的重视和研究，从而弥补了近现代西方价值哲学研究忽视个人德性问题研究的缺憾。这样，当代价值哲学研究形成了社会德性和个人德性问题研究并重的新格局。从学科的角度看，当代西方政治哲学侧重于社会德性问题研究，而当代西方伦理学则侧重于个人德性问题。两个学科从各自特殊的视角对价值哲学展开的研究，必将促进价值哲学研究的两个基本领域相互补充、相互促进、相互交融。我们相信，按照这种趋势发展下去，将有望克服西方古代价值哲学和近现代价值研究各自的局限，使价值哲学成为更为完整的学科体系。

（四）走向社会德性研究与个人德性研究相统一

从前面的分析可以看出，当代西方学界出现社会德性研究与个人德性研究并重的格局，并不是西方思想家从学科建设的角度自觉所为的，而是他们的一个“意外”收获。到目前为止，这种格局的形成在某种意义上说尚具有自发性。也正因为如此，这两个领域的研究还是隔离的，尚未关联起来，思想家们甚至没有意识到它们是价值哲学研究的相互关联的基本领域。在这种情况下，我们要通过回顾和反思，使目前自发出现的社会德性与个人德性研究并重格局走向自觉，建立以德性问题研究为中心、以个人德性问题和社会德性问题研究为两翼的价值哲学学科体系，使价值哲学研究既重视社会德性，又重视个人德性，并且使两者关联起来、统一起来。

实际上，不论是从理论逻辑上看，还是从历史事实上看，个人德性问题与社会德性问题都是紧密联系在一起，而不是彼此分离割裂的。社会的德性是通过其成员特别是社会管理者的德性体现出来的，在现代社会，也是他们自觉构建的；而个人的德性总是在社会环境中形成的，并且是社会德性要求（原则）的程度不同的内化。离开了社会德性，无所谓个人德性，同样，离开了个人德性，也无所谓社会德性。历史事实也表明，只是重视个人德性或只是重视社会德性，是无法解决人类的德性问题的。西方古代社会重视个人德性，但不重视社会德性，其结果是个人的德性因为社会不具备应有的德性而没有普遍构建起来；西方近代社会重视社会德性而忽视个人德性，其结果是导致了许多令人类困扰的现代社会问题。因此，孤立地研究个人德性或社

① 参见江畅：《德性论》，人民出版社 2011 年版，“引言：德性论与伦理学”。

会德性，也是无法将其说清楚的。只有将两者联系起来，同时有所侧重地进行研究，才有可能对它们作出科学的阐释，并提供构建它们的合理方案。

要使目前已经形成的社会德性研究与个人德性研究并重的格局从自发走向自觉，建立两方面的研究相统一的价值哲学，以下一些问题是值得我们注意的：

第一，价值哲学界要对增强这种格局形成的必然性的意识，更加自觉地从这两个方面研究价值哲学。前面已经提及，目前所形成的社会德性研究与个人德性研究并重的格局基本上是自发形成的，研究者们对此缺乏自觉的意识，尚未认识到这种走向的必然性和重要性。另一方面，形成这种格局的区域主要是在西方国家，特别是英语世界国家，欧陆国家似乎没有出现这种并重的迹象。更重要的是，我国价值哲学界在这方面的意识更弱，价值哲学家目前关注的仍然主要是一般价值问题，而社会德性问题、个人德性问题还未纳入其视野。在这种情况下，增强对个人德性研究和社会德性研究两方面研究的必然性和重要性的认识，就显得特别重要。我国价值哲学界 30 多年来，一直局限于一般价值问题的研究，使研究的领域越来越窄，研究的内容越来越空洞，甚至陷入一些没有多大意义的概念之争。要改变这种状态，使我国价值哲学研究走向繁荣，必须拓展研究空间，特别是要抓住社会德性和个人德性这两个价值问题中的关键问题，以此为中心展开有关问题的研究。

第二，不仅要有一批学者研究社会德性，有一批学者研究个人德性，而且要使两者关联起来研究。当代学科划分越来越细，单个学者的精力也十分有限，不可能研究所有有关个人德性和社会德性的问题，因而学者们的研究必须有所侧重。有些学者侧重研究个人德性，有些学者侧重研究社会德性，有些学者研究一般意义的德性或其他有关价值的问题，这是合理的。但是，他们不能像过去那样，研究个人德性就只研究个人德性，不考虑个人德性与社会德性的关系；或者研究社会德性就只研究社会德性，不考虑社会德性与个人德性的关系。这就是我们常见的伦理学研究（研究个人德性）和政治哲学研究（研究社会德性），而不是真正意义的价值哲学研究。只有当一个学者着眼于社会德性与个人德性的关系来研究个人德性或社会德性时，他才是在从事严格意义的价值哲学研究。当然，到目前为止，人类的学术研究仍然在很大程度上是自发的，没有统一的组织和规划。学者专门研究个人德性而不考虑其他也未尝不可，但有一点可以肯定，在当代人类个人与社会越来越一体化的情况下，孤立地从事某方面的研究是产生不了什么真正有价值的成果的。

第三，需要根据两者并重重构价值哲学体系的总体构架，形成新的价值哲学学科体系。自价值哲学或一般价值论作为一个学科出现以来，就有不少学者在努力构建价值哲学体系，这种努力对于增强学科的自我意识从而促进学科自身的发展和完善是必要的、有价值的。但从已构建的体系来看，存在着一个共同的问题，这就是他们都是从一般价值问题的角度构建价值体系，所关注的无非是价值的性质和界定、它的主体和对象、它的类型、它的形成和创造、对它的认识和选择等这些一般性价值问题，而不怎么考虑不同领域的价值问题。这种价值体系的问题在于它用对一般价值问题的研究取代了对不同领域的价值问题的研究，研究到一般价值问题就止步了。实际上，对一般价值问题的研究只是价值哲学的总论部分，不是其主体部分，更不是其全部。除这个总论部分之外，还有更丰富的分论。构建价值哲学体系，丢掉这些部分，实际上就等于放弃了自己的主阵地。这种状况是必须改变的，否则价值哲学研究的道路就会越走越窄、越走越死。笔者 20 多年前读到一本美国出版的哲学教材《理论与实践：哲学引论》，该书将哲学划分为"形而上学"、"价值论"和"认识论"三个主要部分或领域。其中的价值论包括伦理学、美学和政治理论三个部分。[①] 该书的作者并不是一位价值哲学家，在他的眼里，价值哲学就应该包括这三个领域。然而，我国的价值哲学家却似乎始终不承认这一点，将这些领域排除在价值哲学之外，这确实有些令人匪夷所思。将价值哲学划分为伦理学、美学和政治理论，这只是从学科的角度进行的划分，是一种外在的划分。如果就其内在的内容来划分，可以将其划分为社会价值问题和个人价值问题，而社会德性问题与个人德性问题是其中的关键。根据这种思路，我们有可能给价值哲学构建一个包容性更强、研究空间更大、内容更具有内在关联性的学科体系

① Gerald Runkle, *Theory and Practice*: *An Introduction to Philosophy*, CBS College Publishing, 1985.

进一步阅读书目

1. 中文著作（以作者姓氏拼音为序）

高国希:《走出伦理困境——麦金太尔道德哲学与马克思主义伦理学研究》，上海社会科学院出版社 1996 年版。

江畅:《德性论》，人民出版社 2011 年版。

江畅:《西方德性思想史》（古代卷、近代卷、现代卷上、现代卷下），人民出版社 2016 年版。

李义天:《美德伦理学与道德多样性》，中央编译出版社 2012 年版。

廖申白:《伦理学概论》，北京师范大学出版社 2009 年版。

2. 西方译著（以作者国别汉语拼音为序）

[澳] 斯马特、[英] 威廉斯:《功利主义：赞成与反对》，中国社会科学出版社 1992 年版。

[德] 哈贝马斯:《在事实与规范之间——关于法律和民主法治国的商谈理论》（修订译本），童世骏译，三联书店 2011 年版。

[德] 黑格尔:《法哲学原理》，范扬、张企泰译，商务印书馆 1961 年版。

[德] 康德:《道德形而上学》，见李秋零主编:《康德全集》第 6 卷，中国人民大学出版社 2007 年版。

[德] 康德:《道德形而上学的奠基》，见李秋零主编:《康德全集》第 4 卷，中国人民大学出版社 2005 年版。

[德] 马克思、恩格斯:《共产党宣言》，见中共中央编辑局编译:《马克思恩格斯文集》2，人民出版社 2009 年版。

[法] 卢梭:《论人类不平等的起源和基础》，李常山译，东林校，商务印书馆 1962 年版。

[法] 卢梭:《社会契约论》，何兆武译，商务印书馆 1982 年版。

[古罗马] 奥古斯丁:《论信望爱》，许一新译，三联书店 2009 年版。

[古希腊] 柏拉图:《国家篇》(亦译为《理想国》)，见《柏拉图全集》第二卷，王晓朝译，人民出版社 2003 年版。

[古希腊] 柏拉图:《美诺篇》，《普罗泰戈拉篇》，见《柏拉图全集》第一卷，王晓朝译，人民出版社 2002 年版。

[古希腊] 亚里士多德:《尼各马科伦理学》，见苗力田主编:《亚里士多德全集》第八卷，中国人民大学出版社 1992 年版。

[古希腊] 亚里士多德:《政治学》，见苗力田主编:《亚里士多德全集》第九卷，中国人民大学出版社 1994 年版。

[加] 泰勒:《自我的根源——现代认同的形成》，韩震等译，译林出版社 2012 年版。

[美] 赫尔德:《关怀伦理学》，苑莉均译，商务印书馆 2014 年版。

[美] 赫斯特豪斯:《美德伦理学》，李义天译，译林出版社 2016 年版。

[美] 吉利根:《不同的声音——心理学理论与妇女发展》，肖巍译，中央编译出版社 1999 年版。

[美] 罗尔斯:《正义论》，何怀宏、何包钢、廖申白译，中国社会科学出版社 1988 年版。

[美] 罗尔斯:《政治自由主义》，万俊人译，译林出版社 2011 年版。

[美] 罗尔斯:《作为公平的正义：正义新论》，姚大志译，中国社会科学出版社 2011 年版。

[美] 麦金太尔:《德性之后》，龚群、戴扬毅等译，中国社会科学出版社 1995 年版。

[美] 麦金太尔:《谁之正义？何种合理性？》，万俊人、吴海针、王今一译，当代中国出版社 1996 年版。

[美] 麦金太尔:《追寻美德——道德理论研究》，宋继杰译，凤凰出版传媒集团 / 译林出版社 2011 年版。

[美] 纳斯鲍姆:《善的脆弱性：古希腊悲剧和哲学中的运气与伦理》，徐向东、陆萌译，凤凰出版集团 / 译林出版社 2007 年版。

[美] 诺丁斯:《关心：伦理和道德教育的女性路径》(第 2 版)，武云斐

译，北京大学出版社 2014 年版。

［美］诺丁斯:《学会关心：教育的另一种模式》（第 2 版），于天龙译，教育科学出版社 2011 年版。

［美］诺齐克:《无政府、国家与乌托邦》，何怀宏等译，中国社会科学出版社 1991 年版。

［美］桑德尔:《公正——该如何做是好？》，朱慧玲译，中信出版社 2012 年版。

［美］桑德尔:《金钱不能买什么——金钱与公正的正面交锋》，邓正来译，中信出版社 2012 年版。

［美］桑德尔:《自由主义与正义的局限》，万俊人等译，译林出版社 2011 年版。

［英］边沁:《道德与立法原理导论》，时殷弘译，商务印书馆 2000 年版。

［英］伯林:《自由论》（修订版），胡传胜译，凤凰出版传媒集团 / 译林出版社 2011 年版。

［英］哈耶克:《自由秩序原理》上，邓正来译，三联书店 1997 年版。

［英］洛克:《政府论》下篇，叶启芳、瞿菊农译，商务印书馆 1964 年版。

［英］莫尔:《乌托邦》，戴镏龄译，商务印书馆 1982 年版。

［英］约翰·密尔:《代议制政府》，汪瑄译，商务印书馆 1982 年版。

［英］约翰·密尔:《功利主义》，徐大建译，世纪出版集团 / 上海人民出版社 2008 年版。

［英］约翰·密尔:《论自由》，许宝骙译，商务印书馆 1959 年版。

3. 英文原著（以作者姓氏英文字母顺序为序）

Annas, Julia, *Intelligent Virtue*, Oxford: Oxford University Press, 2011.

Annas, Julia, *The Morality of Happiness*, New York / Oxford: Oxford University Press, 1993.

Anscombe, G. Elisabeth M., “Modern Moral Philosophy”, *Philosophy* 33, No.124 (January 1958).

Baier, Annette C., *Moral Prejudices*, Harvard University Press, 1995.

Baron, Maricia W., Philip Pettit, and Michael Slote, *Three Methods of Ethics: A Debate,* Blackwell Publishing, 1997.

Becker, Lawrence C., *A New Stoicism*, Princeton University Press, 1998.

Clark, S. and E. Simpson (eds.), *Anti-Theory in Ethics and Moral Conservatism*, New York: State University of New York Press, 1989.

Crisp, Roger (ed.), *How Should One Live? Essays on the Virtues*, Oxford University Press, 1996.

Crisp, Roger, Michael Slote (eds.), *Virtue Ethics*, Oxford University Press, 1997.

Driver, Julia, *Uneasy Virtue*, Cambridge University Press, 2001.

Foot, Philippa, *Natural Goodness*, Oxford: Clarendon Press, 2001.

Foot, Philippa, *Virtues and Vices and Other Essays in Moral Philosophy*, Oxford: Clarendon Press, 2002.

Gardiner, Stephen M. (ed.), *Virtue Ethics, Old and New,* Ithaca and London: Cornell University Press, 2005.

Hooker, Brad, *Ideal Code, Real World: A Rule-consequentialist Theory of Morality*, Oxford: Clarendon Press, 2000.

Kekes, John, *Moral Wisdom and Good Lives*, Cornell University Press, 1995.

MacIntyre, Alasdair, *Dependent Rational Animals: Why Human Beings Need the Virtue*, Carus Publishing Company, 1999.

Sherman, Nancy, *Making a Necessity of Virtue: Aristotle and Kant on Virtue*, Cambridge University Press, 1997.

Sherman, Nancy, *The Fabric of Character: Aristotle's Theory of Virtue*, Oxford: Clarendon Press, 1989.

Slote, Michael, *Moral Sentimentalism*, Oxford University Press, 2010.

Slote, Michael, *Morals from Motives*, Oxford University Press, 2001.

Slote, Michael, *The Ethics of Care and Empathy*, Routledge, 2007.

Snow, Nancy E., *Virtue as Social Intelligence: An Empirically Grounded Theory*, Routledge, 2010.

Wensveen, Louke van, *Dirty Virtues: The Emergence of Ecological Virtue Ethics*, Amherst, NY: Prometheus Books, 2000.

Williams, Bernard, *Ethics and Limits of Philosophy*, London and New York: Routledge, 2006.

Williams, Bernard, *Morality: An Introduction to Ethics*, Cambridge University Press, Cato Edition, 1993.

Zagzebski, Linda, *Virtues of the Mind*, Cambridge: Cambridge University Press, 1996.

后　记

本书是由拙作《西方德性思想史》中的“绪论：西方德性思想的审视”、古代卷第一章“西方古代德性传统及其哲学反思”、近代卷第一章“从注重个人德性转身注重社会德性”、现代卷上第一章“现代文明问题与社会德性思想”和现代卷下第一章“个人德性研究的再度繁荣”整合而成的。之所以将这几部分整合成书出版主要是为了给硕士研究生和博士研究生学习西方德性思想史提供一部入门的教材，当然也是为了给其他读者了解西方德性思想史概况提供参考读物。作为西方德性思想史概论，本书的主旨是阐述西方德性思想的演进过程、精神实质和显著特色，及其突出贡献、主要局限及历史影响，以帮助读者从总体上把握西方德性思想。由于篇幅的限制，本书没有对西方不同历史时期思想家的德性思想的基本内容、主要观点以及沿革关系作阐述，读者要进一步了解这方面的情况，可阅读拙作《西方德性思想史》中的相关部分，以及本书所列的进一步阅读文献。对西方德性思想作总体阐释是一项难度很大的任务，本书难免存在这样那样的问题，恳请读者批评指正。本书能够出版得到了人民出版社和责任编辑张伟珍编审一如既往的支持，在此特致诚挚谢意！

江　畅

2017 年 1 月 20 日

责任编辑：张伟珍
封面设计：吴燕妮

图书在版编目（CIP）数据
西方德性思想史概论 / 江畅 著. —北京：人民出版社，2017.3（2018.6重印）
ISBN 978－7－01－017441－9
I. ①西… II. ①江… III.①伦理思想－思想史－概论－西方国家 IV.①B82-091
中国版本图书馆CIP数据核字（2017）第047912号

书　　名　西方德性思想史概论
　　　　　XIFANG DEXING SIXIANGSHI GAILUN
著　　者　江　畅
出版发行　人民出版社
　　　　　（北京市东城区隆福寺街99号　邮编：100706）
邮购电话　（010）65250042　65289539
经　　销　新华书店
印　　刷　北京市文林印务有限公司
版　　次　2017年3月第1版　2018年6月北京第2次印刷
开　　本　710毫米×1000毫米　1/16
印　　张　18.5
字　　数　308千字
印　　数　2,001-4,000册
书　　号　ISBN 978－7－01－017441－9
定　　价　46.00元